高等院校化学化工实验教学改革系列教材
“十三五”江苏省高等学校重点教材（编号：2020-2-085）

物理化学实验

WULI HUAXUE SHIYAN

主　编　赵朴素
参　编　宋　洁　李　康　盛振环
　　　　阚卫秋　李小荣　李乔琦
　　　　周守勇

特配电子资源

- 配套课件
- 视频学习
- 拓展阅读

南京大学出版社

图书在版编目(CIP)数据

物理化学实验/赵朴素主编. 一南京：南京大学出版社，2021.6

ISBN 978-7-305-24565-7

Ⅰ.①物… Ⅱ.①赵… Ⅲ.①物理化学—化学实验 Ⅳ.①O64-33

中国版本图书馆 CIP 数据核字(2021)第 111899 号

出版发行 南京大学出版社
社　　址 南京市汉口路 22 号　　邮　编 210093
出 版 人 金鑫荣

书　　名 物理化学实验
主　　编 赵朴素
责任编辑 刘　飞　　编辑热线 025-83592146

照　　排 南京开卷文化传媒有限公司
印　　刷 南京京新印刷有限公司
开　　本 787×1092 1/16 印张 13 字数 305 千
版　　次 2021 年 6 月第 1 版 2021 年 6 月第 1 次印刷
ISBN 978-7-305-24565-7
定　　价 39.00 元

网　　址：http://www.njupco.com
官方微博：http://weibo.com/njupco
微信服务号：njuyuexue
销售咨询热线：(025)83594756

前 言

物理化学实验是高等院校与化学相关专业开设的一门专业课程，这门课程对于培养学生观察记录、思维分析和动手的能力起到了重要作用。物理化学实验教学本身是必须依托相应的仪器设备才能完成的教学活动。近年来，随着社会的进步和科学的发展，各种新型的物理化学实验教学仪器被引进实验室，实验操作更加便捷，实验数据更加准确。但是，旧版实验教材内容与新型仪器设备不配套的矛盾越发突出，使得教师教学和学生学习的质量均受到影响。同时，物理化学实验内容发生了许多新的变化，需要向学生展示。

为了适应上述变化，淮阴师范学院化学化工学院物理化学教研室的老师们，根据长期从事学生实验教学所积累的经验，同时，在原淮阴师范学院化学系上官荣昌教授等人编写的《物理化学实验》(第二版)(高等教育出版社)基础上，结合最新版化学化工类专业人才培养方案，新编了本《物理化学实验》教材。本书中的实验原理与物理化学理论课程内容密切关联，仪器设备的使用方法与学生实际操作的仪器设备相互匹配，药品试剂选用无毒无害。每个实验除了有明确的“实验目的”，都设有“预习指导”，期望对学生实验的预习能有所裨益；“实验注意事项”部分，希望能帮助学生提高实验的成功率，避免损坏仪器；“讨论”部分，则是希望拓宽学生的思路，并对实验有更深入的理解。本书在正式出版前，经过多次修订，已分别在淮阴师范学院化学化工学院四个专业和生命科学学院化学工程与工艺专业3届学生中试用，效果良好。

本书由绪论、实验、仪器及其使用、附录和主要参考文献构成。绪论部分介绍了物理化学实验的目的、要求和注意事项，实验中的安全知识以及误差和数据处理；实验部分包括物理化学各分支学科的实验内容；仪器及其使用介绍了有关物理化学实验技术，各个实验中所用仪器的使用方法和注意事项；附录中列举了物理化学实验常用数据表；主要参考文献中列出了本教材编写过程中参考的主要文献。

本书可作为高等院校化学化工类各专业和其他相关专业物理化学实验课程的教材和参考书，也可供相关专业技术人员使用和参考。

淮阴师范学院化学化工学院赵朴素为本书主编，宋洁、李康、盛振环、阚卫秋、李小荣、李乔琦和周守勇参加编写。具体分工如下：

赵朴素（绪论；实验 1；仪器及其使用 1、2、3、4、9、10、11、12；附录；统稿、定稿）；

宋　洁（实验 2、3、7、9）；

李　康（实验 16、18、23、24）；

盛振环（实验 15、22；仪器及其使用 5、8）；

阚卫秋（实验 13、14、17、20 及仪器及其使用 7）；

李小荣（实验 6、11、12 及仪器及其使用 6）；

李乔琦（实验 4、5、8、10 及书稿初期编排）；

周守勇（实验 19、21）。

本书在编写过程中，得到了淮阴师范学院上官荣昌教授和皮光纯副研究员的大力支持，编者对两位先生严谨治学的精神深表敬佩，对其提出宝贵意见表示衷心的感谢；对给予关心的淮阴师范学院化学化工学院领导以及本书所选用有关参考资料的原编者，编者在此一并表示衷心感谢。

本书虽在多次教学实践后完成，但限于编者水平，书中不妥或疏漏之处在所难免，敬请专家和读者指正。

编　者

2021 年 6 月

目　录

绪　论

一、物理化学实验的目的、要求和注意事项

(一) 实验目的

物理化学实验是继无机化学实验、有机化学实验及分析化学实验之后的一门基础实验课程，它综合了化学各学科所需要的基本研究方法和工具。它的主要目的是：

(1) 巩固并加深理解物理化学课程中相关概念和理论知识；

(2) 掌握物理化学实验的基本方法、基本技能及常用仪器的构造原理和使用方法；了解近代大型仪器的性能及在物理化学和实际工作中的应用；

(3) 培养和锻炼学生观察实验现象、正确记录数据和处理数据、分析实验结果的能力，使学生养成严肃认真、实事求是的科学态度和作风。

(二) 实验要求

1. 实验预习

(1) 准备实验预习报告本。

(2) 对实验教材以及有关参考资料、附录、仪器的使用说明书等进行仔细阅读，然后写出实验预习报告。预习报告应包括：实验目的、简要操作步骤、实验注意事项、需测量的数据(列出空表格)。学生达到预习要求后，才能进行实验。

2. 实验报告写法和实验数据处理

(1) 实验报告内容应包括：实验目的、实验原理、实验仪器和药品、实验步骤、实验数据表格、作图、实验结果以及结果讨论与思考题等。

(2) 实验过程中在预习本上认真记录实验数据，原始实验数据必须经过实验老师签字确认后，方可结束实验，并将签字后的实验数据粘在实验报告中。同时，在实验报告中重新列“三线表”填入相应的实验数据。

(3) 搞清数据处理的原理、方法、步骤及单位制，采用坐标纸仔细作图，并进行相应的计算。通过分析实验误差的来源，结合实验结果的精密度与准确性，对实验结果的有效数字进行取舍，正确表达实验结果。

(4) 处理实验数据应个人独立完成，不得马虎潦草，不得相互抄袭。并按老师规定及

时上交实验报告,批阅后的报告要妥善保存,以备考核时复习。

(三) 实验注意事项

1. 按班级编排顺序依次完成每一个实验,未经老师允许不得随意和同学交换实验顺序。

2. 认真核对实验所用的仪器设备以及实验中所用的玻璃器皿、标准溶液等。对不熟悉的仪器设备必须在认真阅读使用说明书后再动手组装实验装置。

3. 装置完成后,须经老师检查同意后方可动手做实验。

4. 实验中要严格控制实验条件,严格按照实验操作规程进行实验,特别是安全用电和高压气瓶的操作,防止意外事故发生。

5. 公用仪器及试剂瓶不要随意变更原有位置。用毕要立即放回原处。

6. 实验中遇到问题要独立思考,认真观察实验现象,及时解决实验中出现的问题,如自己处理不了应及时报告老师帮助解决。

7. 认真做好实验原始数据的记录,实事求是地填写在预习报告本上。不允许用单张零纸记录,也不许将数据记录在实验书上。

8. 实验完毕,应将实验数据交给指导老师审查,教师签注合格意见后,再拆除实验装置,如不合格,需补做或重做。

9. 整理实验台面,洗净并核对仪器,若有损坏请自行登记并按规定赔偿。

10. 关闭水、电、气,经指导老师同意才能离开实验室。

(四) 物理化学实验的考核和成绩评定

物理化学实验的成绩以平时成绩为主。每个实验的成绩由预习、实验操作及实验报告三部分结合给出。实验教师根据学生的原始实验数据、数据处理结果以及结果讨论、思考题、注意事项、误差的来源及分析等各项内容进行综合评估后给出实验报告成绩。期末实验成绩根据教学大纲要求进行评定。

二、物理化学实验中的安全知识

化学是一门实验科学,实验室的安全非常重要,化学实验室常常潜藏着诸如发生爆炸、着火、中毒、灼伤、割伤、触电等事故的危险性,如何防止这些事故的发生以及万一发生又如何处理,这是每一位化学工作者必须具备的素质,也是关系培养良好的工作作风、保证实验顺利进行、保护实验者和国家财产安全的重要问题。因此,了解实验中的安全防护知识,对每一个实验者都是非常重要的。这里主要结合物理化学实验的特点,就使用化学药品及电器仪表的安全知识,简要分述如下。

(一) 使用化学药品的安全防护

化学药品在使用不当时,会引起中毒、爆炸、燃烧和灼伤等各种事故。因此,一般在实验开始前,要预先了解实验中所用的化学药品的规格、性能以及使用时可能产生的危害,并做好防范措施。

1. 防毒

大多数化学药品都具有不同程度的毒性，毒物可以通过呼吸道、消化道和皮肤进入人体内。因此，防毒的关键是要尽量地杜绝和减少毒物进入人体，通常应做到：

(1) 有毒气体(如 H_2S、Cl_2、Br_2、NO_2、浓盐酸、氢氟酸等)的操作应在通风橱中进行。苯、四氯化碳、乙醚等的蒸气大量吸入人体内会引起中毒。虽然它们都有特殊气味，但经久吸入后，会使人嗅觉减弱，必须提高警觉。

(2) 有些药品(如苯、有机溶剂、汞)能透过皮肤进入体内，所以在使用时应避免与皮肤接触。

(3) 高汞盐[$HgCl_2$、$Hg(NO_3)_2$等]、可溶性钡盐[$Ba(NO_3)_2$、$BaCl_2$等]、重金属盐(镉盐、铅盐等)以及氰化物、三氧化二砷等剧毒物应妥善保管，小心使用，所弃废液不能乱倒。氰化物、汞盐、镉盐、铅盐等须回收。

(4) 用移液管移取液体时，应用洗耳球吸取，严禁用嘴吸取。

(5) 不在实验室内喝水、抽烟、吃东西，饮食用具不带到实验室内，以防毒物沾染。离开实验室时要洗净双手。

2. 防爆

许多可燃性气体和空气的混合物，当两者的比例处于爆炸极限时，只要有一个适当的热源(如电火花)诱发，将引起爆炸。某些气体和空气混合物的爆炸极限见表1。

绪表1　与空气相混合的某些气体的爆炸极限表(20 ℃,101 325 Pa)

气体(B)	爆炸高限(体积分数 φ_B)	爆炸低限(体积分数 φ_B)
氢气	0.742	0.040
苯	0.068	0.014
乙醇	0.190	0.033
乙醚	0.365	0.019
丙酮	0.128	0.026
醋酸	—	0.041
乙酸乙酯	0.114	0.022
氨	0.270	0.155

因此，应尽量防止可燃性气体或蒸气散发到室内空气中，同时，要保持室内通风良好，不使它们形成爆鸣混合气。在操作大量可燃性气体时，应严禁明火。

另外，有些化学药品如高氯酸盐、过氧化物等受热或受震容易引起爆炸，故使用时要特别注意。尤其防止强氧化剂和强还原剂放在一起。久置的乙醚之所以引起爆炸，亦由于产生了过氧化物，所以使用前应设法除去生成的过氧化物。

3. 防火

物质燃烧需具有三个条件：可燃物、氧气或氧化剂及一定的温度。由于空气中含有氧气，而常用的有机溶剂如丙酮、苯、乙醇、乙醚等都是易燃物，故使用这类溶剂时，要防止室内明火。同时，这类药品在实验室中不可存放过多，用后要及时回收处理，切不可倒入下水道，以免聚积引起火灾。万一着火，应冷静判断情况采取措施。可以采取隔绝氧的供应、降低燃烧物质的温度、将可燃物质与火焰隔离的方法。常用来灭火的有水、砂、二氧化碳灭火器、四氯化碳灭火器、泡沫灭火器、干粉灭火器等，可根据着火原因、场所情况予以选用。

4. 防灼伤

强酸、强氧化剂、强碱、溴、冰醋酸等都会腐蚀皮肤，对眼睛的伤害尤其严重，故实验时应注意预防，尤其防止它们溅入眼内。灼伤时应迅速清除皮肤上的化学药品，某些物质灼伤皮肤时可用大量水冲洗，再以适合于清除这种有害化学药品的特种溶剂、溶液或药剂仔细洗涤处理伤处，情况严重时，必须立即送医院诊治。

5. 防水

有时，因故障停水，实验被迫中止，而水阀门没有关闭，若来水后实验室无人，又遇排水不畅，则会发生事故，特别是楼上实验室积水漏入楼下，淋湿浸泡仪器设备，甚至使某些试剂如金属钠、钾、金属氢化物、电石等遇水发生燃烧、爆炸。因此，离开实验室前应检查水阀门是否关好。

6. 使用汞的安全防护

由于在常温下，汞逸出蒸气，吸入体内会使人受到严重毒害；加之物理化学实验中，使用汞的机会较多，所以应特别注意。

(1) 汞不能直接暴露于空气之中，在装有汞的容器中应在汞面上加水或其他液体覆盖。

(2) 一切倾倒汞的操作，不论量多少，一律在浅磁盘内进行(盘中装水)。在倾去汞上的水时，应先把水倒入烧杯，而后由烧杯倒入水槽。

(3) 倾汞时一定要缓慢，不要用超过 250 cm^3 的大烧杯盛汞，以免倾倒时溅出。

(4) 装汞的仪器下面一律放置浅磁盘，使得在操作过程中偶然洒出的汞滴不至散落在桌上或地上。

(5) 贮存汞的容器必须是结实的、厚壁玻璃器皿或瓷器，以免由于汞本身的重量而使容器破裂。

(6) 万一有汞掉在地上或桌上，应尽可能用吸管将汞珠收集起来，最后用硫磺粉覆盖在有汞溅落的地方，并摩擦之，使汞变成硫化汞，亦可用高锰酸钾溶液使汞氧化。

(7) 擦过汞齐或汞的滤纸必须放在有水的瓷缸内或玻璃器皿内。

(8) 手上有伤口，切勿触及汞。

(二) 使用电器的安全防护

使用电器的安全防护，主要包括实验者的人身安全防护和电器设备的安全防护两方面。

1. 实验者的人身安全防护

人体通过 50 Hz 的交流电 1 mA 就有感觉，10 mA 以上使肌肉强烈收缩，25 mA 以上则呼吸困难，甚至停止呼吸，100 mA 以上则使心脏的心室产生纤维性颤动，以致无法救活。直流电在通过同样电流的情况下，对人体也有相似的危害。为防止触电事故，在使用电器时应做到：

(1) 不要用潮湿的手接触电器。

(2) 一切电源裸露部分都应有绝缘装置(如电线接头应裹上胶布，开关应有绝缘匣等)，已损坏的接头、插头、插座或绝缘不良的电线应及时更换，所有电器设备的金属外壳应接地。

(3) 实验时必须先接好仪器的线路再接电源，实验结束时，必须先关闭仪器的开关，再切断电源，然后再拆除线路。

(4) 修理或安装电器设备时，必须先切断电源，避免带电操作。

(5) 对实验室的电源总开关的位置应清楚，便于一旦发生事故时能及时拉开电闸，切断电源。

(6) 万一不慎发生触电事故时，应先拉开电闸，把触电者迅速抬到空气流通的地方，如触电者没有停止呼吸，可让其仰倒，头部稍低，解开衣服纽扣，用棉花蘸些氨水放在鼻孔下，以使其尽快恢复知觉；若虽已停止呼吸，但仍有抢救可能时，应立即进行人工呼吸，并迅速请附近的医生来就地诊治。在急救过程中应注意保护触电者的体温，同时千万不要注射强心剂，否则将导致触电者更难恢复心脏跳动。

2. 电器设备的安全防护

在选择使用电器设备时，从安全防护方面考虑，应注意以下几点：

(1) 首先阅读该电器设备的使用说明书，弄清其性能、使用范围及安全防护措施。

(2) 对于直流电器，应注意与电源的正、负极对应，不能接错。交流电器，注意是单相还是三相供电，电器规定电压与电源电压不符时，应跨接适当的变压器，否则不能直接接入电源。

(3) 注意仪表的量程，待测量的物理量大小必须与仪器的量程相适应，若待测量的物理量大小不清楚时，必须先从仪器的最大量程开始。

(4) 各种导线(包括保险丝)都有各自的额定电流，在选用时，应与电器的功率相匹配。若使用电流超过导线负载时，容易引起火灾或其他事故。

(5) 接线时应注意接头处接触良好。否则在电路中达到规定电流时，接头消耗功率很大，时间一久，会引起接头处温度升高，以致酿成事故。

(6) 接好线路并仔细检查，经教师确认无误后，方可通电。实验中发现异常情况，如局部升温太高或嗅到电器绝缘漆的焦味时，应随即切断电源，进行检查。

(7) 仪器在测量间隙较长时，可断开线路，以延长仪器的使用寿命。

三、物理化学实验中的误差和数据处理

在物理化学实验中，由于测量时所用仪器、实验方法、条件控制和实验者观察局限等的限制，任何实验都不可能测得一个绝对准确的数值，测量值和真值之间必然存在着一个差值，称为“测量误差”。只有知道结果的误差，才能了解结果的可靠性，决定这个结果对科学研究和生产是否有价值，进而考虑如何改进实验方法、技术以及仪器的正确选用和搭配等问题。如在实验前能清楚该测量允许的误差大小，则可以正确地选择适当精度的仪器、实验方法和控制条件，不致过分提高或降低实验的要求，造成浪费和损失。此外，将数据列表、作图、建立数学关系等数据处理方法，也是实验的一个重要方面。

(一) 误差的分类

一切物理量的测定，可分为直接测量和间接测量两种。直接表示所求结果的测量称为直接测量，如用天平称量物质的质量，用电位差计测定电池的电动势等。若所求的结果由数个直接测量值以某种公式计算而得，则这种测量称为间接测量。如用电导法测定乙酸乙酯皂化反应的速率常数，即测定不同时间溶液的电导值，再由公式计算得出。物理化学实验中的测量大都属于间接测量。

1. 准确度和精密度

测量结果的准确度是指测量结果的正确性，即测得值与真值的偏离程度。精密度(也称精度)是指测量结果的可重复性及测得结果的有效数字位数(有效数字在稍后讨论)。我们说测量值与真值越接近，则准确度越高。测量值的重复性越好，有效数字越多，则精密度越高。对准确度和精密度的理解，可以用打靶的例子来说明，如绪图 1。

绪图 1 中(a),(b),(c)表示三个射手的成绩。(a)表示准确度和精密度都很高。(b)因能密集射中一个区域，就精密度而言是很高的，但没射中靶眼，所以准确度不高。(c)是准确度和精密度都不好。在实际工作中，尽管测量的精密度很高但准确度并不一定高，而准确度很高的测量要求其精密度必定也很高。

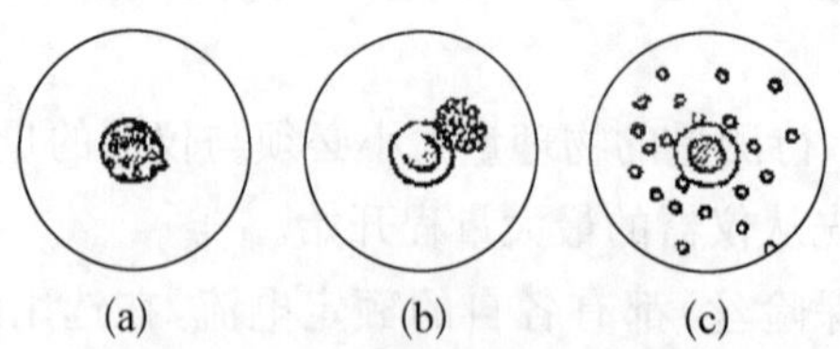

绪图 1　准确度与精密度的示意图

2. 误差的种类、来源及其对测量结果的影响和消除的方法

根据误差的性质，可把测量误差分为系统误差、偶然误差和过失误差三类。

(1) 系统误差。在相同条件下多次测量同一物理量时，测量误差的绝对值(即大小)

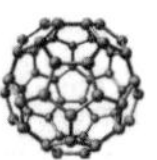

和符号保持恒定，或在条件改变时，按某一确定规律而变的测量误差，这种测量误差称为系统误差。

系统误差是由于有关测量方法中某些经常的因素。如：① 仪器刻度不准或刻度的零点发生变动，样品的纯度不符合要求等。② 实验控制条件不合格。如用毛细管粘度计测量液体的粘度时，恒温槽的温度偏高或偏低都会产生显著的系统误差。③ 实验者感官上的最小分辨力和某些固有习惯等引起的误差。如读数时恒偏高或恒偏低；在光学测量中用视觉确定终点和电学测量中用听觉确定终点时，实验者本身所引进的系统误差。④ 实验方法有缺点或采用了近似的计算公式。例如用凝固点降低法测出的分子量偏低于真值。

(2) 偶然误差。在相同条件下多次重复测量同一物理量，每次测量结果都有些不同(在末位数字或末两位数字上不相同)，它们围绕着某一数值上下无规则地变动。其误差符号时正时负，其误差绝对值时大时小。这种测量误差称为偶然误差。偶然误差是由于实验时许多不能预料的其他因素造成的，如：① 实验者对仪器最小分度值以下的估读，很难每次严格相同。② 测量仪器的某些活动部件所指示的测量结果，在重复测量时很难每次完全相同。这种现象在使用年久或质量较差的电学仪器时最为明显。③ 暂时无法控制的某些实验条件的变化，也会引起测量结果不规则的变化。如许多物质的物理化学性质与温度有关，实验测定过程中，温度必须控制恒定，但温度恒定总有一定限度，在这个限度内温度仍然不规则地变动，导致测量结果也发生不规则变动。

(3) 过失误差。由于实验者的粗心，不正确操作或测量条件的突变引起的误差，称为过失误差。例如用了有毛病的仪器，实验者读错、记错或算错数据等，过失误差在实验工作中是不允许发生的，只要仔细专心地进行实验，过失误差是完全可以避免的。

从上述可知，只有消除了系统误差，精密测量才能获得准确的结果。消除系统误差，通常可采用下列方法：① 用标准样品校正实验者本身引进的系统误差。② 用标准样品或标准仪器校正测量仪器引进的系统误差。③ 纯化样品校正样品引起的系统误差。④ 实验条件、实验方法、计算公式等引进的系统误差，则比较难以发觉，须仔细探索是哪些方面的因素不符合要求，才能采取相应措施设法消除。

此外还可以用不同的仪器，不同的测量方法，不同的实验者进行测量和对比，以检出和消除这些系统误差。

(二) 偶然误差的统计规律和处理方法

1. 偶然误差的统计规律

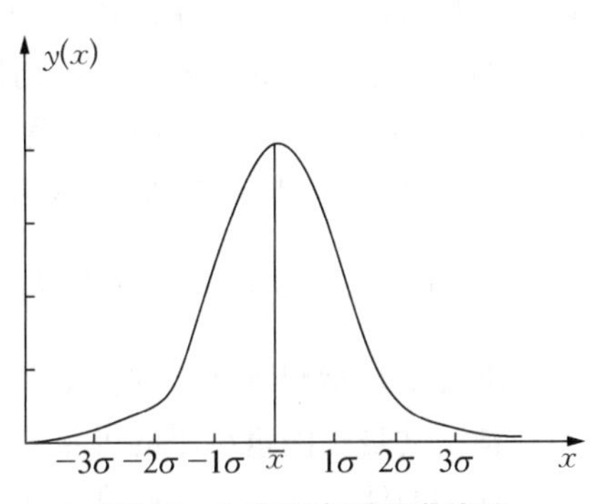

绪图 2　正态分布误差曲线图

如前所述，偶然误差是一种不规则变动的微小差别，其绝对值时大时小，符号时正时负，但在相同的实验条件下，对同一物理量进行重复测量，则发现偶然误差的大小和符号完全受某种误差分布(一般指正态分布)的概率规律所支配，这种规律称为误差定律。偶然误差的正态分布曲线如绪图 2 所示。绪

图 2 中 x 为测量值，$y(x)$代表测量值 x 出现的概率密度；σ 代表标准误差，在相同条件的测量中数值恒定，它可作为偶然误差大小的量度。

由误差曲线可知，偶然误差具有下述特点：

(1) 在一定的测量条件下，偶然误差的绝对值不会超过一定的界限；

(2) 绝对值相同的正、负误差出现的机会相同；

(3) 绝对值小的误差比绝对值大的误差出现的机会多。

为了减小偶然误差的影响，在实际测量中常进行多次重复的测量，以其算术平均值作为最佳代表值(误差理论可证明)。

2. 偶然误差的表达

(1) 算术平均值。由误差理论可知，在消除了系统误差和过失误差的情况下，由于偶然误差分布的对称性，对物理量 a 进行无限次测量所得值的算术平均值即为真值 $a_{真}$。

$$a_{真}=\frac{1}{n}\lim_{n\to\infty}\sum_{i=1}^{n}a_i$$

然而在大多数情况下，我们只是做有限次的测量，故只能把有限次测量的算术平均值 $\bar{a}$ 作为可靠值。

$$\bar{a}=\frac{1}{n}\sum_{i=1}^{n}a_i$$

(2)误差和相对误差。某次测量的误差(又称绝对误差)为

$$\Delta a_i=a_i-\bar{a}$$

因各次测量误差的数值可正可负，对于整个测量来说不能由某次测量的误差来表达其特点，为此引入平均误差 $\overline{\Delta a}$

$$\overline{\Delta a}=\frac{|\Delta a_1|+|\Delta a_2|+\cdots+|\Delta a_n|}{n}$$

而平均相对误差为

$$\frac{\overline{\Delta a}}{\bar{a}}=\frac{|\Delta a_1|+|\Delta a_2|+\cdots+|\Delta a_n|}{n\bar{a}}\times100\%$$

误差的单位与被测物理量的单位相同，其数值大小与被测物理量数值的大小无关；而相对误差则是无因次的，其数值大小与被测物理量、误差二者数值的大小都有关，不同物理量的相对误差可以互相比较。评定测定结果的精密程度以相对误差更为合理。

例如测量 0.5 m 长度时所用的尺将引入±0.000 1 m 的误差，则相对误差为(0.000 1/0.5)×100%=0.02%，但用同一根尺测量 0.01 m 的长度时相对误差为(0.000 1/0.01)×100%=1%，比前者大 50 倍。显然用这一尺子来测量 0.01 m 长度是不够精密的。

3. 准确度与精密度的表达

准确度是指测量结果的正确性，即偏离真值的程度，准确的数据只有很小的系统误差。精密度是指测量结果的可重复性与所得数据的有效数字，精密度高指的是所得结果具有很小的偶然误差。准确度可用下式来表达：

$$\frac{1}{n}\sum_{i=1}^{n} | a_i - a_{真} |$$

由于大多数物理化学实验中 $a_{真}$ 是我们要求测定的结果，一般可近似地用 a 的标准值 $a_{标}$ 来代替 $a_{真}$。所谓标准值是指用其他更为可靠的方法测出的值或载之文献的公认值。因此测量的准确度可近似地表示为：

$$\frac{1}{n}\sum_{i=1}^{n} | a_i - a_{标} |$$

精密度是指在 n 次测量中测量值之间相互偏离的程度。它可判断所做的实验是否精细(注意不是准确度)，常用以下三种不同方式来表示：

(1)平均误差 $\overline{\Delta a}$　　$\overline{\Delta a} = \frac{1}{n}\sum_{i=1}^{n} | a_i - \bar{a} |$

(2)标准误差 σ　　$\sigma = \sqrt{\sum_{i=1}^{n} \frac{(a_i - \bar{a})^2}{n-1}}$

(3)或然误差 p　　$p = 0.647\,5\sigma$

三者在数值上略有不同，它们的关系是：

$$p : \overline{\Delta a} : \sigma = 0.675 : 0.794 : 1.00$$

在物理化学实验中通常是用平均误差或标准误差来表示测量精密度。用平均误差来表示测量精密度的优点是计算方便，但有把质量不高的测量掩盖的缺点。标准误差由于是平方和的开方，能更明显地反映误差，在精密地计算实验误差时最为常用。测量结果常用 $\bar{a} \pm \sigma$ (或 $\bar{a} \pm \overline{\Delta a}$)来表示。$\sigma$ (或 $\overline{\Delta a}$)愈小则表示测量的精密度愈高。有时也用相对标准误差 $\sigma_{相对}$ 来表示精密度。

$$\sigma_{相对} = \frac{\sigma}{\bar{a}} \times 100\%$$

例　五次测量压力的数据列于绪表 2。

绪表 2　各次测量压力的数据

i	p/Pa	Δp_i	$\lvert \Delta p_i \rvert$	$\lvert \Delta p_i \rvert^2$
1	98 294	−4	4	16
2	98 306	+8	8	64
3	98 298	0	0	0
4	98 301	+3	3	9
5	98 291	−7	7	49
$\sum$	491 490	0	22	138

其算术平均值 $$\bar{p}=\frac{1}{5}\sum_{i=1}^{5}p_i=98\ 298\ \text{Pa}$$

平均误差 $$\overline{\Delta p}=\pm\frac{1}{5}\sum_{i=1}^{5}|\Delta p_i|=\pm 4\ \text{Pa}$$

相对平均误差 $$\overline{\Delta p}/\bar{p}=\pm(4/98\ 298)\times 100\%=\pm 0.004\%$$

标准误差 $$\sigma=\pm[138/(5-1)]^{1/2}=\pm 6\ \text{Pa}$$

相对标准误差 $$\sigma/\bar{p}=(6/98\ 298)\times 100\%=0.006\%$$

故上述压力测量值的精密度为±6 Pa(或±4 Pa),测量结果为 98 298±6 Pa(或±4 Pa)。

由概率论可知,大于 3σ 的误差出现的概率只有 0.3%,故通常把这一数值称为极限误差,即

$$\sigma_{\text{极限}}=3\sigma$$

如果个别测量的误差超过 3σ,则可认为是过失误差引起而将其舍弃。由于实际测量是为数不多的几次测量,概率论不适用,而个别失常测量对算术平均值影响很大,为避免这一影响,有人提出一个简单判断法,即将

$$|a_i-\bar{a}|\geqslant 4\overline{\Delta a}$$

的 a_i 值视为可疑值可弃去。因为这种观察值存在的概率大约只有 0.1%。

4. 怎样使测量结果达到足够的准确度

(1) 按实验要求选用适当规格的仪器和药品,并加以校正或纯化。

(2) 测定某物理量 a 时需在相同实验条件下连续重复测量多次,舍去因过失误差而造成的可疑值后,求出其算术平均值 $\bar{a}$ 和平均误差 $\overline{\Delta a}$。

(3) 将 $\bar{a}$ 与 $a_{\text{标}}$ 作比较,若两者差值 $|\bar{a}-a_{\text{标}}|<\overline{\Delta a}$(重复 15 次或更多次的测量)或 $|\bar{a}-a_{\text{标}}|<3\overline{\Delta a}$(重复 5 次的测量),测量结果就是对的。否则说明在实验中有因实验条件不当、实验方法或计算公式等的系统误差存在,需进一步探索,用改变实验条件、方法或计算公式来寻找原因,直至使 $|\bar{a}-a_{\text{标}}|<\overline{\Delta a}$(或 $3\overline{\Delta a}$)。如不能达到,同时又能用其他方法证明不存在测定条件、方法或公式等方面的系统误差,则可能是标准值本身存在误差,需重新核实。

(4) 仪器的读数精密度。由于在大部分基础物理化学实验中,一般只测一个 a_i,此时,可按所用仪器的规格来估计 $\overline{\Delta a}$。例如:温度计一般取其最小分度值的 1/10 或 1/5 作为其 $\overline{\Delta T}$;合格的一等容量玻璃仪器取其满刻度容积的 0.2%作为其 $\overline{\Delta V}$;重量仪器、新的电表可按其说明书中所述来估计其 $\overline{\Delta m}$、$\overline{\Delta a}$。

(三) 间接测量结果的误差计算

大多数物理化学实验的最后结果都是间接测量值,因此个别测量的误差,都反映在最

后的结果里。在间接测量误差的计算中，可以看出直接测量的误差对最后的结果产生多大的影响，并可了解哪一方面的直接测量是误差的主要来源。如果我们事先预定最后结果的误差限度，即各直接测量值可允许的最大误差是多少，则由此可决定如何选择适当精密度的测量仪器。仪器的精密程度会影响最后结果，但如果盲目地使用精密仪器，不考虑相对误差，不考虑仪器的相互配合，非但丝毫不能提高结果的准确度，反而枉费精力并造成仪器、药品的浪费。

1. 间接测量结果的平均误差和相对平均误差

设某个所要求的物理量 u 是直接测量的物理量 x 和 y 的函数，即 $u=u(x,y)$，直接测量 x 和 y 时其误差为 Δx 和 Δy，它所引起 u 的误差为 Δu，当 Δu、Δx、Δy 和 u、x、y 相比是足够小时，可用它们的微分 $\mathrm{d}u$、$\mathrm{d}x$、$\mathrm{d}y$ 代替，则有：

$$\mathrm{d}u=\left(\frac{\partial u}{\partial x}\right)_y\mathrm{d}x+\left(\frac{\partial u}{\partial y}\right)_x\mathrm{d}y$$

按照定义其相对误差为：

$$\frac{\mathrm{d}u}{u}=\mathrm{dln}\,u=\frac{1}{u}\left(\frac{\partial u}{\partial x}\right)_y\mathrm{d}x+\frac{1}{u}\left(\frac{\partial u}{\partial y}\right)\mathrm{d}y$$

例：求 u 为单项式时 u 的相对误差，设

$$u=k(a^p b^q/c^r)$$

式中：p、q、r 是已知数值，k 是常数，a、b、c 是实验直接测定的数值。对上式取对数得：

$$\ln u=\ln k+p\ln a+q\ln b-r\ln c$$

取微分得：

$$\mathrm{d}u/u=\mathrm{dln}\,u=p\mathrm{d}a/a+q\mathrm{d}b/b-r\mathrm{d}c/c$$

我们并不知道这些误差的符号是正还是负，但考虑到最不利的情况下，直接测量的正、负误差不能对消而引起误差的积累，故取相同符号。即

$$\mathrm{d}u/u=\mathrm{dln}\,u=p\mathrm{d}a/a+q\mathrm{d}b/b+r\mathrm{d}c/c$$

这样所得的相对误差为最大，称为误差上限。显然，最终结果的相对误差比其中任一测量值的相对误差都大。对于 u 为其他函数关系时误差的计算列于绪表 3。

绪表 3　u 为其他函数关系时误差的计算公式

函数关系	绝对误差	相对误差
$u=x+y$	$\pm(\lvert\mathrm{d}x\rvert+\lvert\mathrm{d}y\rvert)$	$\pm(\lvert\mathrm{d}x\rvert+\lvert\mathrm{d}y\rvert)/(x+y)$
$u=x-y$	$\pm(\lvert\mathrm{d}x\rvert+\lvert\mathrm{d}y\rvert)$	$\pm(\lvert\mathrm{d}x\rvert+\lvert\mathrm{d}y\rvert)/(x-y)$
$u=xy$	$\pm(y\lvert\mathrm{d}x\rvert+x\lvert\mathrm{d}y\rvert)$	$\pm(\lvert\mathrm{d}x\rvert/x+\lvert\mathrm{d}y\rvert/y)$

续 表

函数关系	绝对误差	相对误差
$u=x/y$	$\pm(\lvert dx\rvert+\lvert dy\rvert)y^2$	$\pm(\lvert dx\rvert/x+\lvert dy\rvert/y)$
$u=x^n$	$\pm nx^{n-1}dx$	$\pm(n(dx/x))$
$u=\ln x$	$\pm dx/x$	$\pm(dx/x\ln x)$
$u=\sin x$	$\pm(\cos x dx)$	$\pm(\cos x dx)/\sin x$

2. 示例

例 1 误差的计算

液体的摩尔折射度公式为$[R]=\frac{n^2-1}{n^2+2}\frac{M}{\rho}$，苯的折射率$n=1.4979\pm0.0003$，密度$\rho=(0.8737\pm0.0002)$ g/mL，摩尔质量$M=78.05$ g/mol。求间接测量$[R]$的误差和相对误差。

解：$[R]=\frac{1.4979^2-1}{1.4979^2+2}\times\frac{78.05}{0.8737}=26.20$ mL/mol

把折射度公式两边取对数并微分 $d\ln[R]=d\ln(n^2-1)-d\ln(n^2+2)-d\ln\rho$

整理得
$$\frac{dR}{R}=\left[\frac{2n}{n^2-1}-\frac{2n}{n^2+2}\right]dn-\frac{d\rho}{\rho}$$

代入有关数据得：$\Delta[R]=\pm0.019$ mL/mol

$$\frac{\Delta[R]}{R}=\pm\frac{0.019}{26.20}\times100\%=\pm0.072\%$$

例 2 仪器的选择

用电热补偿法在 12 mol 水中分次加入 KNO_3（固体）的溶解热测定中，求 KNO_3 在水中的积分溶解热 Q_s。若控制相对误差在 3%以内，应选择什么样规格的仪器？

各直接测量物理量的数值分别为：电流 $I=0.5$ A，电压 $U=4.5$ V，最短的时间 $t=400$ s，最少的样品量 $m_{KNO_3}=3$ g。

解：$Q_s=M_{KNO_3}\ I\ U\ t/m_{KNO_3}$

$\ln Q_s=\ln M+\ln I+\ln U+\ln t-\ln m$

最大相对误差 $dQ_s/Q_s=dI/I+dU/U+dt/t+dm/m$

$=dI/(0.5\ \text{A})+dU/(4.5\ \text{V})+dt/(400\ \text{s})+dm/(3\text{g})$

由上式可知最大的误差来于测定 I 和 U 所用电流表和电压表。因为在时间的测定中用秒表误差不会超过 1 s，相对误差为 1 s/400 s=0.25%。称量 KNO_3 如用分析天平只要读至小数点后第三位即 $dm=0.001$ g，相对误差仅为 0.07%（称水只需用台天平，因 dm 虽为 0.2 g，但其相对误差为 0.2 g/200 g=0.1%）。电流表和电压表的选择以及在实验中对 I、U 的控制是本实验的关键。为把 Q_s 的相对误差控制在 3%以下，dI/I 和 dU/U 都应控制在 1%以下。故需选用 1.0 级的电表（准确度为最大量程值的 1%），且电流表的全量程为 0.5 A。电压表的全量程为 5V($dI/I=(0.5\ \text{A}\times 0.01)/0.5\ \text{A}=1\%$,$dU/U=(0.5\ \text{V}\times 0.01)/4.5\ \text{V}=1.1\%$)。

例 3 测量过程中最有利条件的确定。

在利用惠斯登电桥测量电阻时,电阻 R_x 为 $R_x=Rl_1/l_2=R(L-l_2)/l_2$

式中 R 是已知电阻,L 是电阻丝全长($l_1+l_2=L$)。因此,间接测量 R_x 的误差取决于直接测量 l_2 的误差

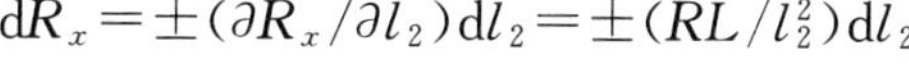

$$dR_x=\pm(\partial R_x/\partial l_2)dl_2=\pm(RL/l_2^2)dl_2$$

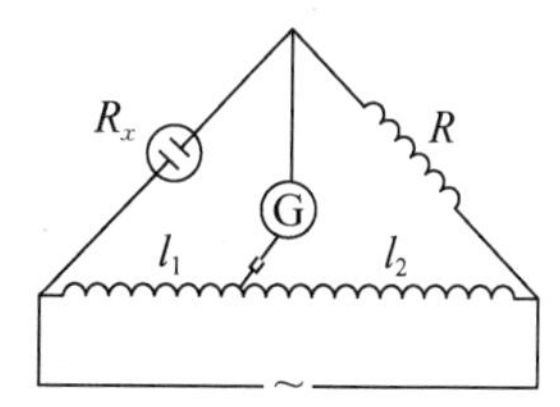

绪图 3 惠斯顿电桥

相对误差为

$$dR_x/R_x=\pm[(RL/l_2^2)dl_2]/[R(L-l_2)/l_2]=\pm[L/(L-l_2)l_2]dl_2$$

因为 L 是常量,所以当 $(L-l_2)l_2$ 为最大时,其相对误差最小,即

$$d[(L-l_2)l_2]/dl_2=0$$

得

$$L-2l_2=0$$

故

$$l_2=L/2$$

所以用惠斯登电桥测量电阻时,电桥上的接触点最好放在电桥中心。由测量电阻可以求得电导,而电导的测量是物化实验中常用的物理方法之一。

(四)有效数字

在实验科学中,数的用途有两大类:一类是用来数“数目”的,例如点钞票,无论谁来数,无论用什么方法,无论在什么时候数,都得同一数目;另一类是表示测量结果的,这一类数的末位往往是估计得来的,因此具有一定的误差。例如,我们用最小分度为 0.1 cm^3 的量筒量取某液体的体积,某实验者读为 5.14 cm^3,则我们知道该量筒能准确读出这个数的前两位(5、1),而末位数的 4 是实验者估计出来的。因此,不同的实验者就有可能有不同的估计,有人可能读为 5.13,有人可能读为 5.15,一般认为最后一位数字的不确定范围为±3。我们在读取或记录一个数据时,只保留一位不确定的数字(即估计出来的数字),测量中所有确定的数字和一位不确定的数字合称为有效数字。

在实验数据处理中,常需要运算一些有效数字位数不同的数值。现将其运算规则介绍如下:

1. 误差一般只有一位有效数字。

2. 任何一个物理量的数据,其有效数字的最后一位,在位数上应与误差的最后一位划齐。例如,记成 1.35±0.01 是正确的,若记成 1.351±0.01,或 1.3±0.01 则意义不明确。

3. 为了明确地表明有效数字的位数,凡用“0”仅表明小数点位置的,通常用乘 10 的相当幂次来表示,例 0.003 12 应记作 3.12×10^{-3},对于像 16 700 那样的数,如实际测量只能取四位有效数字(第四位由估计而得),则应写成 1.670×10^4。

4. 任何一次测量,都应记录到仪器刻度的最小估计读数。

5. 在运算中舍去多余的数字时,采用“4 舍 6 入逢 5 尾留双”的法则。例如,将下列数

值 9.436、9.434、9.435、9.445 整化为三位有效数字，根据上述法则，整化后的数值为 9.44、9.43、9.44、9.44。

6. 在加减运算中，各数值小数点后取的位数以其中位数最少的为准。例如 13.65、0.008 2、1.632 三个数相加，其和为：

$$13.65+0.01+1.63=15.29$$

7. 在乘除运算中，各数所取有效数字位数由有效数字位数最少的数值的相对误差决定。运算结果的有效数字位数亦取决于最终结果的相对误差。例如 2.016 8×0.019 1/96，此例中因未指明各数值的误差，据前所述，一般最后一位数字的不确定范围为±3。上述中 96 的有效数字最少，其相对误差为 3/96×100%＝3.1%。数值 2.016 8 误差为 2.016 8×3.1%＝0.063，已影响 2.016 8 的末三位有效数字，故将 2.016 8 改写为 2.02。数值 0.019 1 的误差为 0.019 1×3.1%＝0.000 59，故仍写为 0.019 1，故上式改写为 2.02×0.019 1/96＝0.000 401 9。

最终结果的相对误差为：

$$0.03/2.016\ 8+0.000\ 3/0.019\ 1+3/96=4.7\%$$

数值 0.000 401 9 的误差为：

$$0.000\ 401\ 9\times4.7\%=0.000\ 019$$

故结果的有效数字应只有二位，即应记作 4.0×10^{-4}。

8. 在对数运算中，所取对数尾数应与真数的有效数字位数相同。

例 $$\lg(7.1\times10^{28})=28.85$$

(五) 实验数据的表示法

物理化学实验结果的表示方法主要有三种：列表法、图解法和数学方程式法。

1. 列表法

列表法就是将实验数据用表格的形式表达出来。其优点是能使全部数据一目了然，便于检查和进一步处理。目前使用较多的是"三线表"。

列表时应注意以下几点：

(1) 每一表格应有简明完备的名称。

(2) 由于表格中列出的是一些纯数(数值)，因此表的栏头也应该是一纯数。这就是说：应当是量的符号 A 除以单位的符号[A]，即 $A/[\mathrm{A}]$，例如 p/Pa；或者量纲为一个纯数的量，例如 $K^{\ominus}$；或者是这些纯数的数学函数，例如 $\ln(p/\mathrm{Pa})$。若表中数据有公共的乘方因子，为简便起见，可将公共的乘方因子写在栏头内。如不同温度下水的离子积有公共乘方因子 10^{-14}，则栏头可写为 $10^{14}K_{\mathrm{w}}$。

(3) 在每一列中所列数据要排列整齐，位数和小数点要上下对齐。

2. 图解法

利用图解法来表达物理化学实验数据具有许多优点，首先它能清楚地显示出所研究物理量的变化规律和特点，如极大、极小、转折点、周期性、数量的变化速率等重要性质。其次，能够利用足够光滑的曲线，作图解微分和图解积分。有时还可通过作图外推以求得实验难于获得的量。

图解法被广泛运用，其中重要的有：

(1) 求内插值。根据实验所得的数据，作出函数间相互关系的曲线，然后找出与某函数相应的物理量的数值。

(2) 求外推值。在某些情况下，测量数据间的线性关系可用于外推至测量范围以外，求某一函数的极限值，此种方法称为外推法。使用外推法时应注意外推范围距实际测量的范围不能太远，外推所得的结果与已有的正确经验不能有抵触。

(3) 作切线求函数的微商。从切线的斜率求函数的微商在物化实验数据处理中是经常应用的。在曲线上作切线通常有两种方法：① 镜像法。如要作曲线上某一指定点的切线，可取一块平面镜垂直放在图纸上，使镜的边缘与线相交于该指定点。以此点为轴旋转平面镜，直至图上曲线与镜中曲线的映像连成光滑的曲线时，沿镜面作直线即为该点的法线，再作这法线的垂直线，即为该点切线。如果将一块薄的平面镜和一直尺垂直组合，使用时更方便，如绪图 4 所示。② 平行线法。在选择的曲线段上作两平行线 AB 及 CD，作二线段中点的连线交曲线于 O 点，作与 AB 及 CD 平行线 EOF 即为 O 点的切线，见绪图 5。

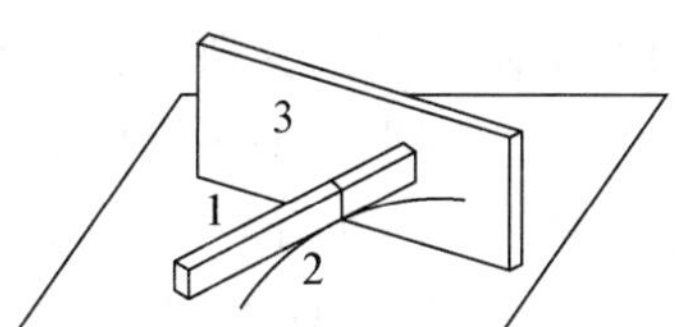

绪图 4　镜像法作切线的示意图

1—直尺；2—曲线；3—镜子

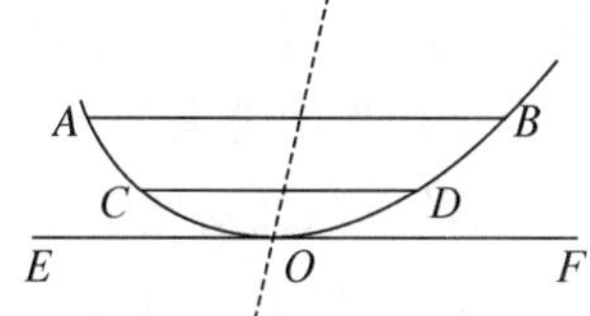

绪图 5　平行线法作切线示意图

(4) 求经验方程式。例反应速度常数 k 与活化能 E 的关系式即阿仑尼乌斯公式：

$$k = Ae^{-E/RT}$$

若根据不同温度下的 k 值，作 $\lg k - 1/T$ 的图，则可得一条直线，由直线的斜率和截距分别可求得活化能 E 和指前因子 A 的数值。

(5) 由求面积计算相应的物理量。例如在求电量时，只要以电流和时间作图，求出相应一定时间的曲线下所包围的面积即得电量数值。

(6) 求转折点和极值。例如电位滴定和电导滴定时等当点的求得，最高和最低恒沸点的测定等都是应用图解法。

作图的一般步骤及原则：

(1) 坐标纸的选择与横纵坐标的确定。直角坐标纸最为常用，有时半对数坐标纸或对数—对数坐标纸也可选用，在表达三组分体系用图时，常采用三角坐标纸。

在用直角坐标纸作图时，习惯上以自变量为横轴，因变量为纵轴，横轴与纵轴的读数不一定从零开始，可视具体情况而定。例如

测定物质 B 在溶液中的摩尔分数 x_B 与溶液的蒸气压 p，得到如下数据，其关系符合理想溶液。

x_B	0.02	0.20	0.0	0.58	0.78	1.00
p/mmHg	128.7	137.4	144.7	154.8	162.0	172.5

由于溶液的蒸气压 p 是随摩尔分数 x_B 而变，因此我们取 x_B 为横坐标、p 为纵坐标。

(2) 坐标的范围。确定坐标的范围就是要包括全部测量数据或稍有余地。上例中，

x_B 的变化范围：1.00－0.02＝0.98

p 的变化范围：172.5－128.7＝43.8 mmHg

坐标起点初步可定为(0，125.0)，横坐标 x_B 之范围可在 0—1.00，纵坐标 p 之范围可在 125.0—175.0 mmHg。

(3) 比例尺的选择。坐标轴比例尺的选择极为重要。由于比例尺的改变，曲线形状也将跟着改变，若选择不当，可使曲线的某些相当于极大、极小或转折点的特殊部分就看不清楚了。

比例尺选择的一般原则：① 要能表示全部有效数字，以便从图解法求出各量的准确度与测量的准确度相适应，为此将测量误差较小的量取较大的比例尺。由实验数据作出曲线后，则结果的误差是由两个因素所引起，即实验数据本身的误差及作图带来的误差，为使作图不致影响实验数据的准确度，一般将作图的误差尽量减少到实验数据误差的三分之一以下，这就使作图带来的误差可以忽略不计了。② 图纸每一小格所对应的数值既要便于迅速简便的读数又要便于计算，如 1，2，5 或者是 1，2，5 的 10^n(n 为正或负整数)，要避免用 3，6，7，9 这样的数值及它的 10^n 倍。③ 若作的图形为直线，则比例尺的选择应使其直线与横轴交角尽可能接近于 45°。

确定横坐标比例尺的方法可选用下列两种方法中的任一种，其结果都相同。

方法一　由于图纸每小格有 0.2 格的误差，所以要保证作图带来的误差必须小于 x_B 的误差的 1/3，这样才能不影响实验的准确度。对于上例中，如 x_B 的比例尺即每小格代表 x_B 的量以 r_{x_B} 表示，r_{x_B} 和 x_B 的误差 Δx_B 的关系是：

$$r_{x_B}\times 作图误差\leqslant 实验误差/3$$

$$r_{x_B}\times 0.2\leqslant \Delta x_B/3$$

实验数据中没有给出 x_B 的误差，但从数据的有效数字来看，一般认为有效数字末位有一个单位的误差。即 $\Delta x_B=0.01$，代入上式得

$$r_{x_B}\times 0.2\leqslant 0.01/3$$

故　$$r_{x_B}\leqslant 0.01/(0.2\times 3)=0.01/0.6=0.017$$

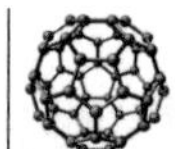

每小格为0.017属不完整数值，不可作为比例尺，只能改为0.02或0.01，若取 $r_{x_B}=0.02$/格，则作图误差为 $0.02\times0.2=0.004$，是 Δx_B 的1/2.5，如以 $r_{x_B}=0.02$/格作图所绘曲线太小，不适用。若取 $r_{x_B}=0.01$/格时，则作图误差为 $0.01\times0.2=0.002$，是 Δx_B 的1/5，因此取 $\Delta r_{x_B}=0.01$/格为宜。

方法二 直接把每小格当作 x_B 的有效数字中末位的一个或两个单位，这在没有给出测定值的误差时，此法最为方便。

上例中 x_B 的有效数字中末位是在小数点后第二位，所以可取 $r_{x_B}=0.01$/格或0.02/格。如取 $r_{x_B}=0.02$/格，图纸带来的误差 $0.02\times0.2=0.004$，为 Δx_B 的1/2.5，因作图时只用50格，因此还是取 $r_{x_B}=0.01$/格为宜，一方面既忽略作图的误差，另一方面又使绘成图形不会太小。

(4) 画坐标轴。选定比例尺后，画上坐标轴，在轴旁注明该轴所代表变量的名称和单位。在纵轴之左面和横轴下面每隔一定距离写下该处变量应有之值(标度)，以便作图及读数，但不应将实验值写于坐标轴旁，读数横轴自左至右，纵轴自下而上。

上面已确定 x_B 的比例尺为0.01/格，即横坐标每小格为0.01，x_B 的变化范围从0.02至1.00，所以横坐标取100小格，起点为0。按比例尺选择的一般原则③，纵坐标也应取100小格左右，p 的变化范围为43.0 mmHg，所以 $r_p=43.0/100=0.43$，可取0.5 mmHg，这样纵坐标长度约为90小格，起点可定为125 mmHg。已知 $r_{x_B}=0.01$/格，$r_p=0.5$ mmHg/格，坐标起点为(125,0)，即可在坐标纸上做好标度。没有必要在每10小格处都标度，可在横坐标起点、20、40、60、80及100小格下写上0、0.20、0.40、0.60、0.80及1.00，在纵坐标起点、50和100小格左面分别写上125.0、150.0、175.0即可。

(5) 描点。将相当于测得数值的点绘于图上，在点的周围画上×、小圆圈、小方块或其他符号(一般情况下其面积大小应近似地显示测量的准确度。如测量的准确度很高，圆圈应尽量画得小些，反之就大些)。在一张图纸上如有数组不同的测量值时，各组测量值的代表点以不同符号表示，以示区别。并须在图上注明。

(6) 联曲线。把点描好后，用曲线板或曲线尺作出尽可能接近于各实验点的曲线，曲线应平滑均匀、细而清晰。曲线不必通过所有各点，但各点在曲线两旁之分布，在数量上应近乎相等；各点和曲线间的距离表示了测量的误差，曲线两侧各点与曲线距离之和亦应最小。

如果在理论上已阐明自变量和因变量为直线关系，或从描点后各点的走向来看是一直线就应画为直线，否则按曲线来反映这些点的规律。在画直线时，一般先取各点的重心，此重心位置是两个变量的平均值。上例中此溶液具有理想溶液的性质，故 x_B 与 p 应为直线关系。在 p—x_B 图中 $x_B=0.48$，$p=150.0$ mmHg。坐标(0.48,150.0)即为图上各点的重心，通过此重心，选好一直线，使各点在此直线两边分布较均匀(若不是直线关系，则不必求重心)。

(7) 写图名。写上清楚完备的图名及坐标轴的比例尺。图上除了图名、比例尺、曲线、坐标轴及读数，一般不再写其他内容及作其他辅助线。数据亦不要写在图上，但在实验报告上应有相应的完整的数据。上例中在图的下面写明“溶液蒸气压和物质B的浓度关系图”即 p—x_B 关系图。

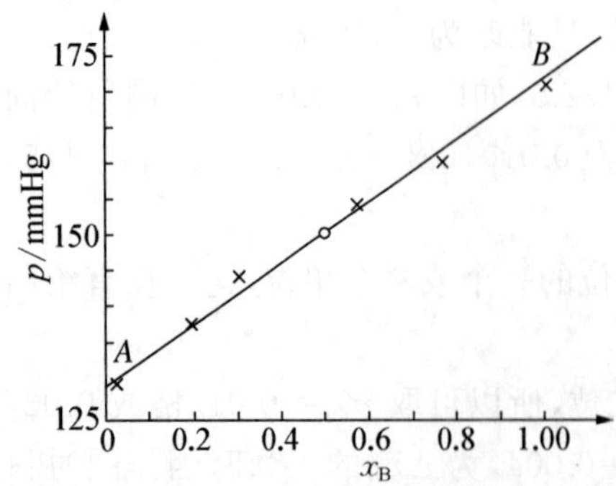

绪图 6　溶液蒸气压和物质 B 的浓度关系图

(8) 正确选用绘图仪器。绘图所用的铅笔应该削尖，才能使线条明晰清楚，画线时应辅以直尺和曲线尺（板），选用的直尺或曲线尺（板）应透明，才能全面的观察实验点的分布情况，作出合理的线条来。

3. 数学方程式法

该法是将实验中各变量间关系用函数的形式，如 $y=f(x)$ 或 $y=f(x,z)$ 等表达出来。此法表达方式简单，记录方便，也便于求微分、积分和内插值等。

建立经验方程式的基本步骤：

(1) 将实验测定的数据加以整理与校正。

(2) 选出自变量和因变量并绘出曲线。

(3) 由曲线的形状，根据解析几何的知识，判断曲线的类型。

(4) 确定公式的形式。将曲线变换成直线关系或者选择常数将数据表达成多项式。常见的例子见绪表 4。

绪表 4　曲线变换成直线关系的常例

方程式	变 换	直线化后得到的方程式
$y=ae^{bx}$	$Y=\ln y$	$Y=\ln a+bx$
$y=ax^b$	$Y=\lg y, X=\lg x$	$Y=\lg a+bx$
$y=1/(a+bx)$	$Y=1/y$	$Y=a+bx$
$y=x/(a+bx)$	$Y=x/y$	$Y=a+bx$

(5) 用下法之一来确定经验方程式中的常数。

① 作图法。对于简单方程

$$y=mx+b$$

在 y—x 的直角坐标图上，用实验数据描点得一直线，可用两种方法求 m 和 b。

方法一　截距斜率方法。将直线延长交于 y 轴，在 y 轴上的截距即为 b，而直线与 x 轴的交角若为 θ，则斜率 m 就可求得。

方法二　端值方法。在直线两端选两个点 (x_1,y_1)、(x_2,y_2)，将它们代入下式即得

$$m=(y_1-y_2)/(x_1-x_2)$$

$$b=y_1-mx_1=y_2-mx_2$$

② 计算法。设实验测得 n 组数据：(x_1,y_1)、(x_2,y_2)、…、(x_n,y_n)，且都符合直线方程，则可建立如下方程组

$$y_1=mx_1+b$$

$$y_2 = mx_2 + b$$

$$\cdot \quad \cdot$$

$$\cdot \quad \cdot$$

$$\cdot \quad \cdot$$

$$y_n = mx_n + b$$

由于测定值都有偏差，若定义

$$\delta_i = mx_i + b - y_i \qquad I = 1, 2, 3, \cdots, n$$

δ_i 为第 i 组数据的残差。通过残差处理，可求得 m 和 b。对残差的处理有两种方法。

(a) 平均法　平均法的基本思想是正、负残差的代数和为零。即

$$\sum_{i=1}^{n} \delta_i = 0$$

将上列方程组分成数目相等或接近相等的两组，并叠加起来得

$$\sum_{i=1}^{k} \delta_i = m \sum_{i=1}^{k} x_i + kb - \sum_{i=1}^{k} y_i = 0$$

$$\sum_{i=k+1}^{n} \delta_i = m \sum_{i=k+1}^{n} x_i + (n-k)b - \sum_{i=k+1}^{n} y_i = 0$$

将上面两个方程联立解之，便可求得 m 和 b。平均法在有 6 个以上比较精密的数据时，结果比作图法好。

(b) 最小二乘法　平均法的设想并不严密，因为在有限次测量中，残差之代数和并不一定为零。最小二乘法则认为在有限次测量中，最佳结果应能使标准误差最小，所以残差的平方和亦应为最小。

设 S 为残差的平方和，则

$$S = \sum_{i=1}^{n} \delta_i^2 = \sum_{i=1}^{n} (mx_i + b - y_i)^2$$

使 S 为最小的必要条件为

$$\frac{\partial S}{\partial m} = 2 \sum_{i=1}^{n} x_i (mx_i + b - y_i) = 0$$

$$\frac{\partial S}{\partial b} = 2 \sum_{i=1}^{n} (mx_i + b - y_i) = 0$$

将上两式联立，便可解出 m 和 b

$$m = \left(n \sum_{i=1}^{n} x_i y_i - \sum_{i=1}^{n} x_i \sum_{i=1}^{n} y_i\right) \Big/ \left[n \sum_{i=1}^{n} x_i^2 - \left(\sum_{i=1}^{n} x_i\right)^2\right]$$

$$b=\left(\sum_{i=1}^{n}x_i^2\sum_{i=1}^{n}y_i-\sum_{i=1}^{n}x_i\sum_{i=1}^{n}x_iy_i\right)/\left[n\sum_{i=1}^{n}x_i^2-\left(\sum_{i=1}^{n}x_i\right)^2\right]$$

最小二乘法需要7个以上的数据，处理虽较繁，但结果可靠，是最准确的处理方法。

例　现有下列数据

x	1	3	8	10	13	15	17	20
y	3.0	4.0	6.0	7.0	8.0	9.0	10.0	11.0

求经验方程式（已知该方程为线性方程：$y=mx+b$）。

解：① 平均法。将实验数据代入 $y=mx+b$ 得

(1) $b+m=3.0$　　(5) $b+13m=8.0$
(2) $b+3m=4.0$　　(6) $b+15m=9.0$
(3) $b+8m=6.0$　　(7) $b+17m=10.0$
(4) $b+10m=7.0$　　(8) $b+20m=11.0$

将前四式作为一组，相加得一方程；后四式作为一组，相加得另一方程，即

$$4b+22m=20.0$$
$$4b+65m=38.0$$

解此联立方程，得　　$b=2.70\quad m=0.420$

所以，经验方程式为　　$y=0.420x+2.70$

② 最小二乘法。将有关数据列于下表

x_i	y_i	x_i^2	x_iy_i
1	3.0	1	3.0
3	4.0	9	12.0
8	6.0	64	48.0
10	7.0	100	70.0
13	8.0	169	104.0
15	9.0	225	135.0
17	10.0	289	170.0
20	11.0	400	220.0

由表可知：$n=8$，$\sum x_i=87$，$\sum y_i=58.0$，$\sum x_i^2=1\,257$，$\sum x_iy_i=762.0$

将上述数据代入最小二乘法公式中得

$$m=(8\times762.0-87\times58.0)/(8\times1\,257-87^2)=0.422$$

$$b=(1\,257\times58.0-87\times762.0)/(8\times1\,257-87^2)=2.66$$

所以，经验方程为 $y=0.422x+2.66$

习　题

1. 某一液体的密度经多次测定为(1) 1.082 g·mL^{-3}，(2) 1.079 g·mL^{-3}，

(3) 1.080 $g \cdot mL^{-3}$,(4) 1.076 $g \cdot mL^{-3}$,求其平均误差、相对平均误差、标准误差和精密度。

2. 以苯为溶剂,用沸点升高法则定萘的摩尔质量是按下式计算

$$M=(2.53\times 1\,000)g \cdot K \cdot mol^{-1} \times m_B/(m_A \Delta T_b)$$

已知纯苯的沸点在贝克曼温度计上的读数(2.975±0.005)℃。溶液[含苯(87.0±0.1)g(m_A),含萘(1.054±0.001)g(m_B)]的沸点其读数为(3.210±0.005)℃。试计算萘的摩尔质量,估计其平均误差和标准误差,并讨论影响该实验的主要误差是什么?

3. 不同温度下测得氨基甲酸铵的分解反应:

$$NH_2CONH_2(s)=2NH_3(g)+CO_2(g)$$

其数据如下表所示。

T/K	298	303	308	313	318
$\lg k$	−3.638	−3.150	−2.717	−2.294	−1.877

试用最小二乘法求出 $\lg k$ 对 $1/T$ 的关系式;并求出平均热效应 ΔH(设 ΔH 在此测定温度范围内为一常数)。

Ⅰ 实　验

实验 1　恒温槽的装配和性能测试

一、目的

1. 了解恒温槽的构造及控温原理，初步掌握其装配和调试的基本技术。
2. 绘制恒温槽的灵敏度曲线（温度—时间曲线），学会分析恒温槽的性能。
3. 掌握贝克曼（Beckmann）温度计的使用方法。

二、预习指导

1. 明确恒温槽的控温原理、恒温槽的主要部件及作用。
2. 了解本实验恒温槽的电路连接方式。
3. 了解贝克曼温度计的调节和使用方法。

三、原理

在许多物理化学实验中，由于欲测的数据，如折射率、蒸气压、电导、粘度、化学反应速率常数等都随温度而变化，因此，这些实验都必须在恒温条件下进行。一般常用恒温槽来获得恒温条件。恒温槽是实验室中常用的一种以液体为介质的恒温装置。它主要是利用温度传感器、恒温控制器的共同作用而获得恒温。本实验所用恒温槽的装置如图 1-1 所示，它由浴槽、加热器、搅拌器、感温元件、恒温控制器等组成，现分别介绍于下。

1. 浴槽

通常有金属槽和玻璃槽两种。槽的容量及形状视需要而定。常用 20 L 的圆柱形玻璃容器。槽内盛有热容较大的液体作为介质，所需恒定温度在 0—100 ℃时，多采用蒸馏水；所需恒定温度在 100 ℃以上时，常用石蜡油、甘油等。

2. 加热器

常用的是电加热器，一般做成环形，其功率大小可视浴槽的容量及所需恒定温度与环境温度的差值大小而定。若采用功率可调的加热器则效果更好。一般在恒温控制器和电加热器之间接 1 只 1 kVA 的调压变压器，通过电压的调节可达到调节电加热器功率的目的。开始时，加热器的功率可大一些，以使槽温较快升高，当槽温接近所需温度时，再适当减小加热器的功率。

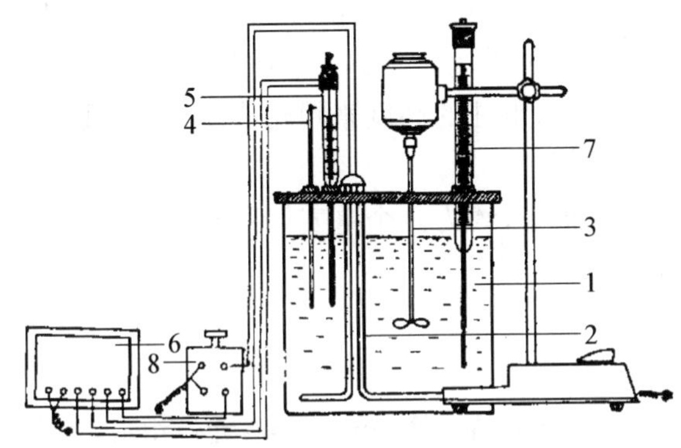

图 1-1　恒温槽的装置图

1—浴槽；2—加热器；3—搅拌器；4—温度计；5—温度传感器(接触温度计)；6—温控仪(背面)；7—贝克曼温度计；8—调压变压器

3. 搅拌器

一般采用功率为 40 W 的电动搅拌器，并用变速器来调节搅拌速度，以使槽内各处温度尽可能保持相同。

4. 温度计

常用最小分度值为 0.1 ℃的精密温度计来指示浴槽中介质的实际温度。本实验又另用一支最小分度值为 0.01 ℃的贝克曼温度计来测定恒温槽的灵敏度。

5. 温度传感器

它是恒温槽的感觉中枢，是影响恒温槽灵敏度的关键元件之一。其种类很多，如接触温度计、热敏电阻等。接触温度计是常用的一种。其构造如图 1-2 所示。它实际上是一支可以导电的特殊水银温度计，故又称导电表。它与普通水银温度计的

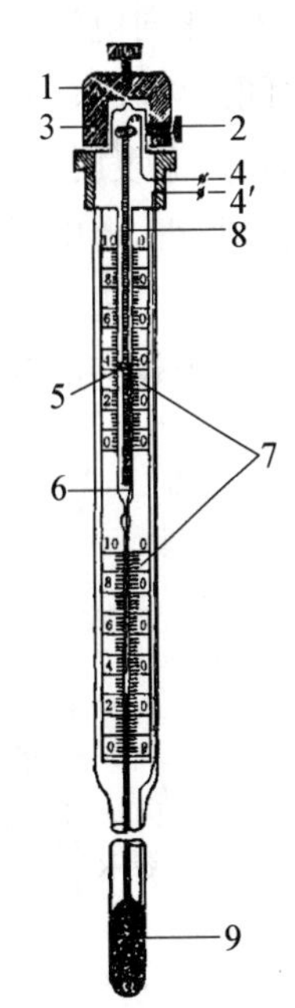

图 1-2　接触温度计构造图

1—调节帽；2—调节帽固定螺丝；3—磁铁；4—螺杆引出线；4′—水银球引出线；5—标铁；6—触针；7—刻度板；8—螺杆；9—水银球

主要区别有两点：① 它的毛细管中有一根焊接在指示螺母（标铁）5 上的铂丝 6。当右旋导电表上端的调节帽 1 时，嵌入帽内的永久磁铁 3 随之右旋，使得螺杆 8 上的标铁沿螺杆向上移动（毛细管上部形状决定标铁无法转动），铂丝随之向上移动；反方向转动调节帽则铂丝向下移动。② 水银球和螺杆分别与两根导线 4、4′ 相连而引出。当加热器通电对介质加热后，水银柱上升，至与铂丝相接时，两根导线处于接通状态，该信号传至恒温控制器，使加热器电源被切断；由于停止加热，槽温下降，水银柱与铂丝相离，两根导线处于不接通状态，该信号传至恒温控制器，使加热器复又通电，对介质加热。导电表的作用即将槽温是否处于某一温度的信号感受并传递给恒温控制器。我们可以通过调节铂丝位置的高低来控制两根导线在某温度时通、断。此外，它有上、下两段刻度板 7，上段由标铁粗略指示所需恒定的温度，下段由水银柱的高度来粗略指示温度，而焊接在标铁上的铂丝，其下端所指示的温度与标铁相同。

导电表允许通过的电流很小，约为几个毫安，不能同加热器直接相连，导电表与加热器之间接有恒温控制器。

6. 恒温控制器

又称温控仪，常用的温控仪由晶体管和继电器等元件组成，其电路如图 1－3 所示，图中虚线框内为电源部分（电源变压器 T，四个晶体二极管组成桥式全波整流器，C_1、C_2、R_5 为滤波回路），框外为电子调节器部分。当槽温低于所需恒定温度时，导电表中两根导线不接通，经过变压、整流、滤波后得到的直流电压，通过电阻 R_1 加到三极管的基极 b 和发射极 e 上，输入正向电流 I_b，使三极管 BG 饱和导通，通过 BG 的放大作用，在集电极 c 与发射极 e 之间产生较大的电流 I_c，继电器 J_1、J_2 相继吸合衔铁，接通加热器的电源；当槽温上升至所需恒定温度时，导电表中两根导线接通，此时，基极电流 I_b 已可视为零，BG 截止，集电极电流 I_c 很小，继电器 J_1、J_2 中的电磁铁磁性消失，衔铁靠弹簧弹力自动弹开，切断加热器电源，如此反复进行，控制槽温仅在一微小区间内波动。当继电器 J_1 中电流突然变小时，会产生出一个较高的反电动势，二极管 D 的作用是将它短路，避免 BG 被击穿。此类

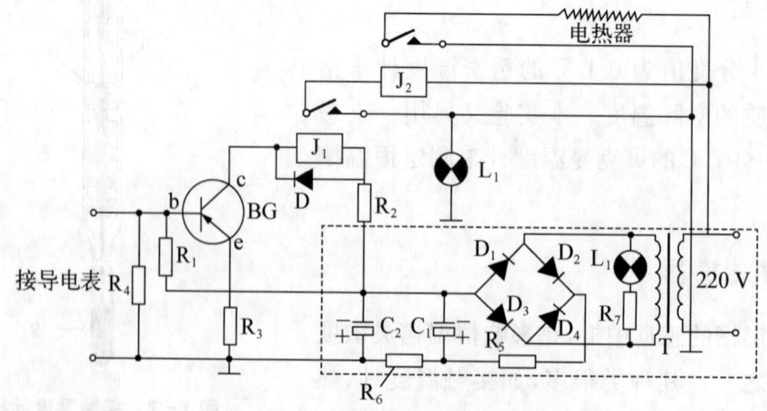

图 1－3　晶体管温控仪电路图

T－电源变压器；D、D_1、D_2、D_3、D_4－滤波电容；L_1－工作指示灯泡；L_2－电源指示灯泡；
J_1—JRX—13F 型继电器；J_2—522 型交流继电器

型的控温属于“通”“断”二位式控温，且恒温条件是通过一系列元件的动作来获得的，因此，不可避免地将存在着一定的滞后现象，如温度传递、感温元件、继电器、电热器等的滞后。因而一般恒温槽的温度都是相对稳定，多少会有一定的波动，大约在±0.1 ℃，稍加改进可达到±0.02 ℃。

图 1-4 为温控仪正面和背面面板示意图。

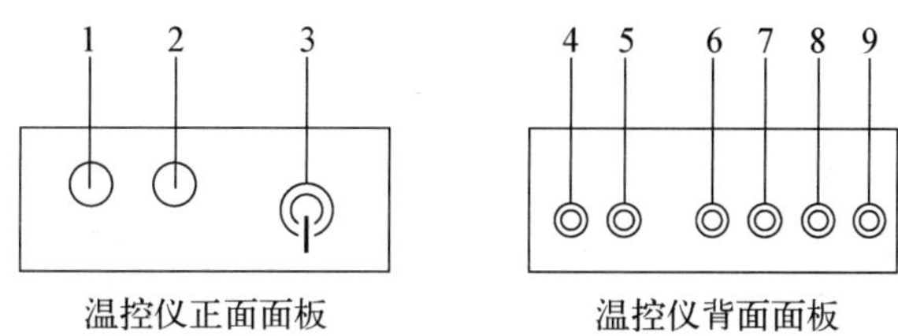

图 1-4 温控仪正面和背面面板示意图

1、2-加热、停止加热指示灯；3-温控仪电源开关；4、5-连接电源旋钮；6、7-连接加热器旋钮；8、9-连接导电表旋钮

在装配恒温槽时不仅对元件的灵敏度应有一定的要求，还要注意各元件在恒温槽中的正确位置。一般原则是：电热器和搅拌器应放得较近，这样有利于热量的传递；感温元件要放在电热器和搅拌器附近，以使及时地感受温度变化。用于测量介质温度的温度计，不宜过分靠近浴槽边缘。恒温槽控制的温度波动范围越小，各处的温度越均匀，其灵敏度越高。恒温槽在某一温度时的灵敏度测定是在指定温度下，采用贝克曼温度计，来观察恒温槽达到恒温状态后介质温度随时间的变化，若记最高温度为 $\theta_{高}$，最低温度为 $\theta_{低}$，则恒温槽的灵敏度 θ_E 为

$$\theta_E \frac{\theta_{高}-\theta_{低}}{2} \tag{1-1}$$

灵敏度又常以温度(贝克曼温度计读数)—时间曲线表示，记开始加热和停止加热时槽温(贝克曼温度计读数)的平均值为 $\bar{\theta}_{始}$、$\bar{\theta}_{停}$，在 $(\bar{\theta}_{停}+\bar{\theta}_{始})/2$ 处作一水平线作为基线，再做出温度—时间曲线。通过对曲线的分析，可以对恒温槽的灵敏度做出评价。较典型的灵敏度曲线如图 1-5 所示，(a)表示灵敏度较高；(b)表示灵敏度较低；(c)表示加热器功率太大；(d)表示加热器功率太小或散热太快。

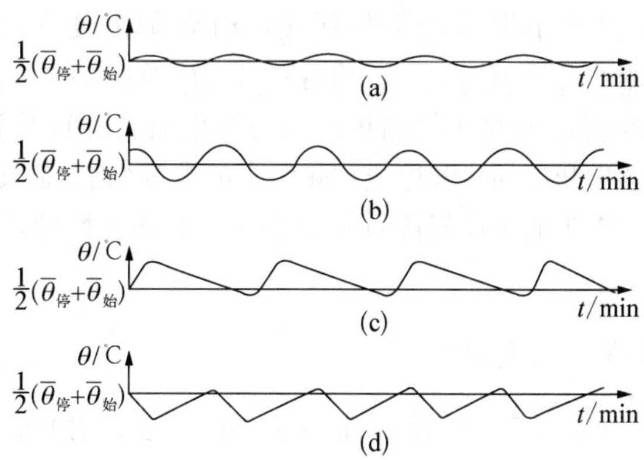

图 1-5 几种形式的灵敏度曲线

四、仪器和药品

玻璃缸(20 L)	1个
搅拌器(40 W)	1台
接触温度计(导电表)(0—50 ℃)	1支
加热器(1 000 W)	1个
温度计(0—50 ℃,最小分度为0.1 ℃)	1支
恒温控制器(温控仪)	1台
贝克曼温度计	1支
秒表	1块
调压变压器(1 000 VA)	1台

五、实验步骤

1. 恒温槽的装配

在玻璃缸中加入蒸馏水至容积2/3处,按图1-1将各部件装置好,接好线路。

2. 贝克曼温度计的调节

参阅本书Ⅱ仪器及其使用(1 温度的测量),调节贝克曼温度计,使其浸于25 ℃水中时水银面位于2.5 ℃左右刻度处,并将其固定在恒温槽内。

3. 恒温槽的调试

(1) 旋松导电表上端调节帽固定螺丝2,转动调节帽,使标铁上端面处于上刻度板23 ℃处,旋紧调节帽固定螺丝。经教师允许后,接通电源。调节搅拌器转速适当,开启温控仪进行加热(加热指示灯亮、继电器衔铁吸合),加热电压160—220 V。

(2) 待加热停止后(加热指示灯灭、继电器衔铁弹离),将加热电压调至60—160 V(视体系散热情况而定),旋松调节帽固定螺丝,缓缓转动调节帽,使标铁上移至最佳点,即槽温刚好升至25 ℃(由最小分度值为0.1 ℃的精密温度计观察)时,加热器停止加热。

(3) 再次调节加热电压,使每次的加热时间与停止加热时间近乎相等。然后用放大镜从贝克曼温度计上读出开始加热和停止加热时水的温度(相对值)$\theta_{始}$、$\theta_{停}$,各记录5次。每次读数前须用带有橡皮头的小棒轻敲贝克曼温度计的水银面处,以消除水银在毛细管内的粘滞现象。

4. 25 ℃时恒温槽灵敏度的测定

待恒温槽在25 ℃下恒温5 min后,每隔0.5 min(秒表计时)从贝克曼温度计上读一次水的温度(相对值)θ,测定30 min。

5. 恒温槽 35 ℃时灵敏度的测定

同步骤 2，调节贝克曼温度计使其浸于 35 ℃水中时水银面位于 2.5 ℃左右刻度处；同步骤 3，将恒温槽温度调至 35 ℃；同步骤 4，测定 35 ℃时恒温槽的灵敏度。

实验结束，先关掉温控仪、搅拌器的电源开关，再拔下电源插头，拆下各部件之间的接线。

六、实验注意事项

1. 电加热器功率大小的选择是本实验的关键之一，最佳状态应是每次加热时间与停止加热时间近乎相等，这可由指示灯的亮灭或温控仪内继电器衔铁的合离时间来帮助判断。

2. 为避免实验时将恒温槽的温度误调到高于指定的恒温温度，应注意正确调节导电表，即先调至略低于指定的恒温温度(2—3 ℃)，再观察恒温槽热滞后的程度，将导电表调至合适的位置。

七、数据记录和处理

1. 列表记录实验数据

室温________　　　　大气压________

表 1-1　实验数据记录表

恒温槽温度 25 ℃		恒温槽温度 35 ℃	
$\theta_{始}$/℃	$\theta_{停}$/℃	$\theta_{始}$/℃	$\theta_{停}$/℃

恒温槽温度 25 ℃		恒温槽温度 35 ℃	
t/min	θ/℃	t/min	θ/℃

2. 求出恒温槽温度为 25 ℃时的 $\theta_{始}$、$\theta_{停}$ 的平均值 $\bar{\theta}_{始}$、$\bar{\theta}_{停}$

3. 以时间 t 为横坐标，温度(相对值)θ 为纵坐标，在$(\bar{\theta}_{停}+\bar{\theta}_{始})/2$ 处做出基线，绘出 25 ℃时恒温槽的灵敏度曲线。

4. 从灵敏度曲线上，找出最高温度 $\theta_{高}$、最低温度 $\theta_{低}$，用(1-1)式，求出该恒温槽在 25 ℃时的灵敏度 θ_E(25 ℃)，并据灵敏度曲线对该恒温槽 25 ℃时的控温效果做出评价。

5. 同上，绘出 35 ℃时恒温槽的灵敏度曲线，求出 θ_E(35 ℃)，并据灵敏度曲线对该恒温槽 35 ℃时的控温效果做出评价。

八、思考题

1. 简述晶体管继电器的工作原理,它在恒温槽中起什么作用?
2. 欲提高恒温槽的灵敏度,主要通过哪些途径?

九、讨论

这里仅就学生实验中出现的某些问题进行讨论。

1. 接触温度计是恒温槽的感觉中枢,是影响恒温槽灵敏度的关键。因而透彻地了解其工作原理,正确地调节操作是实验成功和保证质量的关键,也是教学的重点之一。但教学实验中我们感到学生在这方面存在的问题还是比较突出的。比如,有的学生以接触温度计的刻度为依据调节所需的恒温温度,而且当恒温槽达到所指定的温度时,人为地把电子继电器关掉,以达到停止供热的目的等,显然这是错误的。为了使学生真正弄懂这一部件的功能,可以向学生提出这样的问题:如果接触温度计上没有刻度如何进行调节操作?接触温度计实际上就是一个非常灵敏的“开关”。恒温槽之所以能够维持恒温,就是利用它将恒温槽的温度的微小变化传送到电子继电器,再传送到电加热器上,达到控温目的。

2. 贝克曼温度计常常用于对体系温差的精确测量上,因而掌握它的构造原理及调节方法是教学的另一重点。学生中的问题是不容易达到教师所要求的在某温度将毛细管中水银面调节至某一刻度上。当毛细管中水银面高于指定的刻度时,其原因可能是:(1) 贝克曼温度计无刻度部分的毛细管的长度估计过短;(2) 调节时所用的水浴温度过低;(3) 断开温度计水银柱与水银贮槽的操作过慢等。若调节低于指定刻度时,其原因可能刚好与上述的(1)、(2)相反。

3. 在实验室经常遇到调节贝克曼温度计时,下部水银柱与上部的水银贮槽的水银始终无法相接。刚刚接上,一不小心又断开,致使下部的水银都转移到了上部的贮槽中。按正常的办法,只能使用油浴或沙浴加热才能使下部的水银与上部的水银连接。一种简便易行的办法是把贝克曼温度计倒转过来,依靠水银的重力自行下流并与贮槽中的水银相连接,然后缓慢转动贝克曼温度计,使贝克曼温度计逐渐接近水平状态,但要使上部水银贮槽稍高于下部的水银柱。经较长时间的停放,贮槽中的水银将会缓慢流回到下部的水银柱内。

实验 2　燃烧热的测定

一、目的

1. 用氧弹量热计测定萘的燃烧热。
2. 掌握氧弹量热计的原理、构造及其使用方法。

3. 学会应用雷诺图解法校正温度的改变值。

二、预习指导

1. 了解氧弹式量热计的原理、构造。
2. 了解氧气钢瓶和氧气减压器的使用方法。
3. 了解本实验成功的关键有哪些。

三、原理

燃烧热即物质的标准摩尔燃烧焓($\Delta_C H_m^\ominus$),是指1 mol物质完全燃烧时的热效应。所谓“完全燃烧”,是指有机物中碳的燃烧产物为气态二氧化碳、氢的燃烧产物为液态水等。例如:萘的完全燃烧方程式为:

$$C_{10}H_8(s)+12O_2(g)=10CO_2(g)+4H_2O(l)$$

萘的燃烧热可在恒容或恒压条件下测定,所得的恒容燃烧热和恒压燃烧热分别用$\Delta_C U_m$和$\Delta_C H_m$来表示,若将反应前后的各气态物质视为理想气体,并忽略液态和固态物质的体积,两者之间的关系为:

$$\Delta_C H_m=\Delta_C U_m+RT\sum \upsilon_B(g) \tag{2-1}$$

式中$\Delta_C H_m$为萘的燃烧热;$\upsilon_B(g)$为反应式中气态物质B的化学计量系数,对反应物取负值,对产物取正值;R为摩尔气体常数;T为反应的热力学温度。

由于本实验所用的氧弹量热计为恒容量热计,只能测得物质的恒容燃烧热$\Delta_C H_m$,因此需通过(2-1)式求算物质的$\Delta_C H_m$。

氧弹式量热计的详细构造如图2-1所示。盛水桶2中的氧弹6是由耐高压、抗腐蚀的不锈钢材料制成,物质的燃烧反应就发生在氧弹内。桶内还装有搅拌器3和数字贝克曼温度计7。桶外是空气绝热层,其作用是保证物质燃烧所放出的热量尽可能全部传递给量热系统,而几乎不与周围环境发生热交换。在外面的水夹套1中存有热容值较大的水,其作用是保证外部的恒温环境,温度用T_M来表示。

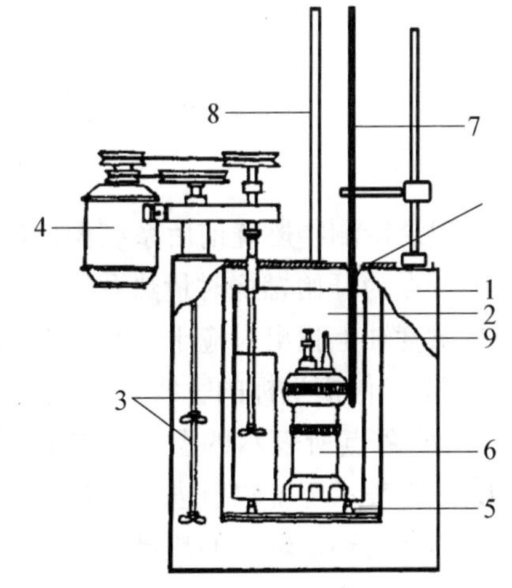

图2-1 氧弹式量热计

1—水夹套;2—盛水桶;3—搅拌器;4—搅拌马达;5—绝热支柱;6—氧弹;7—数字贝克曼温度计;8—温度计;9—电极;10—盖子

测定时,将一定量的待测物放入氧弹内的燃烧皿中,将氧弹内充入压力为2 MPa左右的氧气,在通电镍铬燃烧丝的引燃下,待测物迅速、完全燃烧,待测物和燃烧丝完全燃烧所放出的热量,几乎全部为量热系统所吸收,可得如下的热平衡式。

$$\Delta_c U_m \cdot \frac{m}{M} + q \cdot m' = W_{总} \cdot \Delta\theta \tag{2-2}$$

式中，m 为待测物的质量；M 为待测物的摩尔质量；q 为单位质量铁丝的燃烧值；m'为燃烧掉的镍铬丝质量；$W_{总}$为量热系统中所有部分(水、氧弹、氧弹内所盛物、内桶、搅拌器等)总的热容，又称为量热计的热当量；$\Delta\theta$ 为待测物燃烧前后，量热系统温度的变化值。因镍铬丝燃烧所引起的热量甚少，因此，在一般测定中常略去 qm'项，故由(2-2)式简化为

$$\Delta_c U_m \cdot \frac{m}{M} = W_{总} \cdot \Delta\theta \tag{2-3}$$

由(2-3)式可知，欲测定待测物的 $\Delta_C U_m$，首先需知道量热计热当量 $W_{总}$。实验时一般常用已知标准燃烧热的标准物(如苯甲酸，$\Delta_C H_m$ ($C_7H_6O_2$，298 K) $= -3\ 226.7\ \mathrm{kJ \cdot mol^{-1}}$)来标定量热计的热当量 $W_{总}$。在相同条件下，即可测定并计算出待测物的 $\Delta_C U_m$。在精确测量中，贝克曼温度计本身必须进行校正，且铁丝燃烧所放出的热量 qm'也不能略去，另外，若供燃烧用的氧气中含有氮气时，则在燃烧过程中，氮气氧化成硝酸而放出热量亦不能略去。

实验过程中，量热系统的温度随时间而变化，因此量热系统与恒温的环境间不可避免地产生热辐射，对温度变化值 $\Delta\theta$ 产生影响，可通过雷诺图解法予以校正(图 2-2)。

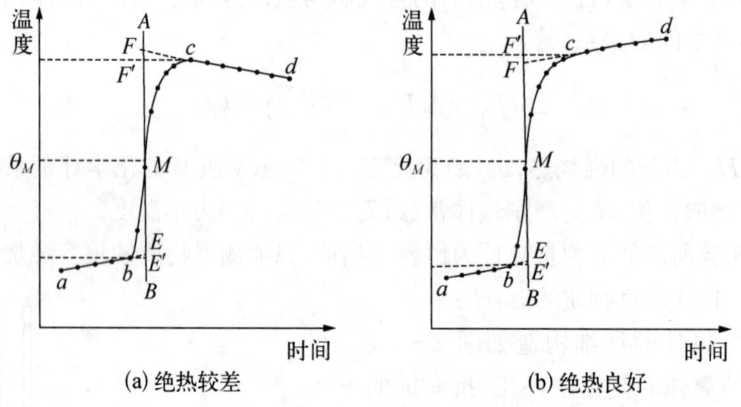

(a) 绝热较差　　(b) 绝热良好

图 2-2　温度校正图

记录待测物燃烧前后系统温度随时间的变化并绘制曲线 $abcd$，如图 2-2(a)所示，曲线中 b 点为开始燃烧时量热系统的温度，c 点为燃烧结束后测得的量热系统最高温度，然后在温度轴上找出对应于夹套水温的点 θ_M，通过 θ_M 作横坐标的平行线，交 $abcd$ 于 M 点，通过 M 点作横坐标的垂线，再通过 b、c 两点分别作 ab、cd 的切线交垂线于 E、F 两点，则由 E、F 两点所表示的温度之差值，即为燃烧反应前、后经校正的量热系统温度变化值 $\Delta\theta$。EE'表示环境辐射进的热量造成量热系统温度的升高，这部分必须扣除；而 FF'表示在量热计向环境辐射的热量造成量热系统温度的降低，这部分必须加上。故用 E、F 两点所表示的温度之差值来表示量热系统的温度变化值 $\Delta\theta$ 是比较合理的。

图 2-2(a)、(b)均为雷诺温度校正图，有时量热计的绝热情况良好，而搅拌器的功率偏大不断引进少许热量，使得燃烧后量热系统的温度最高点不出现，如图 2-2(b)所示，这种情况下的 $\Delta\theta$ 仍可按上法进行校正。

四、仪器和药品

氧弹量热计	1套
镍铬燃烧丝	1卷
压片机	2台
氧气钢瓶(附氧气表)	1套
数字式贝克曼温度计	1台
容量瓶(1 000 mL)	1个
容量瓶(500 mL)	1个
电吹风	1个
万用电表	1只
小镊子	1把
小旋凿	1把
分析天平(精确到0.1 mg)	1台
苯甲酸(干燥、A.R.分析纯)	1瓶
萘(干燥、A.R.分析纯)	1瓶

五、实验步骤

1. 苯甲酸的压片,装置氧弹

从盛水桶中取出氧弹,其详细构造如图2-3所示。旋下弹帽,置于弹头座(见图2-4)上,取出燃烧皿9,用蒸馏水洗净,吹干并准确称重至0.1 mg,仍置于弹帽的燃烧皿支架6上,从压片机(图2-5)上取下压模,用蒸馏水洗净、吹干。

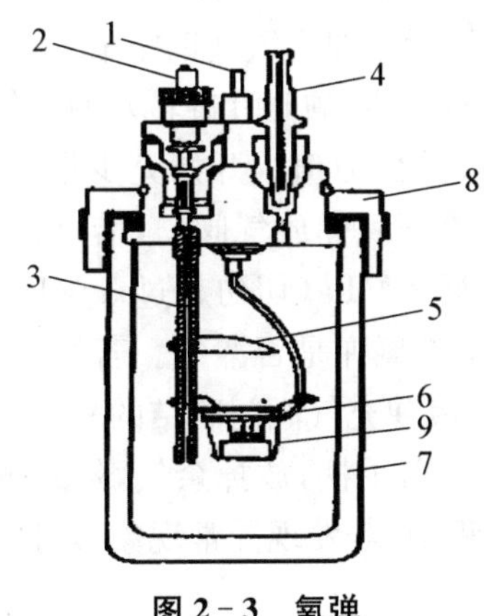

图2-3 氧弹

1—电极;2—充气阀门;3—充气管(兼作电极);4—放气阀门;5—燃烧挡板;6—燃烧皿支架;7—弹体;8—弹帽;9—燃烧皿

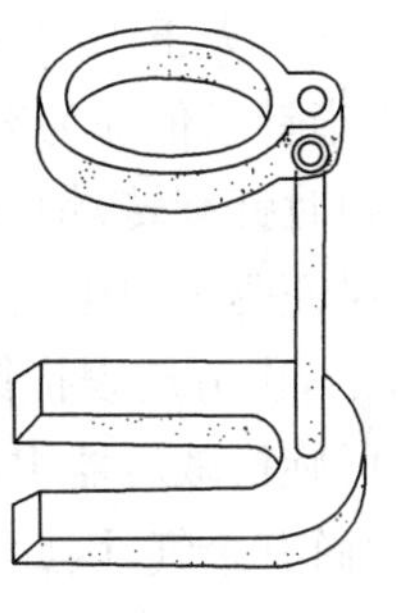

图2-4 弹头座

称取约 0.8 g(不超过 1 g)已干燥的苯甲酸,倒入压模中(压模下有一垫块),将压模置于压片机上,向下转动旋柄,徐徐加压试样使其成为片状(注意:压力必须适中。若压片太紧,不易燃烧;压片太松,又易炸裂残失,使燃烧不能完全,此步骤为本实验成功的关键之一),然后向上转动旋柄,抽出模底托板及压模下的垫块,在压模下置一张洁净的纸片,再向下转动旋柄,将压片从压模中压出,除去压片表面碎屑,将其放入燃烧皿中,再次准确称重至 0.1 mg。

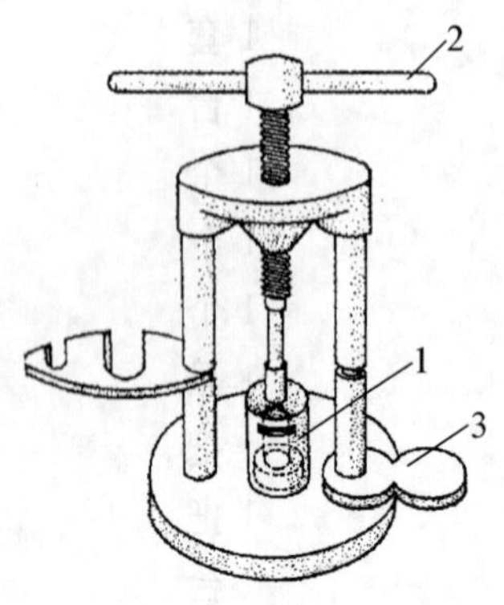

图 2-5 压片机

1—压模;2—旋柄;3—模底托板

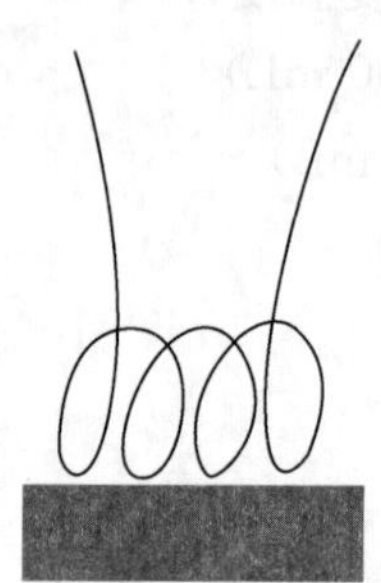

图 2-6 点火丝

将燃烧皿置于支架上。截取一段长约 20 cm 的燃烧丝,如图 2-6 所示,将其中间弯曲成弹簧状与样品片接触,增加与样品片的接触点,两端分别绕紧在电极 1、3 的下端(注意:电极 3、镍丝都不能和燃烧皿相碰)。最后将弹帽放在弹体 7 上,旋紧弹帽 8,用万用电表检查两电极是否通路,若通路则可充氧气。

2. 充氧气

旋紧氧弹放气阀门 4,用紫铜管将氧弹充气阀门 2 与氧气减压器出口接通(氧气钢瓶和氧气减压器的使用参阅本书Ⅱ仪器及其使用);先旋松(逆时针旋转)减压器手柄,再松开(逆时针旋转)钢瓶的总阀门,此时总压表指针示值即为氧气钢瓶中氧气的压力,本实验要求钢瓶中氧气压力大于 10 MPa。缓缓旋紧减压器(顺时针旋转),使氧气徐徐进入氧弹内,此时,分压表指针示值即为充入氧弹内氧气的压力值。开始充少量氧气(0.5 Mpa 左右),然后旋紧(顺时针旋转)钢瓶的总阀门,再松开氧弹放气阀门,借以赶出弹中空气,如此重复一次,以保证驱进弹中空气。最后充氧至 2 MPa(切勿超过 3 MPa)。旋紧钢瓶总阀门,3—5 min 后,由分压表指针是否下降来检查氧弹是否漏气。若指针未下降,则表明氧弹不漏气,即可旋松减压器手柄,将紫铜管与氧弹充气阀门联结的一端拆下。由于总阀门与减压器之间尚有余气,因此要再次旋紧减压器手柄,放掉余气,然后再旋松减压器手柄,使钢瓶与减压器手柄恢复原状。在充氧过程中,若发现异常现象,须报告教师,查明原因并排除之。

3. 苯甲酸的燃烧和温度的测量

将氧弹式量热计的恒温夹套中注满自来水,用数字贝克曼温度计温度挡测量水温。

再用万用电表检查氧弹的两电极是否通路，若通路则将氧弹放入盛水桶中，用容量瓶量取温度已调节适当的(低于夹套水温 1 ℃左右)自来水 2 500 cm^3，倒入盛水桶。此时水面盖过氧弹，可由水中有无气泡逸出再次检查氧弹是否漏气。

装好搅拌器(勿使搅拌桨与桶壁接触)。将氧弹点火控制器(图 2－7)上的电极线连接在氧弹的电极上，盖好盖子，根据夹套水温对数字贝克曼温度计进行基温选择，用温差档测出夹套中水温 θ_M 并记录，然后将贝克曼温度计传感器插入盛水桶内水中。

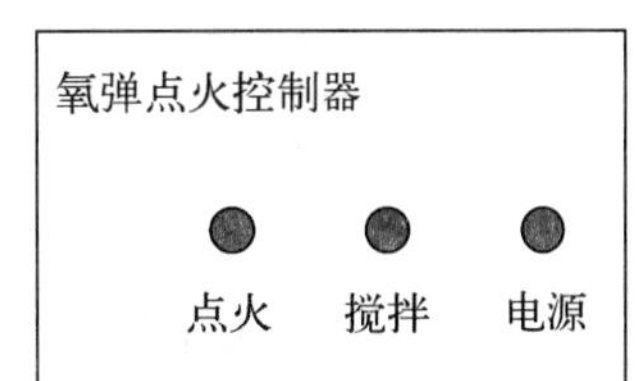

图 2－7 氧弹点火控制器面板示意图

启动总电源开关、搅拌开关，待 2—3 min 后，每隔 1 min 从数字贝克曼温度计上读取一次盛水桶中水的温差值 $\Delta\theta$，当连续 5 次水的相对温度 θ 随时间 t 的变化率落在 0.002 ℃/min 以内后，按下点火按钮并立刻松开，若发现点火指示灯先亮后灭，且水温迅速上升，则表明点火成功，此时每隔 0.5 min 读取一次水温，直至水温升高到最高点后，再改为每隔 1 min 读取一次水温(读取 5—10 次)。关闭搅拌开关、总电源开关。

取出数字式贝克曼温度计及氧弹，放出弹内气体。旋下弹头，检查样品燃烧的情况，若弹内没有未燃物，则表明燃烧完全，反之，则表明燃烧不完全，实验失败，应该重做。

最后，倒去盛水桶中的水，洗净、擦干氧弹待用。

4. 测定萘的燃烧热

称取 0.5 g 左右(不超过 0.6 g)已干燥的萘，代替苯甲酸，同步骤 1、2、3 测定萘的燃烧热。

六、实验注意事项

1. 样品为通电燃烧丝“点火”成功，是本实验的关键之一，因此实验时应按要求操作，要保证燃烧丝的螺旋部分与样品片接触。

2. 保证样品完全燃烧，是保证实验有较高准确度的关键。为此，将试样压成片状后，要除去表面粉末状物质后再称量，充入氧气并保持适当压力。

3. 按要求操作、观察、记录和绘图、校正温度是很重要的，是影响实验数据准确度的另一重要原因。

七、数据记录和处理

1. 列表记录数据

室温/℃________　　　　大气压力/MPa________

表 2-1 实验数据记录表

苯甲酸				萘			
m(苯甲酸+燃烧皿)				m(萘+燃烧皿)			
m(燃烧皿)				m(燃烧皿)			
m(苯甲酸)				m(萘)			
夹套水温				夹套水温			
盛水桶水温				盛水桶水温			
t/min	T/℃	t/min	T/℃	t/min	T/℃	t/min	T/℃

2. 用图解法分别求得苯甲酸和萘燃烧前后量热系统的温度改变值 $\Delta\theta$。

3. 由(2-4)式计算出 W 的值。

4. 计算萘在恒容下完全燃烧的 $\Delta_C U_m$ 和萘的燃烧热 $\Delta_C H_m$,并与文献值比较。

八、思考题

1. 在本实验中,哪些是系统?哪些是环境?系统和环境间有无热交换?这些热交换对实验结果有何影响?如何校正?

2. 使用氧气钢瓶和氧气减压器时要注意哪些事项?

九、讨论

1. 萘的燃烧热 $\Delta_C H_m$ 文献值为 $-5\ 153.9\ kJ \cdot mol^{-1}$,供参考:

数据摘自 R·C·Weast(editor),“Handbook of Chemistry and Physics”, 63rded. CRC Press Inc.,(1982—1983)

2. 点火后温度不迅速上升,原因可能为:

(1) 电极可能与氧弹壁短路,点火时变压器发嗡嗡声,导线发热。

(2) 点火丝与电极接触不好,松动或断开。

(3) 氧气不足,不能充分燃烧。

(4) 在实验点火前,因操作失误已将镍丝烧掉。

3. 由于使用的氧气中常含有杂质 N_2,在燃烧过程中,会生成一些硝酸和其他氮的氧化物。当它们生成和溶入水中时会使体系温度变化而引起误差。校正如下:实验后打开氧弹,用少量蒸馏水分三次洗涤氧弹内壁,收集洗涤液在锥形瓶中,煮沸片刻以 0.1 mol·

L^{-1} NaOH 溶液滴定，1 L 的 0.1 mol · L^{-1} NaOH 滴定液相当于放热 6 J。

4. 在较精密实验中，燃烧丝燃烧所引进热量亦应扣除。

实验 3　溶解热的测定

一、目的

1. 掌握电热补偿法测定 KNO_3溶解热的原理及方法。
2. 掌握作图法求 KNO_3在水中的微分稀释热、积分稀释热和微分溶解热。

二、预习指导

1. 了解电热补偿法测定溶解热的基本原理。
2. 了解微分溶解热、积分溶解热、微分稀释热、积分稀释热的概念。
3. 了解实验结果的影响因素。

三、原理

盐类的溶解通常包含晶格的破坏、离子或分子的溶剂化、分子电离（对电解质而言）等过程，而在这些过程中，一般均伴随着热效应的发生。

在热化学中，关于溶解过程的热效应，需要了解以下几个基本概念。

溶解热：恒温恒压下，溶质 B 溶于溶剂 A（或溶于某浓度溶液）中产生的热效应，用 $\Delta_{sol}H$ 表示。

摩尔积分溶解热：恒温恒压下，1 mol 溶质 B 溶于 $n$mol 溶剂 A 中产生的热效应，用 $\Delta_{sol}H_m$ 表示。由于溶解过程中溶液的浓度逐渐改变，因此，积分溶解热又称为变浓溶解热。

摩尔微分溶解热：恒温恒压下，1 mol 溶质溶于某一确定浓度的无限量的溶液中产生的热效应，以 $\left(\frac{\partial \Delta_{sol}H_m}{\partial n_B}\right)_{T,p,n_A}$ 表示，简写为 $\left(\frac{\partial \Delta_{sol}H_m}{\partial n_B}\right)_{n_A}$。此过程溶液的浓度可视为不变，又称为定浓溶解热。

稀释热：恒温恒压下，一定量的溶剂加入某浓度的溶液中使之稀释，所产生的热效应，用 $\Delta_{dil}H$ 表示。

摩尔积分稀释热：恒温恒压下，含 1 mol 溶质、$n_1$mol 溶剂的溶液稀释为含 $n_2$mol 溶剂的溶液过程中产生的热效应，用 $\Delta_{dil}H_m$ 表示。

$$\Delta_{dil}H_m = \Delta_{sol}H_m(2) - \Delta_{sol}H_m(1) \tag{3-1}$$

摩尔微分稀释热：恒温恒压下，将 1 mol 溶剂加入某一确定浓度的、无限量的溶液中产生的热效应，以$\left(\frac{\partial \Delta_{dil} H_m}{\partial n_A}\right)_{T,P n_B}$表示，简写为$\left(\frac{\partial \Delta_{dil} H_m}{\partial n_A}\right)_{n_B}$。

摩尔积分溶解热($\Delta_{sol}H_m$)可由实验直接测定，其他三种热效应则通过 $\Delta_{sol}H_m \sim n$ 曲线求得。

设纯溶剂 A 和纯溶质 B 的摩尔焓分别为 $H_m(A)$和 $H_m(B)$，当溶质溶解于溶剂变成溶液后，在溶液中溶剂和溶质的偏摩尔焓分别为 $H_m(A)'$和 $H_m(B)'$，对于由 n_A 摩尔溶剂和 n_B 摩尔溶质组成的体系，在溶解前体系总焓为 H。

$$H = n_A H_m(A) + n_B H_m(B) \tag{3-2}$$

设溶液的总焓为 H'，

$$H' = n_A H_m(A)' + n_B H_m(B)' \tag{3-3}$$

因此溶解过程热效应 ΔH 为

$$\Delta H = H' - H = n_A[H_m(A)' - H_m(A)] + n_B[H_m(B)' - H_m(B)] \tag{3-4}$$

$$\Delta H = n_A \Delta H_m(A) + n_B \Delta H_m(B) \tag{3-5}$$

根据定义，摩尔积分溶解热 $\Delta_{sol}H_m$ 为

$$\Delta_{sol}H_m = \frac{\Delta H}{n_B} = \frac{n_A}{n_B}\Delta H_m(A) + \Delta H_m(B) = n\Delta H_m(A) + n\Delta H_m(B) \tag{3-6}$$

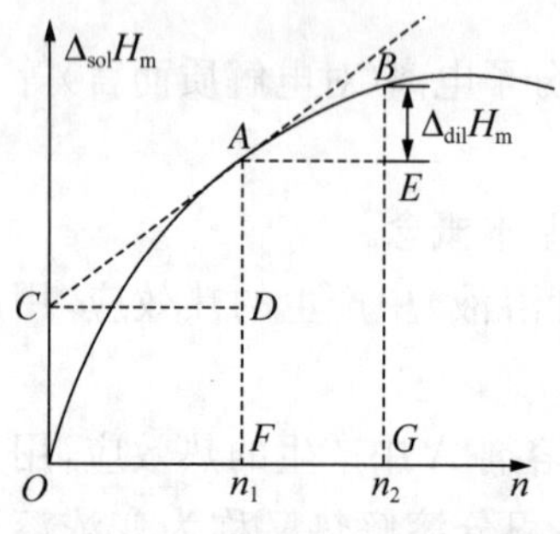

图 3-1　$\Delta_{sol}H_m$—n 关系图

式(3-6)中 n 为含 1 mol 溶质时溶液中溶剂的量，$\Delta H_m(A)$为摩尔微分稀释热，$\Delta H_m(B)$为摩尔微分溶解热。以 $\Delta_{sol}H_m$ 对 n 作图，见图 3-1。如选取曲线上某点 A(对应浓度为 n_1)作切线，其斜率为此浓度对应的摩尔微分稀释热$\left(即\frac{AD}{CD}\right)$，其截距为此浓度时的摩尔微分溶解热(即 OC)。图中 n_2 点与 n_1 点的摩尔积分溶解热之差为该过程的摩尔积分稀释热 $\Delta_{dil}H_m$(即 BE)。

本实验测定硝酸钾溶于水中的溶解热，其溶解过程为吸热反应，体系温度不断降低，因此采用电热补偿法测定。

首先测定系统的起始温度 T，当样品加入并开始溶解时，体系温度不断降低，再通过电热补偿法使体系温度复原，该过程消耗的电能与样品溶解过程中吸收的热量 Q 相等：

$$Q = I^2Rt = IUt \tag{3-7}$$

式中：R 为加热器的电阻，I 为电流强度，U 为加热丝两端电压，t 为通电时间。

溶解热测定装置面板如图 3-2 所示：

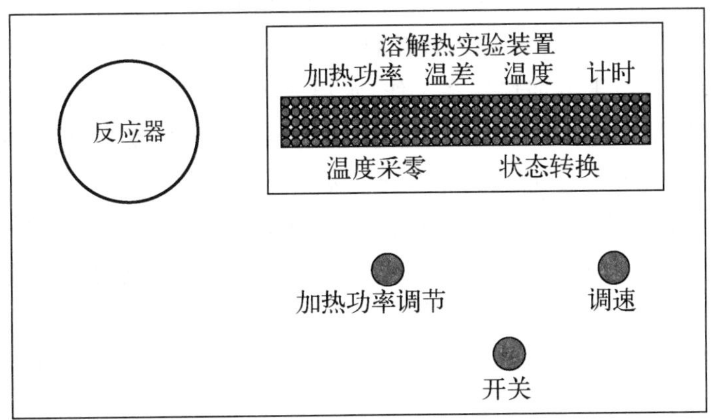

图 3-2 溶解热测定装置面板示意图

四、仪器和药品

溶解热测定系统	1套
干燥器	1只
称量瓶(25 mm×25 mm)	8只
秒表	1只
200 mL 容量瓶	1个
研钵	1个
KNO_3(AR.)	磨细并烘干

五、实验步骤

1. 将8个称量瓶编号，依次加入已研细烘干的KNO_3，KNO_3重量分别为2.5 g、1.5 g、2.5 g、2.5 g、3.5 g、4 g、4 g 和 4.5 g，粗称后，再在电子天平上准确称量，称完后放入干燥器中。

2. 在干燥的杜瓦瓶中用量筒加入216.2 mL蒸馏水，放入磁子，拧紧瓶盖，将杜瓦瓶置于电磁搅拌器上。将温度传感器置于瓶中适当高度(确保搅拌时不触碰搅拌子)。记录水的温度。

3. 用电源线将机后面板的电源插座与－220 V电源连接，将传感器航空插头接入传感器座，用配置的加热功率输出线接入“I＋”“I－”，即红-红，蓝-蓝。

4. 将“加入功率调节”和“调速”旋钮逆时针选到底，打开电源“开关”，仪器处于待机状态(待机指示灯亮)，调节“调速”旋钮使磁子为所需要的转速。

5. 按下“状态转换”键，使溶解热实验装置处于“测试”状态(即工作状态)。调节“加入功率调节”旋钮，使加热器功率在2.5 W左右，记下功率值。同时观察温差仪测温值，当温度缓慢上升到比初始水温高出0.5 ℃时，按下温差仪上的“温差采零”按钮，并开始记录时间。同时，立即通过干燥的漏斗将第一份样品从杜瓦瓶盖上的加料口倒入杜瓦瓶中，并将残留在漏斗上的少量 KNO_3 全部掸入杜瓦瓶中，然后用塞子盖住加料口。此时，温差仪上显示的温差为负值。由于电加热器在工作，水温会上升，监视温差仪，当数据过零时记下时间读数。接着将第二份试样倒入杜瓦瓶中，此时温差又开始变为负值，同样再到温差过零时读取时间值。如此反复，直到所有 8 份样品全部测定完。

6. 测定完毕后，关闭"开关"，打开杜瓦瓶，检查 KNO_3 是否完全溶解，如未完全溶解，则必须重做实验；如 KNO_3 溶解完全，可将溶液倒入回收瓶，用蒸馏水洗涤加热器和测温探头，关闭仪器电源，整理实验桌面，仪器安放整齐。

7. 用电子天平分别准确称量已倒出 KNO_3 样品的 8 个空称量瓶，求出各次加入 KNO_3 的准确重量。

六、实验注意事项

1. 实验过程中应随时注意微调旋钮，保持加热功率稳定。
2. 固体 KNO_3 易吸水，在实验前务必研磨成粉状，并在 110 ℃烘干。
3. 加样尽量保持匀速，太快太慢均易产生误差。

七、数据记录和处理

1. 根据溶剂的重量和加入溶质的重量，求算溶液的浓度，以 n 表示。

$$n_0=\frac{n_{H_2O}}{n_{KNO_3}}=\frac{V_{H_2O}\times d_{H_2O}}{18.02}\div\frac{W_{累}}{101.1}$$

2. 按 $Q=IUt$ 公式计算各次溶解过程的热效应。

3. 按每次累积的浓度和累积的热量，求各浓度下溶液的 n 和 $\Delta_{sol}H_m$。

4. 将以上数据列表并作 $\Delta_{sol}H_m$—n 图，并从图中求出 n_0=80，100，200，300 和 400 处的积分溶解热和微分稀释热，以及 n_0 从 80→100，100→200，200→300，300→400 的积分稀释热。

I=________(A)； U=________(V)； IU=________(W)

表 3-1　实验数据记录表

i	W_i/g	$\sum W_i$ /g	t/s	Q/J	Q/J·mol^{-1}	n_0
1						
2						
3						
4						
5						

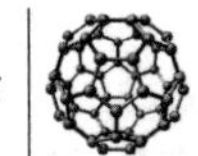

续 表

i	W_i/g	$\sum W_i$ /g	t/s	Q/J	Q/J·mol^{-1}	n_0
6						
7						
8						

八、思考题

1. 本实验的装置是否可测定放热反应的热效应？可否用来测定液体的比热、水化热、生成热及有机物的混合等热效应？

2. 在实验前为何要将固体 KNO_3 研磨并烘干？

3. 实验结束后，若发现还有少量 KNO_3 未溶解，为何说明实验失败需重做？

九、讨论

1. 实验开始时，系统会自动设定补偿计时，温度比环境温度高 0.5 ℃，目的是为了使实验过程中系统和环境的热交换尽量抵消，更接近绝热条件的效果。

2. 本实验装置除测定溶解热外，还可用来测定液体的比热容、水化热、生成热及液态有机物的混合热等热效应。

3. 电热补偿法测定溶解热的过程中，对加热系统的功率需要准确稳定。

实验 4　液体蒸气压的测定

一、目的

1. 用静态法测定 C_2H_5OH 在不同温度下的蒸气压，并求其平均摩尔蒸发热。

2. 了解真空泵、饱和蒸气压测定仪的构造并掌握其使用方法。

二、预习指导

1. 理解用静态法测量一定温度下液体蒸气压的原理。

2. 理解一定温度区间内液体的平均摩尔蒸发热的计算方法。

3. 了解本实验的仪器构造。

4. 了解恒温槽、大气阀、稳压包的调节与使用方法。

5. 了解本实验的注意事项。

三、原理

在一定的温度下，当液体与其蒸气达平衡时蒸气的压力，称为这种液体在该温度下的饱和蒸气压(简称蒸气压)。液体蒸气压的大小与液体的种类及温度有关，它与温度的关系可用克劳修斯-克拉佩龙(Clausius-Clapeyron)方程来表示。

$$\frac{\mathrm{dln}\ p}{\mathrm{d}T}=\frac{\Delta_{vap}H_{\mathrm{m}}^{\ominus}}{RT^2} \tag{4-1}$$

式中：p 为液体蒸气压；T 为热力学温度；$\Delta_{vap}H_{\mathrm{m}}^{\ominus}$ 为温度 T 时液体的摩尔蒸发热；R 为摩尔气体常数。在温度变化区间不大时，$\Delta_{vap}H_{\mathrm{m}}^{\ominus}$ 可视为常数，称为平均摩尔蒸发热。将(4-1)式积分得

$$\lg(p/Pa)=-\frac{\Delta_{vap}H_{\mathrm{m}}^{\ominus}}{2.303RT}+C \tag{4-2}$$

式中：C 为积分常数。由(4-2)式可知，以 $\lg(p/\mathrm{Pa})$ 对 $1/T$ 作图得一直线，其斜率 $m=-\frac{\Delta_{vap}H_{\mathrm{m}}^{\ominus}}{2.303RT}$，因此由直线斜率可以求得 $\Delta_{vap}H_{\mathrm{m}}^{\ominus}$。

测定蒸气压的方法有静态法、动态法、饱和气流法等。本实验采用静态法测定 C_2H_5OH在不同温度下的蒸气压。静态法是在一定的温度下，调节减压系统的压力，使之与液体蒸气压相等，直接测定液体的蒸气压。实验装置如图(4-1)所示。

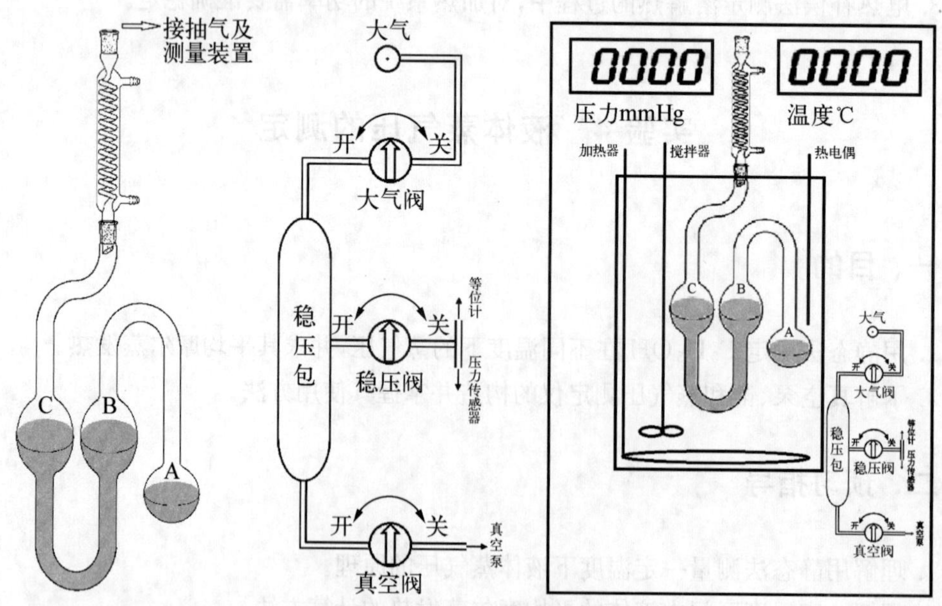

图 4-1　液体蒸汽压测定仪装置图

实验时装置外部的 A 球中盛有被测样品 C_2H_5OH，U 形部分 B、C 中也装有 C_2H_5OH 液体，作为封闭液。实验初始时，A 球液面上方充满混合气体（空气与 C_2H_5OH 蒸气），当对系统抽气时，A 球液面上方的混合气体通过封闭液被不断抽走，而 A 球内液态 C_2H_5OH 不断蒸发补充，使得液面上方混合气体中空气的相对含量越来越少，直至其中的空气被全部驱尽，A 球液面上的气体压力就是 C_2H_5OH 的蒸气压力。当 B、C 两管液面处于同一水平面时，则 C 管液面上的压力等于该温度下 C_2H_5OH 的蒸气压。蒸气压通过本仪器的压力传感器直接显示。

调节等压计的水浴温度及减压系统的压力，可以测得不同温度时 C_2H_5OH 的蒸气压。

四、仪器和药品

饱和蒸气压测定仪　　1 套
真空泵　　1 台
C_2H_5OH（无水乙醇，分析纯）
石蜡油

五、实验步骤

1. 装样品

将待测样品注入等位计玻璃球中大约 2/3 的位置，U 形管双臂大部分有样品，B、C 端液面应相平。

2. 将真空泵与饱和蒸气压测定仪用橡胶真空管连接好，等位计管口下方玻璃容器全部浸入恒温水浴中。开机预热 5 分钟。将大气阀门调至“开”，在系统与大气相连通时按下“置零”键，压力表显示“000.0”（注意：测量过程中不可再次置零！）。将控制面板上的压力开关拨到 “mmHg”。

3. 检查漏气

将“大气阀”调至“关”，开启真空泵，缓慢打开“稳压阀”，使等位计的 U 型管内气泡一个一个地产生。待抽到压力表数值接近 −550 mmHg 时，关闭稳压阀，观察压力表的数值。当数值没有明显的下降时，说明系统具有良好的气密性，可以继续进行测试；否则需要检查漏气点。

4. 调节恒温水浴

调节控制面板中的温度数值，设定恒温槽的温度为 20±0.05 ℃（若室温高于 20 ℃，则可调节恒温槽温度为 25±0.05 ℃），打开搅拌器，并调节至合适转速。

5. 测定不同温度下 C_2H_5OH 的蒸气压

再次将“稳压阀”调至“开”，使 A 球上方空气通过 BC 段液体呈气泡状缓慢抽出（切忌抽气太快，否则封闭液将急剧蒸发而使实验无法进行），B 端液面下降、C 端上升。当抽气一定时间后，等位计内的液体会缓慢沸腾（如果沸腾比较剧烈，可以适当调小“真空阀”），关闭真空泵、“真空阀”和“稳压阀”。微微开启“大气阀”进气，当听到“嘶嘶声”即可（如果声音不明显，也可以用手指轻触黄铜排气孔，会有更为明显的排气声），缓慢开启“稳压阀”使空气进入系统，待到U形管中B、C液面高度再次相平时，读取此时压力表的数值，并做记录，立刻关闭“稳压阀”和“大气阀”。

再次打开真空泵，开启“真空阀”抽气，缓慢开启“稳压阀”，至液面沸腾待B端液面高于C端，读取压力表数据并做记录，如三次数据应接近取其平均值；如不接近，应多次重复直至压力表测量数据接近。注意此步操作有可能会出现抽气前气泡没有立刻返回的情况，需耐心等待，如若过快抽气会导致液体冲回A球中。

用上述方法测定温度为30 ℃、35 ℃、40 ℃、45 ℃、50 ℃时的饱和蒸气压。实验完毕，记录室内大气压 p_0。

蒸气压 p 为：

$$p=p_0+E（E\ 为仪器读数）$$

实验结束后，关闭“稳压阀”和“真空阀”，打开“大气阀”，缓慢旋开稳压阀（一般为半开状态），将装置的压强缓慢降为0。关闭真空泵、水浴、仪器电路，结束全部实验。

六、实验注意事项

1. 开启真空泵前必须先接通冷凝水，以保证 C_2H_5OH 能够通过冷凝有效的回流至封闭液处。

2. 等压计装 C_2H_5OH 液体时，A球必须装至其容积的2/3，或略多于2/3，否则，可能不够实验过程中的蒸发需要；等压计U型管B、C间的封闭液需较多量，否则，较少的液体将导致 C_2H_5OH 液体使实验难以继续进行。

3. 真空泵与系统相通时，抽气速率不可过快，否则将导致封闭液迅速蒸发，封闭液迅速减少至消失而使实验难以进行。

4. 避免系统发生气压急剧变化的情况，否则将导致传感器的使用寿命大幅缩短。

七、数据记录和处理

1. 将有关数据填入下表。

表4-1　实验室实验条件

	室温/℃	气压计读数/Pa	校正后大气压力/Pa
测定开始时			
测定结束时			
平均值			

2. 计算 C_2H_5OH 在各温度下的蒸气压，并把有关数据填入下表。

表 4-2 C_2H_5OH 在各温度下的蒸气压

恒温槽温度 t/℃	T/K	仪器压力计读数 mmHg	C_2H_5OH 的蒸气压 Pa
20			
25			
30			
35			
40			
45			
50			

3. 以 $\lg(p/\text{Pa})$ 对 $10^3/T$ 作图，求出直线斜率，计算 C_2H_5OH 在此温度区间的平均摩尔蒸发热。已知 C_2H_5OH 在 20—50 ℃区间内 $\Delta_{vap}H_m^{\ominus}=40\ 475.6$ J/mol，计算其相对误差。

4. 在以 $\lg(p/\text{Pa})$ 对 $10^3/T$ 作的图中，用外推法求 C_2H_5OH 的正常沸点。

八、思考题

1. 如果等压计的 A、B 管内空气未被驱除干净，对实验结果有何影响？
2. 本实验的方法能否用于测定溶液的蒸气压？为什么？

九、讨论

1. 影响实验成败的几个关键因素。

(1) 实验装置密封性不佳。可以观察 U 型压力计两臂水银柱高度差是否变化或者观察等压计封闭液两臂的高度差是否变化来判断实验装置的密封性。实验仪器接头处用真空脂密封旋紧，则很少发生漏气现象。

(2) 未能适时调节真空泵的抽气速度。实验开始，启动真空泵对系统抽气时，必须使 A、B 管间气体呈气泡状一个一个地通过封闭液。由于系统压力迅速降低，通过封闭液的气泡速度加快，此时必须及时旋转稳压阀以调减抽气速度。

(3) 未能掌握稳压阀的使用技巧。当稳压阀进气使 B、C 管间液面等高时，往往因进气量太多使空气倒灌入 A 球，造成前功尽弃。最好的办法是尽量微微旋转大气阀，缓缓旋转稳压阀以控制进气量。

(4) 实验过程中冷凝水的作用是使被抽出的 C_2H_5OH 蒸气不断冷却回流补充封闭

液。如果实验时气温较太高，以自来水作为冷凝水则可能因水温较高而失去冷凝作用，导致封闭液迅速减少，这时必须采用低温冷凝水方可。

2. 影响实验精确度，作图时线性不佳的主要因素。

(1) 温度波动误差的影响。液体蒸气压随温度的变化而变化，如果恒温槽温度波动超过±0.05 ℃，将使测得的液体蒸气压数值产生较大误差。

(2) 初始测量时，若 A、B 管间空气未能驱尽，随着实验继续进行，恒温槽的温度逐步升高，A、B 管间的气体不断膨胀溢出封闭液，同时带走残存的空气，测得的蒸气压数值便逼近真实值，所以，最先测得的 1—2 个数据往往偏差较大。

(3) 若等压计固定位置不垂直，或 U 型水银压力计固定位置不垂直，读数时会产生误差；实验时大气压的波动也会带来一些误差。

3. 测定液体饱和蒸气压的其他方法简介：

(1) 动态法。测定水及其他沸点低于 100 ℃的液体的饱和蒸气压的简易装置如图(4 -2)所示，先打开真空泵抽气并使 U 型压力计汞柱高差达一定的高度。检查漏气，接通冷凝水，通电加热待测液体。当液体沸腾时，同时记下沸腾温度和压力计汞柱高度差。同上法通过调节不断降低系统压力，可测得不同温度下液体沸点时的汞柱高度差。根据实验时大气压力与汞柱高度差，即可计算出不同温度时液体的饱和蒸气压。

(2) 比较法。简易装置如图(4 - 3)所示，左盛液管内为待测液，右盛液管内为水(可查表得知其不同温度时蒸气压的准确值)。先敞开左、右盛液管，调节好恒温槽温度，让液体中所溶解的气体逸出，以保证在测定时不再释放溶解性气体，热平衡后用橡皮塞密闭二盛液管上口，在汞柱高度差升降变化稳定时记下汞面高度差。在保证两盛液管液面上方的气化空间远大于液体体积并使之等容时，空气与汞蒸气的分压在平衡管两臂汞面上对等相消，于是汞柱高度差等于两管中液体蒸气压的差值。根据该温度时水的饱和蒸气压与汞柱高度差，即可计算出该温度时待测液的饱和蒸气压。

(3) 饱和气流法。在一定的温度和压力下，把载气缓慢地通过待测物质，使载气被待测物质的蒸气所饱和，然后用另外的一种物质吸收载气中待测物质的蒸气，测定一定体积的载气中待测物质蒸气的重量，即可计算其分压。此法一般适用于在常温下蒸气压较低的待测物质平衡压力的测量。

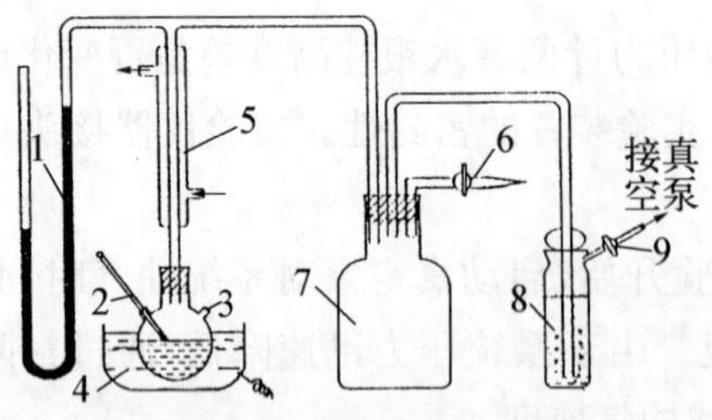

图 4 - 2　动态法测定液体饱和蒸气压装置

1—U 型压力计；2—温度计；3—三颈瓶；
4—电恒温加热套；5—冷凝管；6—进气活塞；
7—缓冲瓶；8—干燥器；9—两通活塞

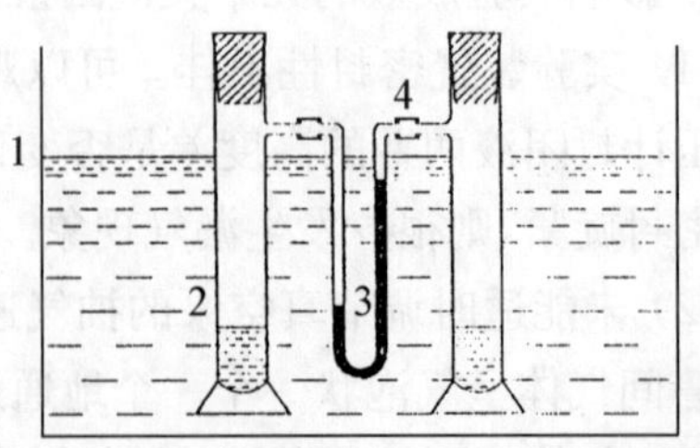

图 4 - 3　比较法测定液体饱和蒸气压装置

1—玻缸恒温槽；2—盛液管；
3—平衡管；4—乳胶管

实验 5　双液系气-液平衡相图的绘制

一、目的

1. 绘制环乙烷-异丙醇双液系的沸点-组成图，确定其恒沸组成和恒沸温度。
2. 掌握回流冷凝法测定溶液沸点的方法。
3. 掌握阿贝(Abbe)折射仪的使用方法。

二、预习指导

1. 理解绘制双液系相图的基本原理。
2. 了解阿贝折射仪的使用方法。
3. 了解本实验的注意事项和判断气-液两相是否已达平衡的方法。

三、原理

常温下，两种液态物质相互混合而形成的液态混合物，称为双液系，若两种液体能按任意比例相互溶解，则称为完全互溶双液系。

液体的沸点是指液体的饱和蒸气压和外压相等时的温度。在一定的外压下，纯液体的沸点是恒定的。但对于双液系，沸点不仅与外压有关，而且还与其组成有关，并且在沸点时，平衡的气-液两相组成往往不同。在一定的外压下，表示溶液的沸点与平衡时气-液两相组成关系的相图，称为沸点-组成图。完全互溶双液系的沸点-组成图可分为三类：1. 各溶度溶液的沸点介于两种纯液体沸点，见图(5－1(a))，如苯-甲苯系统等。2. 溶液存在最高沸点，见图(5－1(b))，如卤化氢-水系统等。3. 溶液存在最低沸点，见图(5－1(c))，如苯-乙醇系统等。2、3 类溶液，在最高或最低沸点时的气-液两相组成相同，此时将系统蒸馏，只能够使气相总量增加，而气-液两相的组成和沸点都保持不变。因此，称此

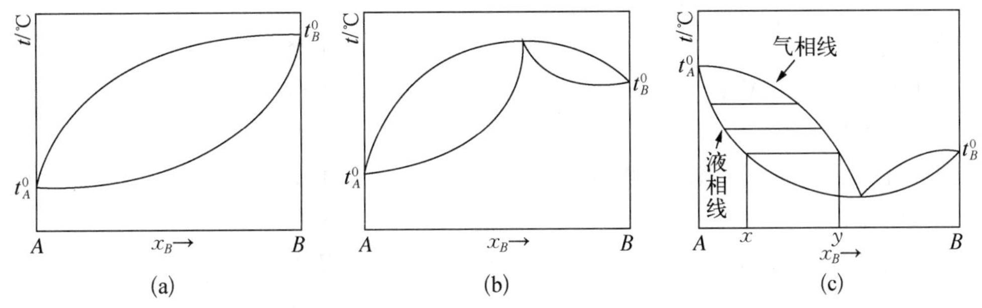

图 5－1　完全互溶双液系的沸点-组成图

浓度的溶液为恒沸点混合物。其最高或最低沸点称为恒沸温度，相应的组成称为恒沸组成。

本实验所要测绘的环己烷-异丙醇系统的沸点-组成图即属于图(5－1(c))类型，其绘制原理如下：

当系统总组成为 x 的溶液加热时，系统的温度沿虚线上升，当溶液开始沸腾时，组成为 y 的气相开始生成，继续加热，则系统的温度继续上升，同时气-液两相的组成分别沿气相线和液相线上箭头指示方向变化，两相的相对量遵守杠杆规则而同时发生变化。显然，若设法保持气-液两相的相对量一定，就可使得系统的温度恒定不变。本实验采用控制气相回流的高度来达到这一目的。当在某温度下两相平衡后，分析两相的组成，就得到该温度下平衡气-液两相组成的一对坐标点。改变系统的总组成，再如上法找出另一对坐标点。这样测得若干对坐标点后，分别将气相点和液相点连成气相线和液相线，即可得到环己烷-异丙醇双液系的沸点-组成图。

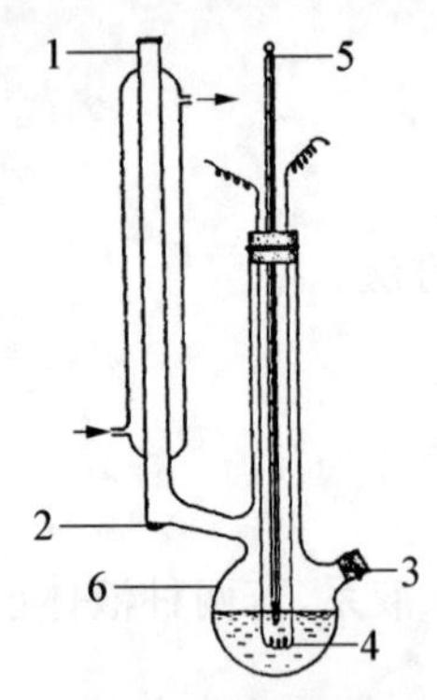

图 5－2　沸点仪

1—冷凝管；2—小凹；3—支管；4—电热丝($R\approx4$)；5—温度计；6—烧瓶

实验所用沸点仪见图(5－2)，它是一个带有回流冷凝管1的长颈圆底烧瓶6，冷凝管底部有一小凹2用以收集冷凝下来的气相样品；支管3用于加入溶液和气液平衡时吸取液相样品；电热丝4直接浸入溶液中加热，以减少过热暴沸现象；最小分度为0.1 ℃的温度计5供测温用，其水银球的一半浸入溶液中，一半露在蒸气中，注意温度计与电热丝不要接触，这样就能较为准确地测得气-液两相的平衡温度。

平衡时气-液两相组成的分析是采用折射率法。折射率是物质的一个特征数值，溶液的折射率与其组成有关。若在一定温度下，测得一系列已知浓度溶液的折射率，作出该温度下溶液的折射率-组成工作曲线，就可通过测定同温度下未知浓度溶液的折射率，从工作曲线上得到这种溶液的浓度。此外，物质的折射率还与温度有关。

大多数液态有机物折射率的温度系数为 $-4\times10^{-4}\ \mathrm{K}^{-1}$，因此，若折射率需要测准到小数点后第4位，则温度应控制在指定值的±0.2 ℃范围内。

四、仪器和药品

沸点仪	1个
调压变压器(500 VA)	1台
阿贝折射仪	1台
温度计(50—100 ℃，最小分度为0.1 ℃)	1支
超级恒温槽	1套
移液管(胖肚，25 mL)	2支
移液管(刻度，10 mL)	2支
烧杯(250 mL)	1个

长滴管　　11 支
短滴管　　21 支
环己烷(A.R.)
异丙醇(A.R.)

五、实验步骤

1. 温度计的校正

将沸点仪洗净烘干后,按图(5-2)装置好,检查带有温度计的软木塞或橡皮塞(外包锡箔)是否塞紧。用漏斗从支管 3 加入 25 mL 异丙醇于烧瓶中。将加热丝高度置于溶液液面以下,调节温度计水银球高度,使其一半浸入溶液液面下,一半置于溶液外。接通冷凝水和电源,缓缓调节加热电压,至溶液微微沸腾,待温度恒定后,记录所得温度和室内大气压力。然后,将加热电压调至零,停止加热。

2. 测定溶液的沸点及平衡时气-液两相的折射率

(1) 调节超级恒温槽温度至 20 ℃(不同季节可选不同温度,例 30 ℃、35 ℃)将阿贝折射仪棱镜组的夹套通入恒温水(阿贝折射仪的原理及使用方法参阅本书Ⅱ仪器及其使用)。恒温 10 min 后,用纯水校正阿贝折射仪(水在各种温度下的折射率参阅本书Ⅲ附录物理化学实验常用数据表)。

(2) 在盛有 25 mL 异丙醇的沸点仪中加入 1 mL 环己烷,同步骤 1 加热液体,当液体沸腾后,调节加热电压、电流和冷凝水流量,使蒸气在冷凝管中回流的高度一定(约2 cm)。因为最初收集在小凹 2 内的冷凝液常不能代表平衡时气相的组成。因此需将最初冷凝液倾回烧瓶,反复 2—3 次,待温度保持稳定 5 min 后记下沸点,停止通电,随即用盛有冷水的 250 mL 烧杯,套在烧瓶的底部,用以冷却瓶内的液体。

用一支干燥洁净的长滴管,自冷凝管口伸入小凹,吸取气相冷凝液,迅速测定其折射率;再用一支干燥洁净的短滴管,从支管 3 吸取液相数滴,迅速测定液相的折射率。迅速测定是避免挥发而使试样组成变化。每个样品读数三次(即转动折射仪旋钮,重复读数三次),取其平均值。

按上述操作步骤分别测定加入环己烷为 2、3、4、5、10 mL 时溶液的沸点及气相冷凝液和液相折射率。

(3) 将沸点仪内的溶液倒入回收瓶中,然后取 25 mL 环己烷、0.2 mL 异丙醇加入沸点仪中(思考:为何不需洗净烘干沸点仪)同上法测定溶液的沸点及气相冷凝液和液相折射率。

再分别测定加入异丙醇为 0.3、0.5、1、4、5 mL 时溶液的沸点及气相冷凝液和液相折射率。

实验结束,将沸点仪内的溶液倒入回收瓶中。再次记录室内大气压力。

六、实验注意事项

1. 加热用电热丝不能露出液面，一定要浸没在液体内，否则通电加热时可能引起有机液体燃烧。

2. 加热电流不能太大，保持欲测液体微沸即可。

3. 一定要使体系达到气、液平衡，即温度读数恒定并保持约 5 min，方可停止加热、取样分析。

4. 实验过程中，必须始终在冷凝管中通入冷却水，一则可使气相冷凝充分，二则避免有机蒸气对实验室内空气的污染。

七、数据记录和处理

1. 将实验数据填入表 5 - 1。

室温________ 大气压力 始________ 终________ 平均________

异丙醇沸点(温度计示值)________ 温度计校正值________

表 5 - 1 实验数据记录

序号	异丙醇量/mL	环己烷量/mL	沸点 t/℃	气相冷凝液		液 相	
				n_D	W(异丙醇)%	n_D	W(异丙醇)%

2. 温度计的校正。

液体的沸点与大气压力有关。参阅本书Ⅲ附录 物理化学实验常用数据表，计算异丙醇在实验时大气压下的沸点，与实验时温度计上读得的沸点相比较，求出温度计本身误差的校正值，并逐一改正不同浓度溶液的沸点。

3. 作环己烷-异丙醇的 n_D—W 工作曲线。

293.2 K 时异丙醇的环己烷溶液浓度与折射率 n_D^{20} 数据见表 5 - 2。

表 5 - 2 异丙醇与环己烷二组分溶液组成与折射率

异丙醇的摩尔百分数(%)	n_D^{20}	异丙醇的质量百分数 W(%)	异丙醇的摩尔百分数(%)	n_D^{20}	异丙醇的质量百分数 W(%)
0	1.426 3	0	40.40	1.407 7	32.61
10.66	1.421 0	7.85	46.04	1.405 0	37.85
17.04	1.418 1	12.79	50.00	1.402 9	41.65
20.00	1.416 8	15.54	60.00	1.398 3	51.72
28.34	1.413 0	22.02	80.00	1.388 2	74.05
32.03	1.411 3	25.17	100.00	1.377 3	
37.14	1.409 0	29.67			

用坐标纸绘出 n_D^{20} 与异丙醇质量百分数的关系曲线，根据实验测定的结果，从图上查出气相冷凝液和液相的组成 W(异丙醇)，填入表 5－1。

4. 按表 5－1 数据绘出实验大气压下环己烷-异丙醇双液系的沸点-组成图（T—x 图），从图上求出其恒沸温度和恒沸组成。环己烷的正常沸点为 353.4 K。

八、思考题

1. 如何判断气、液两相是否处于平衡？
2. 实验步骤 2—(3)中，为什么沸点仪不需要洗净、烘干？
3. 试分析产生实验误差的主要因素有哪些？

九、讨论

1. 本实验是采用控制气相回流的高度来获得稳定的温度的，因而回流高度控制的如何将直接影响到实验的效果。实验中一是要注意加热电流不要太大，以维持待测液体处于微微沸腾的状态为宜，若液体剧烈沸腾易造成气相冷凝不完全；二是配合调节冷凝水流量，使回流高度能稳定在某一高度上，这样可保证沸腾温度恒定在某一数值上，使测量值更准确。沸腾温度是否稳定是回流好坏的标志。

2. 实验操作中，指定配制一系列不同组成的试样，其目的是使实验测量值分散得比较均匀，从而使相图曲线的绘制更准确。若实际加入量与所要求的加入量有较小偏差时，只会引起绘制相图的实验点的微小移动，并不影响相图的绘制，因为相图中液相点的确定，并不是以实际加入量来确定的，而是通过折射率的测定来确定的。学生对此应该清楚，以免有时因加入量稍有不准就把试样倒掉，重新实验，这样不仅浪费了药品和实验时间，而且也是不必要的。

3. 本实验所用沸点仪是较简单的一种，它利用电热丝在溶液内部加热，这样比较均匀，可避免暴沸。所用电热丝是 26＃镍铬丝，长度约 14 cm，绕成约 3 mm 直径的螺旋圈，再焊接于 14# 铜丝上，然后把铜丝穿过包有锡箔的木塞（铜丝勿与锡箔接触，用锡箔包裹木塞可防止蒸馏时木塞中的杂质落入溶液中）。

4. 具有最低恒沸点的双液系中的苯-乙醇体系可精确绘制出 T—x 图，但苯有毒，故未选用，其余体系（包括本实验的环己烷-异丙醇体系）液相线较为平坦，所得 T—x 图欠佳。

实验 6　二组分金属相图的绘制

一、目的

1. 用热分析法测绘 Bi-Cd 二组分金属相图。

2. 了解固液相图的特点，进一步学习和巩固相律等有关知识。

二、预习指导

1. 理解步冷曲线和二组分金属相图的绘制原理。
2. 理解产生过冷现象的原因及避免产生过冷现象的方法。

三、原理

热分析法的原理是根据系统在冷却或加热过程中，系统温度随时间的变化情况来判断有无相变化的发生。一般的做法是：先将样品全部熔化，然后让它在一定的环境中缓慢冷却，记录冷却过程中系统温度随时间变化的数据，作出温度-时间曲线，即步冷曲线。若冷却过程中不发生相变化，冷却速度一般较快，步冷曲线不出现转折或平台；若冷却过程中发生了相变化，由于相变热的放出，使系统散失的热量有所补偿，冷却速度较慢，步冷曲线就出现转折或平台。因此，从步冷曲线上有无转折或平台，就可知道系统在冷却过程中有无相变化发生。测定一系列组成不同的样品的步冷曲线，从步冷曲线上找出各种样品发生相变时的温度，就可绘制出该系统的相图。

本实验研究的Bi-Cd系统，它是一个有简单低共熔混合物生成的二组分系统。这类系统的步冷曲线和相图如图6-1所示。

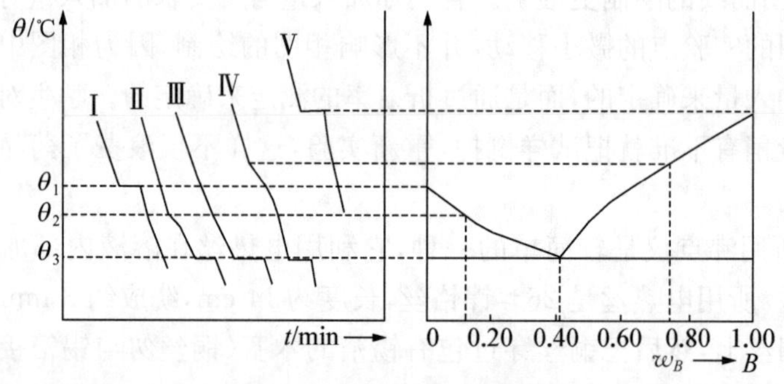

图6-1 步冷曲线与相图

曲线Ⅰ是纯物质A的步冷曲线。当系统自高温冷却时，起初没有发生相变化，温度下降较快，步冷曲线较陡；冷至凝固点 θ_1 时，固、液二相平衡共存，根据相律，$f^*=K-\Phi+1=1-2+1=0$，温度不变，步冷曲线出现平台；直到溶液完全凝固后，温度又继续下降。曲线Ⅴ是纯物质B的步冷曲线，它的形状与纯物质A的步冷曲线Ⅰ相似，也有一平台出现，其对应的温度就是纯物质B的凝固点。根据曲线Ⅰ和 曲线Ⅴ两条步冷曲线上平台所对应的温度，可在温度—组成图上画出纯物质A及纯物质B的两相平衡点。

曲线Ⅱ是A与B组成的混合物的步冷曲线，系统自高温冷却到温度 θ_2 时，有固体A不断析出，熔液中含A量随之减小，由于不断放出凝固热，所以温度下降速度变慢，出现转折点，当到达最低共熔温度 θ_3 时，固体A、B与组成为 w_B 的熔液三相平衡共存，根据相

律 $f^*=K-\Phi+1=2-3+1=0$，系统温度不变，步冷曲线出现平台，直到液相完全凝固后，温度又继续下降。曲线 Ⅳ 与步冷曲线Ⅱ相似，主要的不同是先析出的固体是纯物质 B。

曲线Ⅲ是低共熔混合物的步冷曲线，它的形状与纯物质的步冷曲线Ⅰ相似，但在平台所对应的温度时，系统是三相平衡共存。

将上述五条步冷曲线中固体开始析出与全部凝固时的温度用虚线表示在图 6-1 的温度-组成图中，并连接各个固-液两相的平衡点，作对应着低共熔温度的水平线，即为二组分金属 A-B 的相图。

这里应当指出，冷却过程中常出现过冷现象，使步冷曲线在转折处出现起伏，如图 6-2 所示。遇此情况可延长 FE 交曲线 BD 于 G 点，G 点即为正常转折点。适当搅拌可防止过冷现象。

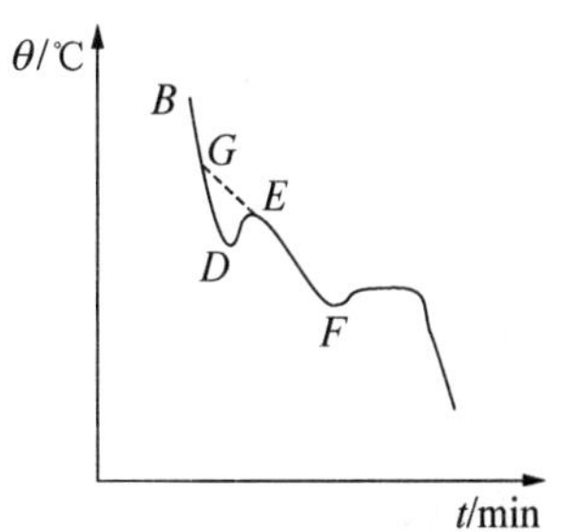

图 6-2　有过冷现象出现的步冷曲线

四、仪器和药品

金属相图检测装置	1 台
计算机	1 台
接口连接线	1 支
秒表	1 个
样品管(分别装有含 Bi 100%、80%、70%、60%、50%、40%、20%、10%的 Bi-Cd 混合物，其对应的编号为 1—8)	8 支

五、实验步骤

1. 检查各接口连线连接是否正确，然后接通电源开关。

2. 设置工作参数。

(1) 按"设置"按钮，进入数值调节界面(图 6-3 所示)，当箭头指向目标温度，为设置目标温度 360 ℃(即加热温度上限，当温度达到此温度时，控制器自动停止加热)。按"+1"增加，按"-1"减少，按"×10"左移一位即扩大十倍；相应显示在加热功率显示器上。

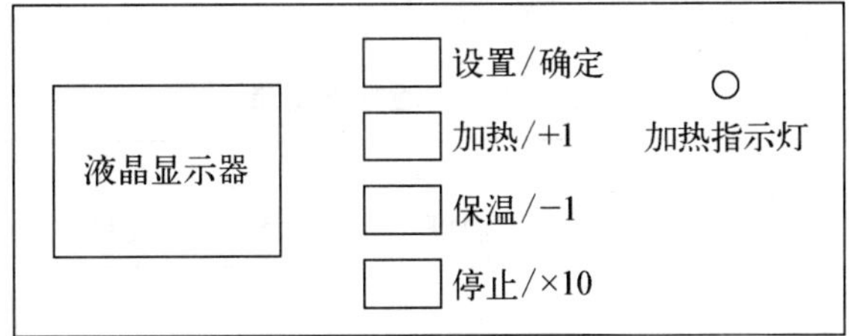

图 6-3　金属相图控制器调节界面示意图

(2) 再按"设置"按钮,数字调节箭头指向加热时,设置加热功率 250 W,显示在加热功率显示器上。按"+1"增加,按"−1"减少,按"×10"左移一位即扩大十倍。(改变加热功率,可控制升温速度和停止加热后温度上冲的幅度。)

(3) 再按"设置"按钮,数值调节箭头指向保温时,设置保温功率 30 W,显示在加热功率显示器上。按"+1"增加,按"−1"减少,按"×10"左移一位即扩大十倍。(根据环境温度等因素改变保温功率,可改善降温速率,以便更好地显现拐点和平台。)

(4) 设置完成后,再按下"设置"按钮,显示屏返回温度显示界面。

3. 测定样品冷却过程中的温度

首先,将相对应的温度传感器分别插入编号为 1—8(分别装有含 Bi 100%、80%、70%、60%、50%、40%、20%、10%的 Bi−Cd 混合物)的样品管中,样品管放入加热炉,炉体的档位拨至相应炉号。按下控制器面板加热按钮进行加热,到样品熔化(设定温度)加热自动(或按下控制器面板的"停止"键)停止。调节通风量,从 360 ℃开始记录温度变化。

样品冷却时,每隔 1 min 读取温度一次,待转折点出现后,温度均匀下降约 5 min 即可停止读数。

数据采集完成后,按软件使用说明即可绘制所有样品相对应的步冷曲线(金属相图检测装置的使用方法参阅本书Ⅱ仪器及其使用)。

六、实验注意事项

1. 用电炉加热样品时,温度要适当,温度过高样品易氧化变质;温度过低或加热时间不够则样品没有完全熔化,步冷曲线转折点测不出。

2. 混合物体系有两个转折点,必须待第二个转折点测完后方可停止实验,否则需重新测定。

3. 仪器探头经过精密校准,为保证测量精确请勿互换探头。

4. 请勿将仪器放置在有强电磁场干扰的区域内。

5. 因仪器精度高,测量时应单独放置,不可将仪器叠放,也不要用手触摸仪器外壳。

七、数据记录和处理

1. 将实验数据填入表 6-1

室温________ 大气压力________

表 6-1 实验数据记录

时间/min	1号温度/℃	2号温度/℃	3号温度/℃	4号温度/℃	5号温度/℃	6号温度/℃	7号温度/℃	8号温度/℃

2. 作步冷曲线

以温度为纵坐标，时间为横坐标，作出各样品的步冷曲线。

3. 绘制 Bi-Cd 二组分金属相图

找出各样品步冷曲线的转折点所对应的温度，以温度为纵坐标，样品组成为横坐标，绘制出实验时大气压下 Bi-Cd 二组分金属相图，并确定其低共熔点及低共熔混合物的组成。

八、思考题

1. 总质量相同但组成不同的 Bi-Cd 混合物的步冷曲线，其水平段的长度有什么不同？为什么？

2. 有一失去标签的 Bi-Cd 合金样品，用什么方法可以确定其组成？

九、讨论

1. 对样品加热温度过高会产生不良后果。

过高的温度会使覆盖样品的石蜡油沸腾、蒸发、分解碳化，污染空气和样品，使样品管壁变黑；会使石蜡油失去对样品的保护作用而导致样品氧化，对样品纯度和组成产生影响；会使热电偶不锈钢套管内石蜡油气化减失、分解碳化，影响热电偶的导热性，多次重复实验时应当在通电加热前查看不锈钢套管内样品的状况。

2. 关于步冷曲线形状的分析。

(1) 对于步冷曲线平台长短的分析：

单组分样品步冷曲线平台的长度取决于多种因素：一是样品熔点温度与环境温度的相对高低，二是样品相变热的相对多少，三是保温加热炉的保温性能，四是样品的数量。如果样品熔点温度相对较高，散热快，相变热相对较少，保温加热炉的保温性能相对较差，样品的量相对较少，则步冷曲线的平台相对较短；反之，则步冷曲线的平台相对较长。

二组分样品步冷曲线平台的长短也取决于多种因素：一是样品相对组成，二是样品的用量，三是低共熔混合物的熔点与环境的温差。二组分样品的组成越接近三相共熔体的组成，其步冷曲线的平台越长，若二组分样品的组成恰好等于低共熔混合物的组成，则其步冷曲线的平台最长；二组分样品的组成越是远离低共熔混合物的组成，其步冷曲线的平台越短。

(2) 冷却过程中出现过冷现象会使步冷曲线转折处出现起伏，这种起伏为确定正常转折点带来麻烦和误差。应当设法避免过冷现象的发生。在冷却过程中注意经常轻微转动装有热电偶的不锈钢套管以搅拌样品，可以避免过冷现象的发生。

(3) 步冷曲线除了平台和转折处的起伏以外，还有凹凸之分。单组分无相变的冷却过程是纯粹的散热过程，由于样品的热量逐渐散发，与外界的相对温差逐渐变小，样品在单位时间内所降低的温度值越来越少，所以，步冷曲线随着时间的延长显得逐渐平缓，表现为向下凹进；如果二组分样品的组成正好等于三相共熔体的组成，其冷却过程中，除了在最低共熔点处产生平台和因出现过冷现象而出现起伏外，其他部分步冷曲线因为没有发生相变化，没有相变热产生，属于纯粹的散热过程，也表现为向下凹进，而且随着时间的延长愈显平缓。其他二组分样品的冷却过程的步冷曲线，在出现第一次转折之前和在最低共熔点之后，都属于纯粹的散热过程，这部分步冷曲线均表现为向下凹进。在步冷曲线出现第一次转折之后，由于冷却过程中伴随固体不断析出，不断放出相变热而使样品散发的热量得到了部分补偿，样品冷却速度变慢，单位时间内降低了的温度值相对更少，使其步冷曲线上相应点的位置上移，从而使这段步冷曲线表现为向上凸出。

3. 比较典型的二组分金属相图还有 Pb-Sn 系统等。

实验 7　弱电解质电离常数的测定（分光光度法）

一、目的

1. 掌握分光光度法测定弱电解质电离常数的原理。
2. 掌握甲基红的电离常数测定方法。
3. 掌握分光光度计及酸度计的原理及使用。

二、预习指导

1. 了解分光光度法测量弱电解质电离常数的原理。
2. 了解分光光度计的使用方法。
3. 了解酸度计的使用方法。

三、原理

根据朗伯-比尔（Lambert-Beer）定律，溶液对单色光的吸收，遵守下列关系式：

$$A=\lg(I_0/I)=k\cdot l\cdot c \tag{7-1}$$

式中：A 为吸光度；I/I_0为透光率；l 为溶液的透光厚度（即比色皿的光径长度）；c 为溶液的浓度；k 为摩尔吸收系数，当溶质、溶剂及入射光的波长一定时，k 为常数。由(7-1)式可以看出：在固定比色皿光径长度和入射光波长的条件下，吸光度 A 和溶液浓度 c 成正比。

波长为 λ 的单色光通过任何均匀而透明的介质时，由于物质对光的吸收作用而使透射光的强度(I)比入射光的强度(I_0)弱，其减弱的程度与入射光波长(λ)有关。分别将不同波长的单色光依次通过某溶液，并测定其吸光度，以吸光度 A 对 λ 作图，可得该物质的

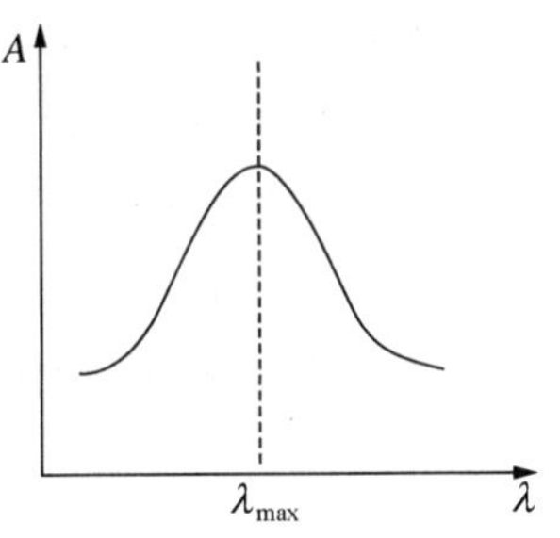

图 7 - 1 分光光度曲线

分光光度曲线，如图 7 - 1 所示。

如图 7 - 1 所示，在波长 λ_{max} 下吸收峰最强，因此在该波长下具有最佳的灵敏度。分子结构不同的物质对光的吸收具有选择性，在分光光度曲线上出现的吸收峰的位置、形状、数目和峰高都与物质的特性有关。分光光度法就是根据此特性建立的，该方法既是研究物质结构的基础，也是定性、定量分析的基础。

当溶液中含有一种待测物时，首先通过测定待测物的分光光度曲线，找到最大吸收峰对应波长 λ_{max}，其次测定不同浓度该溶液在 λ_{max} 下的吸光度，并作吸光度 A 与浓度 c 之间的关系图，最后测定未知浓度溶液的吸光度，从 A-c 图得出待测溶液的浓度。

当溶液中含有两种或两种以上待测物时，情况稍复杂一些，需分类讨论。

(1) 若两种被测物的分光光度曲线彼此不相重合，这种情况就等于分别测定含一种待测物的溶液。

(2) 若两种待测物的分光光度曲线接近重合，且遵守朗伯-比尔定律，则可分别在两波长 λ_1 及 λ_2（λ_1、λ_2 分别为两种待测物单独存在时，分光光度曲线中最大吸收峰对应的波长）下测定总的吸光度，然后计算出两种物质的浓度。

根据朗伯-比尔定律，假定比色皿的光径长度(l)一定，则

对于待测物 a：$A_a(\lambda)=K(\lambda)_a c_a$

对于待测物 b：$A_b(\lambda)=K(\lambda)_b c_b$

对于待测物 a+b：$A_{a+b}(\lambda)=A_a(\lambda)+A_b(\lambda)$

在波长 λ_1 下混合溶液总的吸光度 $A_{a+b}(\lambda_1)$ 为

$$A_{a+b}(\lambda_1)=A_a(\lambda_1)+A_b(\lambda_1)=K(\lambda_1)_a c_a+K(\lambda_1)_b c_b \tag{7-2}$$

在波长 λ_2 下混合溶液总的吸光度 $A(\lambda_2)_{a+b}$ 为

$$A(\lambda_2)_{a+b}=A(\lambda_2)_a+A(\lambda_2)_b=K(\lambda_2)_a c_a+K(\lambda_2)_b c_b \tag{7-3}$$

式中 $A(\lambda_1)_a$、$A(\lambda_1)_b$、$A(\lambda_2)_a$、$A(\lambda_2)_b$ 分别表示用波长为 λ_1 和 λ_2 的单色光测得溶液 a、溶液 b 的吸光度。

由(7 - 2)式得

$$c_b=\frac{A(\lambda_1)_{a+b}-K(\lambda_1)_a c_a}{K(\lambda_1)_b} \tag{7-4}$$

将(7 - 4)式代入(7 - 3)式得

$$c_a=\frac{K(\lambda_1)_b A(\lambda_2)_{a+b}-K(\lambda_2)_b c_a A(\lambda_1)_{a+b}}{K(\lambda_2)_a K(\lambda_1)_b-K(\lambda_2)_b K(\lambda_1)_a} \tag{7-5}$$

(7 - 5)式中不同的 K 值求法如下：分别在波长 λ_1、λ_2 时，测定 a 溶液不同浓度以及 b 溶液不同浓度的吸光度，共 4 组实验，以吸光度 A 对浓度 c 作图，其斜率分别为 $K(\lambda_1)_a$、$K(\lambda_2)_a$、$K(\lambda_1)_b$、$K(\lambda_2)_b$，再根据(7 - 4)、(7 - 5)式计算出混合溶液中待测物 a 和待测物

b 的浓度。

(3) 若两种待测物的吸收曲线相互重合,但又不遵守朗伯-比尔定律。

(4) 混合溶液中含有未知物。

(3)、(4)两种情况,计算处理复杂,此处不讨论。

甲基红溶液 pK_c 值的测定

甲基红是弱电解质,在溶液中存在下列平衡,

$$(H_3C)_2\overset{+}{N}{=}C_6H_4{=}N{-}N(H){-}C_6H_4CO_2^- \rightleftharpoons H^+ + (H_3C)_2N{-}C_6H_4{-}N{=}N{-}C_6H_4CO_2^-$$

(红色)　　　　　　　　　　　　(黄色)

可简写成:　　　$HMR \rightleftharpoons H^+ + MR^-$

因此甲基红的电离常数

$$K_c = \frac{[H^+][MR^-]}{[HMR]}$$

令 $-\log K_c = pK_c$

$$pK_c = pH - \log\frac{[MR^-]}{[HMR]} \qquad (7-6)$$

可对照上述讨论中的第(2)种类型,采用分光光度法,通过(7-4)、(7-5)两式求得和测得甲基红溶液中酸式甲基红 HMR 和碱式甲基红 MR^- 的浓度,再用酸度计测定溶液的 pH,即可求得甲基红的电离常数 pK_c。

四、仪器和药品

分光光度计	1 台
酸度计	1 台
容量瓶(100 mL)	7 个
(25 mL)	8 个
量筒(50 mL)	1 个
烧杯(50 mL)	4 个
洗耳球	1 个
移液管(10 mL)	6 支
(25 mL)	4 支
(50 mL)	1 支

晶体甲基红(A.R.)

乙醇溶液($w=95\%$)

HCl 溶液($c=0.1\ mol\cdot L^{-1}$)

HCl 溶液($c=0.01\ mol\cdot L^{-1}$)

HAc 溶液(c=0.02 mol·L^{-1})
NaAc 溶液(c=0.01 mol·L^{-1})
NaAc 溶液(c=0.04 mol·L^{-1})

五、实验步骤

1. 配制溶液

(1) 甲基红溶液:取 1 g 晶体甲基红加 300 mL 95%酒精,用蒸馏水稀释到 500 mL。(可由教师实验前配制好)

(2) 标准溶液:取 5 mL 上述溶液加 50 mL 95%酒精,用蒸馏水稀释到 100 mL。

(3) 溶液 a:取 10 mL 标准溶液加 10 mL 0.1 mol·L^{-1} HCl 用蒸馏水稀释到 100 mL。

(4) 溶液 b:取 10 mL 标准溶液加 25 mL 0.4 mol·L^{-1} NaAc 用蒸馏水稀释到 100 mL。

2. 测定溶液 a 和溶液 b 的吸光度,求最大吸收峰所对应的波长 λ_1、λ_2。

(1) 调整 721 型分光光度计(参阅本书Ⅱ仪器及使用)。

(2) 将溶液 a、溶液 b 和空白溶液(蒸馏水)分别放入光径长度为 30 mm 的洁净的比色皿中。调节波长至 420 nm,分别测定溶液 a、溶液 b 的吸光度,并按照以下方式依次增加波长,同时测定溶液 a、溶液 b 的吸光度(每次调整波长后,需用蒸馏水对仪器进行校正)。即

420—440 nm 波长每增加 5 nm 测定一次
440—500 nm 波长每增加 20 nm 测定一次
500—540 nm 波长每增加 5 nm 测定一次
540—620 nm 波长每增加 20 nm 测定一次
绘制 A—λ 曲线,得到溶液 a、b 的最大吸收峰对应的波长 λ_1 和 λ_2。

3. 不同浓度的 a 溶液、b 溶液及混合溶液 a+b 的配制

(1) 不同浓度以酸式甲基红为主的 a 溶液的配制

溶液编号	a 溶液的百分含量	a 溶液	0.01 mol·L^{-1} HCl
A_1	80%	20 mL	5 mL
A_2	60%	15 mL	10 mL
A_3	40%	10 mL	15 mL
A_4	20%	5 mL	20 mL

(2) 不同浓度以碱式甲基红为主的 b 溶液的配制

溶液编号	b 溶液的百分含量	b 溶液	0.04 mol·L^{-1} HCl
B_1	80%	20 mL	5 mL
B_2	60%	15 mL	10 mL

续　表

溶液编号	b溶液的百分含量	b溶液	0.04 mol·L^{-1} HCl
B_3	40%	10 mL	15 mL
B_4	20%	5 mL	20 mL

(3)混合溶液 a+b 的配制

溶液编号	标准溶液	0.04 mol·L^{-1} NaAc	0.02 mol·L^{-1} HAc	蒸馏水
混 1	10 mL	25 mL	50 mL	冲稀至 100 mL 刻度
混 2	10 mL	25 mL	25 mL	
混 3	10 mL	25 mL	10 mL	
混 4	10 mL	25 mL	5 mL	

4. 分别用波长为 λ_1、λ_2 的单色光，测定溶液 a_1、a_2、a_3、a_4、b_1、b_2、b_3、b_4、混 1、混 2、混 3、混 4 的吸光度。

5. 用酸度计分别测定溶液混 1、混 2、混 3、混 4 的 pH 值(酸度计的使用参阅本书Ⅱ仪器及使用)。

六、实验注意事项

1. 使用 721 型分光光度计时，为了延长光电倍增管的寿命，在不进行测定时，应将暗室盖子打开。

2. 取用比色皿时，用手捏住毛玻璃的两面，比色皿每次使用完毕后，应用蒸馏水洗净并擦干，存放于比色皿盒中，并且每台仪器配用的比色皿不得互换使用。

3. 酸度计应预热 20—30 min 后再进行测定。

4. 酸度计中所用到的玻璃电极前端玻璃很薄，易碎，应特别小心。

七、数据记录与处理

1. 将实验数据填入下表

室温________　　大气压________

表 7-1　实验数据记录表(最大波长测定)

溶液 a		溶液 b	
λ/nm	*A*	λ/nm	*A*

λ_1:________　　　　λ_2:________

表 7-2　实验数据记录表(溶液 a、b 吸光度测定)

溶液	百分含量	$A(\lambda_1)_a$	$A(\lambda_2)_a$	溶液	百分含量	$A(\lambda_1)_b$	$A(\lambda_2)_b$
a_1	80%			b_1	80%		
a_2	60%			b_2	60%		
a_3	40%			b_3	40%		
a_4	20%			b_4	20%		

表 7-3　实验数据记录表(混合溶液 a+b 吸光度测定)

溶液	$A(\lambda_1)_{a+b}$	$A(\lambda_2)_{a+b}$	pH
混 1			
混 2			
混 3			
混 4			

2. 由表 2 的数据作 $A(\lambda_1)_a—c_a$、$A(\lambda_2)_a—c_a$、$A(\lambda_1)_b—c_b$、$A(\lambda_2)_b—c_b$图,其斜率分别为 $K(\lambda_1)_a$、$K(\lambda_2)_a$、$K(\lambda_1)_b$、$K(\lambda_2)_b$。

3. 根据(7-4)、(7-5)式分别求出混 1、混 2、混 3、混 4 的 c_a和 c_b。

4. 根据(7-6)式分别求出混 1、混 2、混 3、混 4 的电离常数,然后求出其平均值,作为室温下甲基红的电离常数。

八、思考题

1. 制备溶液时,加入 HCl、HAc、NaAc 溶液各起到什么作用?

2. 用分光光度计进行测定,为什么要用空白溶液校正零点?理论上应该用什么溶液作为空白溶液?本实验中用是的什么?为什么?

九、讨论

1. 电解质的电离平衡常数与温度有关。本实验限于条件,仅测定实验时室温下的平衡常数(市售分光光度计均不带恒温装置,且改制难度较大)。

2. 分光光度法和普通的比色法相比较有一系列的优点,首先它的应用不局限于可见光区,可以扩大到紫外和红外区,对一系列没有颜色的溶液也可以应用。此外还可以在同一样品中对两种以上的物质同时进行测定,不需要预先分离。

3. 吸收光谱的方法是物理化学研究中的重要方法之一,可以用于测定平衡常数以及研究化学动力学中的反应速度机理等,吸收光谱的研究还有助于进一步了解溶液的分子结构及溶液中发生的各种相互作用,如:络合、离解、氢键等性质。

实验 8　分光光度法测定蔗糖酶的米氏常数

一、目的

1. 掌握分光光度计的使用方法。
2. 运用分光光度法测定蔗糖酶的米氏常数 K_M 和最大反应速率 v_{max}。
3. 进一步理解底物浓度与酶反应速率之间的关系。

二、预习指导

1. 了解酶反应的特点。
2. 了解蔗糖酶的催化反应过程。
3. 了解什么是米氏常数 K_M 和最大反应速率 v_{max}。

三、原理

绝大多数的酶是由生物体内产生的具有催化活性的蛋白质。这类蛋白质表现出特异的催化功能，因此把酶叫作生物催化剂。与一般催化剂一样，酶在相对浓度较低的情况下，仅能影响化学反应速率，而不改变反应平衡点，并在反应前后本身不发生变化，它的催化效率比一般催化剂高 10^7—10^{13} 倍，且具有高度的选择性，一种酶只能作用于某一种或某一类特定的物质。因为绝大多数的酶是一类蛋白质，所以其催化作用一般在常温、常压和近中性的溶液条件下进行。

酶反应速率与底物浓度、酶浓度、温度及 pH 等因素有关，其中底物浓度的影响尤为重要。在酶催化反应中，底物浓度远远超过酶的浓度，在指定实验条件下，酶的浓度一定时，总的反应速率随底物浓度的增加而增加，直至底物过剩，此时底物浓度的进一步增加将不再影响反应速率，反应速率达到最大，以 v_{max} 表示。在反应达到最大速率 v_{max} 之前的速率，一般称为反应初始速率。

米切利斯(Michaelis)应用酶反应过程中形成中间络合物的理论，导出了著名的米氏方程，这个方程揭示了酶反应速率和底物浓度之间的函数关系，即：

$$\nu = \frac{\nu_{max} c_s}{K_M + c_s} \tag{8-1}$$

式中：K_M 为米氏常数，v 为反应速率，c_s 为底物浓度。

在指定条件下，每一种酶的反应都有特定的 K_M 值，与酶的浓度无关，因此它对研究酶反应动力学有很重要的实际意义。

根据式(8－1)推出，米氏常数是反应速率达到最大值一半时的底物浓度，即当$\nu=\frac{\nu_{max}}{2}$时，$K_M=c_s$，(K_M的单位与底物浓度的单位一致)。基于此，测定不同底物浓度时的酶反应速率，以ν对c_s作图得到图(8－1)，从图中先求出ν_{max}，再由曲线得出$\nu=\frac{\nu_{max}}{2}$处对应的K_M值。但用这种方法，即使当c_s很大的时候，也只能得到近似的ν_{max}及相应的K_M值。为了求得准确的K_M值，可将式(8－1)变换成式(8－2)，采用双倒数作图法，以$1/\nu$为纵坐标，$1/c_s$为横坐标作图得到如图(8－2)所示的直线。

$$\frac{1}{\nu}=\frac{K_M}{\nu_{max}}\frac{1}{c_s}+\frac{1}{\nu_{max}} \tag{8-2}$$

直线的截距为$\frac{1}{\nu_{max}}$，斜率为$\frac{K_M}{\nu_{max}}$，直线与横坐标的交点值为$-\frac{1}{K_M}$。

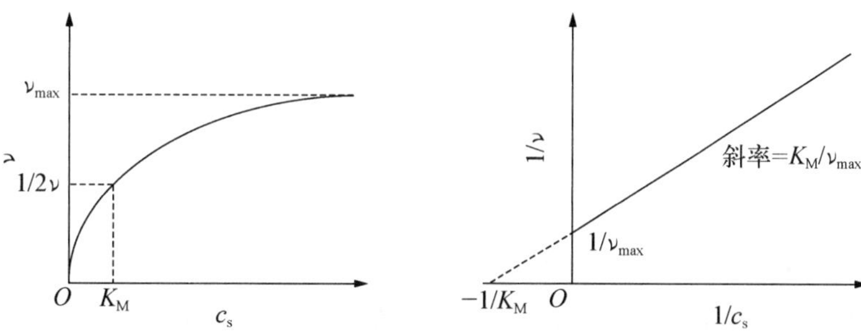

图 8－1 酶反应速率与底物浓度的关系　　**图 8－2 $1/\nu$ 和 $1/c_s$的关系图**

本实验采用的蔗糖酶是一种水解酶，它能使蔗糖水解成葡萄糖和果糖，反应式如下：

(蔗糖) + H_2O $\xrightarrow{蔗糖酶}$ (葡萄糖) + (果糖)

该反应的速率可以用单位时间内葡萄糖浓度的增加来表示。葡萄糖是一种还原糖，3,5－二硝基水杨酸与它共热(100 ℃)后被还原成棕红色的氨基化合物，在一定浓度范围内，葡萄糖的量和棕红色物质颜色的深浅程度成一定比例关系，因此可以用分光光度法来测定反应在单位时间内生成葡萄糖的量，从而计算出反应速率。所以实验时配制不同浓度c_s的蔗糖溶液(此处蔗糖为底物)，根据生成葡萄糖的量，计算反应速率ν，再由式(8－2)，以$1/\nu$对$1/c_s$作图，从而计算出米氏常数K_M值。

四、仪器和药品

高速离心机　　　　1台

分管光度计	1台
恒温水浴	1台
移液管(1 mL)	1支
移液管(2 mL)	1支
比色管(25 mL)	1套
容量瓶(50 mL)	7个
试管(1.0×10 cm)	10支

3,5-二硝基水杨酸(DNS)试剂

0.1 mol·L^{-1}醋酸缓冲液

蔗糖酶溶液(2—5 单位/mL)

蔗糖(分析纯)

葡萄糖(分析纯)

1.00 mol·L^{-1} NaOH

五、实验步骤

1. 溶液的配制

(1) 0.1%葡萄糖标准溶液(1 mg·mL^{-1}):预先在90 ℃温度下将葡萄糖烘1 h,然后准确称取1 g于100 mL烧杯中,用少量蒸馏水溶解后,定量转移至1 000 mL容量瓶中,稀释至刻度。

(2) 0.1 mol·L^{-1}蔗糖液(预先配制好):准确称取34.2 g蔗糖于100 mL烧杯中,加少量蒸馏水溶解后,定量转移到1 000 mL容量瓶中,稀释至刻度。

2. 葡萄糖标准曲线的绘制

按表(8-1)所示,在9个50 mL容量瓶中分别加入不同量的0.1%葡萄糖标准溶液及蒸馏水,得到一系列不同浓度的葡萄糖溶液。

分别吸取上述不同浓度的葡萄糖溶液1.0 mL注入9支比色管内,另取一支比色管加入1.0 mL蒸馏水,然后在每支比色管中加入1.5 mL DNS试剂,混合均匀,在沸水浴中加热5 min后,取出以冷水冷却,每支比色管内再注入蒸馏水2.5 mL,摇匀。使用分光光度计测量每支比色管中溶液中的吸光度A值,测量时采用540 nm波长进行比色测定。根据测量结果以吸光度A对葡萄糖浓度值绘制标准曲线。

表8-1　不同浓度葡萄糖溶液的配制

序号	V(0.1%葡萄糖溶液)/mL	$V(H_2O)$/mL	葡萄糖最终浓度/μg·mL^{-1}
1	5.0	45.0	100
2	10.0	40.0	200
3	15.0	35.0	300
4	20.0	30.0	400

续表

序号	V(0.1%葡萄糖溶液)/mL	$V(H_2O)$/mL	葡萄糖最终浓度/$\mu g \cdot mL^{-1}$
5	25.0	25.0	500
6	30.0	20.0	600
7	35.0	15.0	700
8	40.0	10.0	800
9	45.0	5.0	900

3. 蔗糖酶米氏常数 K_M的测定

(1) 按表(8-2)所示，另取 9 支比色管中分别加入 0.1 mol·L^{-1}蔗糖溶液、0.1 mol·L^{-1}醋酸缓冲液(pH=4.6)，总体积达 2 mL，置于 35 ℃水浴中预热。另取 20 mL 蔗糖酶溶液在 35 ℃水浴中保温 10 min，依次向比色管中加入蔗糖酶溶液各 2.0 mL，准确作用 5 min(用停表计时)后，再按次序加入 0.5 mL 2 mol·L^{-1} NaOH 溶液，摇匀，使酶反应终止。

(2) 从每支比色管中各吸取 0.5 mL 酶反应液加入盛有 1.5 mL DNS 试剂的 25 mL 比色管中，并加入 1.5 mL 蒸馏水，在沸水浴中加热 5 min 后用冷水冷却，再用蒸馏水稀释至刻度，摇匀。

(3) 使用分光光度计，以波长 540 nm 测定吸光度值。

表 8-2 反应物溶液的配制数据表

序号	1	2	3	4	5	6	7	8	9
V(0.1%葡萄糖溶液)/mL	0	0.20	0.25	0.30	0.35	0.40	0.50	0.60	0.80
V(缓冲液 pH=4.6)/mL	2.00	1.80	1.75	1.70	1.65	1.60	1.50	1.40	1.20

六、实验注意事项

1. 当底物浓度接近于零时，该体系为一级反应，即反应速率与底物浓度一次方成正比；但底物浓度增加到一定极限时，此后的反应速率与底物浓度无关($c_s \geqslant K_M$)，即该体系接近于零级反应。本实验的测试工作，其底物浓度应选择适当，使反应在初始阶段进行。

2. 由于本实验所需使用的比色管数量较多，数据记录必须一一对应，以防出错。

七、数据记录和处理

根据上述各反应所测得的吸光度值，在葡萄糖标准曲线上查出对应的葡萄糖浓度，结合反应时间计算其反应速率 v，并将对应的底物(蔗糖)浓度 c_s，同时用表格形式列出，以 $1/\nu$ 对 $1/c_s$作图，然后从直线斜率和截距求出 K_M和 v_{max}值。

表 8-3　某些酶的 K_M 值

酶	底物	K_M/mol·L^{-1}
麦芽糖酶	麦芽糖	2.1×10^{-1}
蔗糖酶	蔗糖	2.8×10^{-2}
磷酸酯酶	磷酸甘油	$<3.0\times10^{-3}$
乳酸脱氢酶	丙酮酸	3.5×10^{-3}
琥珀酸脱氢酶	琥珀酸	5.0×10^{-7}

摘自：南京药学院主编.生物化学.北京：人民卫生出版社，1979.56

八、思考题

1. 为什么测定酶的米氏常数要采用初始速率法？
2. 试讨论底物浓度对米氏常数测定结果的影响。

实验 9　差热分析

一、实验目的

1. 掌握差热分析的基本原理。
2. 学会差热分析仪的使用方法，用差热分析仪测定硫酸铜的差热图。
3. 掌握定性解释差热图谱的基本方法。

二、预习指导

1. 了解差热分析的基本原理及定性处理的基本方法。
2. 熟悉差热分析仪的使用步骤。

三、实验原理

差热分析(DTA，differentialthermal analysis)是热分析的一种。它是研究相平衡与相变的动态分析方法。在一定条件下同时加热或冷却样品和参比物，记录并分析二者之间温度差，获取材料在温度变化过程中的相关信息。

许多物质在加热或冷却过程中，当达到某一温度时，往往会发生熔化、凝固、晶型转化、失水、水化、还原、氧化、分解、化合、吸附、脱附等物理或化学变化。在发生这些变化时伴有焓变，因而产生热效应。如果我们事先选定一种在温度变化的整个过程中都不会发生任何物理或化学变化，因而没有任何热效应的物质作为参比物，并将它与试样一起置入一个按规定速度逐步升温或降温的电炉中，则当试样发生物理或化学变化时，试样与参比物之间将出现温度差，若我们随时记录样品及参比物的温度，就可以得到一张差热图。于是在加热或冷却过程中试样发生的各种物理或化学变化在差热图上都能一一反映出来。

差热分析装置的简单原理如图 9－1 所示。该仪器结构包括放试样和参比物的坩埚、加热炉、温度程序控制单元、差热放大单元、记录仪单元以及两对相同材料热电偶并联而成的热电偶组。热电偶组分别置于试样(S)和参比物(R)的中心；用于测量试样与参比物间的温差(ΔT)和它们的温度(T)。

试样与参比物放入坩埚后，按一定的速率升温，如果参比物和试样热容相同，就能得到理想的差热分析图(图 9－2)，图中 T 线是由插在参比物中心的热电偶所反映的温度随时间变化的曲线。AH 线反映试样与参比物间的温差随时间变化的曲线。若试样无热效应发生，则试样与参比物间 $\Delta T=0$，如曲线上 AB、DE、GH 是平滑的基线。当有热效应发生而使试样的温度高于参比物，则出现如 BCD 峰顶向下的放热峰。反之，峰顶向上的 EFG 为吸热峰。

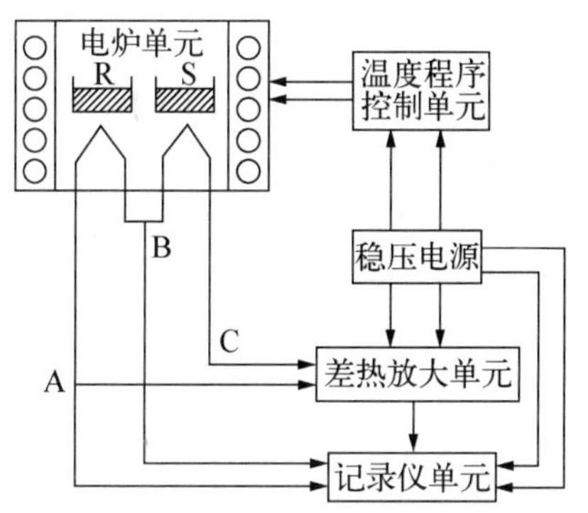

图 9－1　差热分析装置简单原理图

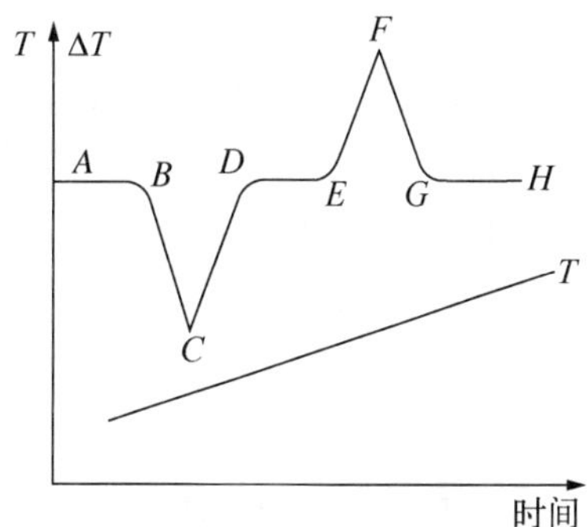

图 9－2　理想差热分析图

差热峰的数目、位置、方向、高度、宽度、对称性和峰面积是进行分析的依据；峰的数目代表在测温范围试样发生物理或化学变化的次数；峰的位置标志着样品发生变化的温度范围；峰的方向表明了热效应的正负性；峰面积的大小则反映了热效应的大小。峰的高度、宽度、对称性除与测试条件有关外，还与样品变化过程的动力学因素有关。实验中测得的差热谱图可能比理想的复杂得多。

四、仪器与药品

CRY－1 型差热分析仪	1 台
交流稳压电源	1 台
镊子	2 把
洗耳球	1 只

$CuSO_4 \cdot 5H_2O$(A.R.,粒度约为 200 目)

$\alpha-Al_2O_3$(A.R.,粒度约为 200 目)

五、实验步骤

1. 将试样称重(6—7 mg)放入坩埚中,在另一只坩埚中放入质量相等的参比物(α-Al_2O_3),然后将样品坩埚放在样品支架的左侧托盘上,参比物坩埚放在右侧的托盘上。转动手柄,轻轻地放下加热炉体,并打开冷却水。

2. 开启总电源、温度程序升温控制单元及差热放大单元的电源开关。

3. 打开软件并设置升温程序,升温速度采用 10 K/min。

4. 按下温度程序控制单元上的“工作”按钮和电炉开关,开始测定。

5. 实验完毕,导出实验结果并打印。

6. 关闭差热放大单元、温度程序控制单元并切断总电源,待加热炉体温度降至室温时,关闭冷却水源。

六、实验注意事项

1. 试样需研磨成与参比物粒度相仿(约 200 目),两者装填在坩埚中的紧密程度应尽量相同。研磨 $CuSO_4 \cdot 5H_2O$ 时不可用力过猛,以免因摩擦热而造成样品失水。

2. 在欲放下炉体时,务必先把炉体转回原处后(即样品杆要位于炉体中心)才能摇动手柄,否则会弄断样品杆。

3. 通电加热电炉前需先打开冷却水源。

七、数据记录和处理

1. 指出样品差热图中各峰的起始温度和峰温。

2. 讨论各峰所对应的可能变化。

八、思考题

1. 差热分析与简单热分析(步冷曲线法)有何异同?

2. 在实验中为什么要选择适当的样品量和适当的升温速率?

3. 测温热电偶插在试样中和插在参比物中,其升温曲线是否相同?

九、讨论

1. 差热分析是一种动态分析方法,因此实验条件对结果有很大的影响。一般要求试样用量尽可能少,这样可得到比较尖锐的峰,并能分辨出靠得很近的峰,样品过多往往会使峰形成“大包”，并使相邻的峰相互重叠而无法分辨。选择适宜的升温速率。低的升温速率基线漂移小，所得峰形显得矮而宽，可分辨出靠得很近的变化过程，但测定时间长。升温速率高时峰形比较尖锐，测定时间短，但基线漂移明显，与平衡条件相距较远，出峰温度误差大，分辨力下降。

2. 作为参比物的材料，要求在整个测定温度范围内应保持良好的热稳定性，不应有任何热效应产生，常用的参比物有煅烧过的 $\alpha-Al_2O_3$、MgO、石英砂等。测定时应尽可能选取与试样的比热、导热系数相近的物质作参比物。有时为使试样与参比物热性质相近，可在试样中掺入参比物(为试样量的 1—2 倍)。

3. 从理论上讲，差热曲线峰面积(S)的大小与试样所产生的热效应(ΔH)大小成正比，即 $\Delta H=KS$，K 为比例常数，将未知试样与已知热效应物质的差峰面积相比，就可求出未知试样的热效应。实际上，由于样品和参比物间往往存在着比热、导热系数、粒度、装填紧密程序等方面的不同，在测定过程中又由于熔化、分解转晶等物理或化学性质的改变，未知物试样和参比物的比例常数 K 并不相同，故用它来进行定量计算误差极大，但差热分析可用于鉴别物质，与 X 射线衍射、质谱、色谱、热重法等方法配合可确定物质的组成，进行结构及反应动力学等方面的研究。

4. 本实验的测试样品为 $CuSO_4\cdot 5H_2O$，其失水过程为：

$$CuSO_4\cdot 5H_2O \longrightarrow CuSO_4\cdot 3H_2O \longrightarrow CuSO_4\cdot H_2O \longrightarrow CuSO_4$$

从失水过程看，失去最后一个水分子显得比较困难，$CuSO_4\cdot 5H_2O$ 中各水分子的结合力不完全一样，如果与 X 射线仪配合测定，就可测出其结构为$[Cu(H_2O)_4]\cdot SO_4\cdot H_2O$。最后失去的一个水分子是以氢键键合在 SO_4^{2-} 上的，所以失去困难。

实验 10　离子迁移数的测定

一、目的

1. 用希托夫(Hittorf)法测定 $CuSO_4$溶液中 Cu^{2+} 和 SO_4^{2-} 离子的迁移数。
2. 了解铜库仑计的构造并掌握其使用方法。

二、预习指导

1. 理解离子迁移数的概念。
2. 了解铜库仑计测定电量的原理。
3. 了解 Hittorf 迁移管的构造及其测定离子迁移数的原理。
4. 了解本实验的注意事项。

三、原理

电解质溶液通电后，溶液中的阴、阳离子在电场作用下，分别向阳、阴两电极移动，它们共同担负导电的任务。由于阴、阳离子移动的速率不同，所带电荷不同，因此它们分担的导电任务也不同。B 离子迁移数 t_B 即是指 B 离子迁移的电量与通过溶液的总电量之比。

在通电过程中，由于电极反应和离子迁移，使得两极区的电解质溶液浓度发生变化。因此，若测得两极区电解质溶液浓度的变化值，并用库仑计测定通过溶液的总电量，就可以从物料平衡计算出离子迁移的物质的量，继而求得离子迁移数。希托夫法就是根据这一原理设计的。

现以电解 $CuSO_4$ 溶液（Cu 为电极）为例分析如下：

设阳极区电解前所含(1/2)Cu^{2+} 的物质的量为 $n_{前}$；电解后所含(1/2)Cu^{2+} 的物质的量为 $n_{后}$；电解过程中阳极区向阴极区迁移的(1/2)Cu^{2+} 的物质的量为 $n_{迁}$；铜阳极起氧化反应而生成的(1/2)Cu^{2+} 的物质的量为 $n_{电}$，则

$$n_{后}=n_{前}+n_{电}-n_{迁} \tag{10-1}$$

或者

$$n_{迁}=n_{前}+n_{电}-n_{后} \tag{10-2}$$

若以 t_+、t_- 分别表示 Cu^{2+}、SO_4^{2-} 的迁移数，根据迁移数的定义可得：

$$t_+=n_{迁}/n_{电} \tag{10-3}$$

$$t_-=1-t_+ \tag{10-4}$$

$n_{电}$ 可由电路中串联的铜库仑计(见图 10-1)测得。铜库仑计实际上是一个简单的电解铜装置，如图所示，其中一共有三片铜电极，两边铜片为阳极，中间铜片为阴极。实验

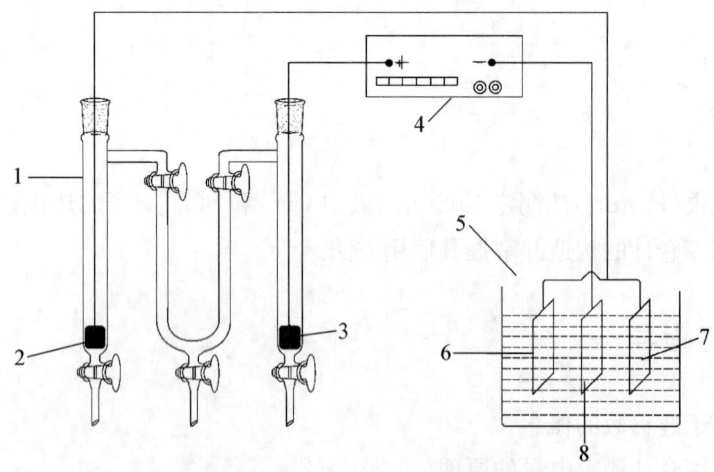

图 10-1　测量迁移数装置图

1—迁移管；3、6、7—阳极；2、8—阴极；4—直流稳流电源；5—库仑计

前，将中间的铜片拆下，用砂纸打磨至光亮，用蒸馏水和乙醇依次洗涤、吹干，在电子天平上称重，准确记录其质量，质量为 $m_{前}$。实验时，将三个铜电极片固定在电极固定板上，不可拆下，只需将阴极(红线)插入迁移管的一个电极座上，阳极(黑线)插入主机面板上的黑电极座(负极)上即可。电解结束后，从库仑计中取下中间的阴极铜片，用蒸馏水和乙醇依次洗涤、吹干，在电子天平上称重，准确记录其质量，质量为 $m_{后}$。$n_{电}$ 即可根据下式计算：

$$n_{电}=(m_{后}-m_{前})/(1/2M_{Cu}) \tag{10-5}$$

四、仪器和药品

Hittorf 迁移管	1 支
晶体管直流稳压电源(0—50 V，2.5 A)	1 台
铜库仑计	1 套
碱式滴定管	1 支
锥形瓶(250 mL)	3 个
金相砂纸($0^{\#}$)	
$CuSO_4$溶液($b=0.1\ mol\cdot kg^{-1}$)	KI 溶液($w=0.1$)
$Na_2S_2O_3$标准溶液($c=0.100\ 0\ mol\cdot L^{-1}$)	淀粉指示剂 $w=0.005$)
HAc(醋酸)溶液($c=0.1\ mol\cdot L^{-1}$)	

五、实验步骤

1. 用 $0.05\ mol\cdot L^{-1}$ $CuSO_4$溶液洗净迁移管，并安装到迁移管固定架上。

2. 将库仑计中阴极铜片取下，先用细砂纸打磨光，除去表面氧化层，用蒸馏水洗净，用乙醇淋洗并吹干，在电子天平上称重，装入库仑计。

3. 将两只铜电极的电极头用砂纸打磨至光亮，除去表面氧化层，用蒸馏水洗净，用乙醇淋洗并吹干。按图连接迁移管，离子迁移数测定仪和库仑计(注意阴、阳极位置切勿接错)。

4. 接通电源，调节电流强度为 20—25 mA，连续通电 90—120 min 以上。

5. 停止通电后，从库仑计中取出阴极铜片，用水冲洗后，淋以乙醇并吹干，称其质量。同时，立即关闭玻璃活塞，使三室隔开，以免扩散，迅速取阴、阳极区及中部区溶液分别缓慢转移至事先已经洗净、吹干、准确称重的三个锥形瓶中以备滴定(三个区溶液不能混合)。

6. 滴定时，在中部区溶液中加入 $0.1\ mol\cdot L^{-1}$的 HAc 溶液和 $w=0.1$ 的 KI 溶液各 10 mL，溶液呈深黄色，用 $0.100\ 0\ mol\cdot L^{-1}$的 $Na_2S_2O_3$标准溶液滴至黄色很淡时，加入淀粉指示剂，溶液立即呈蓝色，继续滴至蓝色刚好褪去，记下用去 $Na_2S_2O_3$标准溶液的体积。阴、阳两极区溶液滴法同上。只是加入的 $0.1\ mol\cdot L^{-1}$的 HAc 溶液和 $w=0.1$ 的 KI 溶液各为 20 mL。

7. 根据滴定结果及库仑计阴极铜片增量计算实验结果。

8. 将库仑计中剩余的 $CuSO_4$ 溶液回收。

六、实验注意事项

1. 装置库仑计时，铜电极片必须用金相砂纸仔细摩擦光亮，要求其表面光滑无痕。

2. 装置迁移管前，应确保迁移管装置中的三个溶液区下方的玻璃活塞旋钮在整个实验过程中不能漏液(可涂抹凡士林)。

3. 实验时，通过溶液的电流应控制在 20—25 mA，不能太大，还应当保持迁移管不受振动。通电结束后，从迁移管向锥形瓶内滴入溶液时，应当缓慢而不能太快。

七、数据记录和处理

1. 将有关数据填入下表

室温________ 大气压________ c($Na_2S_2O_3$标准溶液)________

表 10－1 实验数据记录表

$m_{前}$/g	$m_{后}$/g		$n_{电}$/mol
	中部区	阳极区	阴极区
m(锥形瓶)/g			
m(溶液＋锥形瓶)/g			
m(溶液)/g			
V($Na_2S_2O_3$标准溶液)/mL			
$m(CuSO_4)$/g			
$n(1/2\ CuSO_4)$/mol		—	—
$n_{后}(1/2\ CuSO_4)$/mol	—		
$m(H_2O)$/g			
n(1/2 $CuSO_4$，在 1g H_2O 中)/mol		—	—
$n_{前}$/mol(按中部区浓度计算)	—		
$n_{迁}$/mol	—		
t_+	—		

2. 比较分别由阳极区、阴极区计算所得的 t_+，如果相差较大，实验应重做。

八、思考题

1. 0.1 mol·L^{-1}的 KCl 溶液和 0.1 mol·L^{-1}的 NaCl 溶液中 Cl^- 离子的迁移数是否相同？为什么？

2. 影响本实验结果的主要因素有哪些？

九、讨论

1. 影响实验结果准确度的主要因素：

(1) 库仑计中电极称重是否准确。

(2) 迁移管中的铜电极表面必须打磨至光亮。通电时由 Cu^{2+} 还原产生的 Cu 不能在其表面均匀致密沉积，在其最下部粗糙突出处沉淀聚集并形成黑色悬挂状，很不稳定而极易脱落，影响最终的滴定结果。

(3) 如果通过溶液的电流过大，则在铜电极上迅速形成许多黑色铜颗粒悬挂物，很容易脱落搅动溶液。因而往往中途被迫终止实验。由于通过溶液的总电量太少，影响实验结果的准确度。

2. 本实验除了使用 Hittorf 迁移管外，还可以使用直型迁移管，其设计对于实验结果的准确性有直接影响。可取之处有：阴极溶液密度逐渐变小处于上部，阳极溶液密度逐渐变大处于下部，中部溶液密度不变化处于中部；实验结束时，开启底部活塞先滴出阳极溶液，其中已包含全部阳极溶液和部分中部溶液，这对分析实验结果没有影响；接下来再滴出 1/5 中部溶液；最后滴出来的是阴极溶液和部分中部溶液，还要用 2—3 mL 原来浓度的 $CuSO_4$溶液淋洗迁移管内壁及电极，这样并不影响实验结果。铜阴极和铜阳极可以用一定长度的铜芯导线做成，端部剥去橡胶绝缘层，弯曲成水平环形，其实验效果比起做成其他形状要好，且简单易行。直型迁移管有待改进之处是：如果铜阴极处理的不很光亮，通电时沉积的黑色铜颗粒往往形成极易脱落的团状悬挂物而使实验难以继续进行。

实验 11　电极制备和电池电动势的测定

一、目的

1. 理解对消法测定电池电动势的原理，掌握电位差计和标准电池的使用方法。

2. 学会制备铜电极、锌电极的方法。

3. 测定丹尼尔(Daniel)电池的电动势和铜、锌两电极的电极电势。

二、预习指导

1. 掌握电极电势、电动势的概念及产生机理。
2. 了解铜电极、锌电极的前处理及制备方法。
3. 了解电位差计的测量原理及数字式电位差计的使用方法。

三、原理

原电池是由两个"半电池"组成的,每一个半电池中包含一个电极和相应的电解质溶液,不同的半电池可以组合成各种各样的原电池。原电池中,正极起还原作用,负极起氧化作用,电池总反应为正、负极反应的总和,电池的电动势 E 为正、负极电极电势的差值,即

$E=\varphi_+-\varphi_-$(φ_+:正极的电极电势,φ_-:负极的电极电势。)

若已知一个电极的电极电势,则通过测定电动势,即可求得另一个电极的电极电势。电化学中,通常将标准氢电极的电极电势规定为零,其他电极的电极电势是以标准氢电极为标准而求的相对值。但由于标准氢电极的使用条件比较苛刻,因此常把具有稳定电极电势且易于制作的电极如甘汞电极、银-氯化银电极等作为第二类参比电极。这类电极与标准氢电极比较而得到的电势值已精确测出,在有关手册中可以查到。

例如欲测定铜电极的电极电势,可将铜电极与饱和甘汞电极组成电池:

$$Hg(l)\text{-}Hg_2Cl_2(s)\,|\,KCl(aq,\ sat)\,\|\,CuSO_4(aq)\,|\,Cu(s)$$

测出该电池的电动势 E,再从手册中查得 $\varphi_{甘汞}$,即可求出 $\varphi_{Cu^{2+}/Cu}$。

对于丹尼尔电池:

$$Zn(s)\,|\,ZnSO_4(aq)\,\|\,CuSO_4(aq)\,|\,Cu(s)$$

负极反应:

$$Zn(s)\longrightarrow Zn^{2+}(aq)+2e^-$$

正极反应:

$$Cu^{2+}(aq)+2e^-\longrightarrow Cu(s)$$

电池总反应:

$$Zn(s)+Cu^{2+}(aq)=Zn^{2+}(aq)+Cu(s)$$

电极电势 φ 与物质浓度的关系为

$$\varphi=\varphi^\ominus-(RT/zF)\ln(a_{Red}/a_{Ox}) \tag{11-1}$$

则电池电动势 E 为

$$E=\varphi_+-\varphi_-$$

$$=\varphi_{Cu^{2+}/Cu}-\varphi_{Zn^{2+}/Zn}$$
$$=\varphi_{Cu^{2+}/Cu}-\varphi^{\ominus}_{Zn^{2+}/Zn}-(RT/2F)\ln(a_{Cu}a_{Zn^{2+}}/a_{Cu^{2+}}a_{Zn})$$
$$=E^{\ominus}-(RT-2F)\ln(a_{Cu}a_{Zn^{2+}}/a_{Cu^{2+}}a_{Zn})$$

纯固体的活度为 1，$a_{Cu}=a_{Zn}=1$，所以

$$E=E^{\ominus}-(RT-2F)\ln(a_{Zn^{2+}}/a_{Cu^{2+}}) \quad (11-2)$$

电池电动势不可以直接用电压表来测量，因为用电压表测量时，整个线路中有电流通过，此时电池内部由于存在内阻而产生电位降，并在电池两电极发生化学反应，溶液浓度发生变化，使得电池电动势数值不稳定。所以，采用对消法，即在无电流的情况下，准确测定电池两电极间的电势差，其数值等于电池电动势。电位差计就是利用对消法原理测量电池电动势的仪器。

四、仪器和药品

数字式电位差计	1 台
低压直流电源(电镀用)	1 台
电极铜片	3 片
电极锌片	1 片
饱和甘汞电极	1 支
电线	若干
烧杯(50 mL)	3 个
(100 mL)	1 个
金相砂纸	若干

$ZnSO_4$溶液($m=0.100\ 0\ mol\cdot kg^{-1}$)

$CuSO_4$溶液($m=0.010\ 0\ mol\cdot kg^{-1}$)

H_2SO_4溶液($c=3\ mol\cdot L^{-1}$)

KCL 饱和溶液

$Hg_2(NO_3)_2$饱和溶液

HNO_3溶液($c=6\ mol\cdot L^{-1}$)

镀铜溶液(100 mL H_2O 中溶解 15 g $CuSO_4\cdot 5H_2O$，5 g 浓 H_2SO_4，5 g C_2H_5OH)

五、实验步骤

1. 电极制备

(1) 锌电极：先将电极锌片浸入稀硫酸(约 3 $mol\cdot L^{-1}$)中 1—2 s 以去除锌电极表面的氧化物，再用蒸馏水淋洗，然后浸入饱和硝酸亚汞溶液中 2—3 s 后取出，用滤纸轻轻擦拭电极，使锌电极表面形成一层均匀的汞齐，其表面应光亮如镜。再用蒸馏水冲洗干净

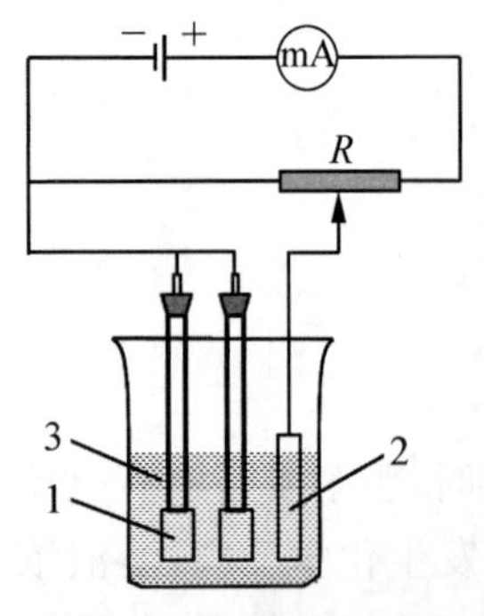

图 11-1　电镀铜装置

1—铜阴极；2—铜阳极；3—镀铜溶液

（用过的滤纸不要随便乱丢，应投入指定的有盖广口瓶内，以便统一处理。）把处理好的电极插入盛有 0.100 0 $mol \cdot kg^{-1}$ $ZnSO_4$溶液的小烧杯中，静置平衡 1 h，即制成了锌电极，待用。

（2）铜电极：取两片待镀的电极铜片，用金相砂纸打磨光亮后再用稀硝酸（约 6 $mol \cdot L^{-1}$）洗净铜电极表面的氧化物，最后用蒸馏水淋洗，然后将其作为阴极，另取一块铜片作为阳极，在镀铜溶液内进行电镀，其装置如图 11-1 所示。电镀的条件为：电流密度控制在 25 $mA \cdot cm^{-2}$左右，电镀时间 20—30 min。电镀好的铜电极表面有一致密的铜镀层，取出铜电极，用蒸馏水冲洗，分别插入盛有0.100 0 $mol \cdot kg^{-1}$和 0.010 0 $mol \cdot kg^{-1}$的 $CuSO_4$溶液的小烧杯中，静置平衡 1 h，即制成了两支不同浓度电解质溶液的铜电极，待用。

2. 电池的组合

利用双室电解池，根据实验要求组成 4 组电池。例如，按图 11-2 将铜电极与锌电极组成丹尼尔电池：

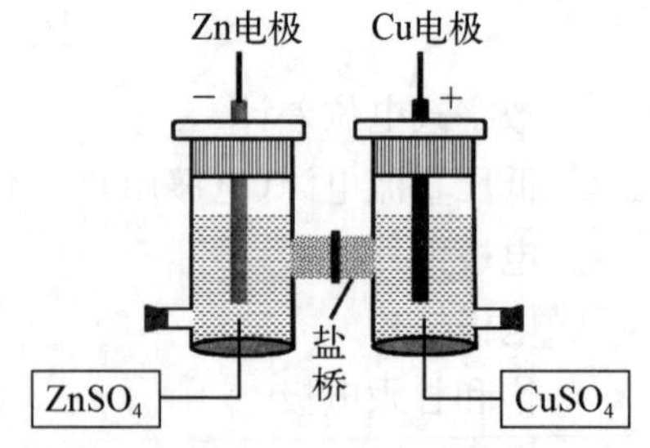

图 11-2　丹尼尔电池

Zn(s)｜$ZnSO_4$(aq，0.100 0 $mol \cdot kg^{-1}$)‖$CuSO_4$(aq，0.100 0 $mol \cdot kg^{-1}$)｜Cu(s)　（电池 1）

同法组成以下 3 组电池：

Zn(s)｜$ZnSO_4$(aq，0.100 0 $mol \cdot kg^{-1}$)‖KCl(aq，sat)｜Hg(l)-Hg_2Cl_2(s)　（电池 2）

Hg(l)-Hg_2Cl_2(s)｜KCl(aq，sat)‖$CuSO_4$(aq，0.100 0 $mol \cdot kg^{-1}$)｜Cu(s)（电池 3）

Cu(s)｜$CuSO_4$(aq，0.01 000 $mol \cdot kg^{-1}$)‖$CuSO_4$(aq，0.100 0 $mol \cdot kg^{-1}$)｜Cu(s)（电池 4）

3. 电动势的测定

（1）按要求接好电位差计的测量电池电动势的线路（电位差计使用方法参阅本书Ⅱ仪器及其使用）。

（2）分别测量上述四组电池的电动势。

六、实验注意事项

1. 电动势的测量方法属于平衡测量，在测量过程中，尽可能做到在可逆条件下进行。

2. 测量前可根据电化学基本知识，初步估算一下被测电池的电动势大小，以便在测量时迅速找到平衡点，这样可避免电极极化。

3. 要选择最佳实验条件，使电极处于平衡状态。制备锌电极需要汞齐化，成为 Zn(Hg)；制备铜电极需要电镀，铜电极电镀前应认真处理表面，将其表面用新的金相砂纸磨光，必须做到平整光亮；电镀好的铜电极不宜在空气中暴露时间过长，防止镀层氧化，应尽快洗净并置于小烧杯内的 $CuSO_4$ 溶液中，放置 1 h，待其建立平衡，再进行测量。

七、数据记录和处理

1. 记录上列四组电池的电动势测定值。

2. 温度计的校正。

从本书Ⅲ附录“物理化学实验常用数据表”中查出饱和甘汞电极的电极电势数值，由电池 2、3 的电动势测定值，计算铜电极和锌电极的电极电势。

3. 已知在 25 ℃时 0.100 0 $mol \cdot kg^{-1}$ $CuSO_4$ 溶液中铜离子的离子平均活度系数为 0.16，0.100 0 $mol \cdot kg^{-1}$ $ZnSO_4$ 溶液中锌离子的离子平均活度系数为 0.15，根据(11－1)式计算铜电极和锌电极的标准电极电势，并与标准值进行比较。

八、思考题

1. 为什么不能用电压表测量电池电动势?

2. 对消法测量电池电动势的主要原理是什么?

九、讨论

1. 现在，南京大学生产的“数字式电位差计”，缩小了仪器的体积，简化了实验步骤，使用较为方便。

2. 在电化学实验中，经常要使用盐桥，现将盐桥的制备方法介绍如下：

在装有饱和 KCl(或 KNO_3)溶液的小烧杯中加入琼脂，使琼脂的含量约为 3%，加热使得琼脂全溶，趁热灌入干燥洁净的 U 型玻璃管中至满。注意盐桥中不能存有气泡，否则会造成短路。另外，盐桥的溶胶冷凝后，管口往往出现凹面，此时用搅棒蘸一滴热溶胶加在管口即可。

制备好的盐桥置于饱和 KCl(或 KNO_3)溶液中备用。盐桥使用一段时间后应该更换，不能长期使用。

实验 12　电动势法测定化学反应的热力学函数变化值

一、目的

1. 掌握电动势法测定化学反应热力学函数变化值的原理和方法。

2. 测定不同温度下可逆电池的电动势，从而计算电池反应的热力学函数变化值 $\Delta_r G_m$、$\Delta_r H_m$ 和 $\Delta_r S_m$。

二、预习指导

1. 复习用对消法测定电动势的原理、方法及操作步骤。
2. 了解制备 Ag－AgCl 电极及其老化的方法。
3. 了解用电动势法测定化学反应热力学函数变化值的理论基础。

三、原理

在恒温恒压下，可逆电池反应的摩尔 Gibbs 自由能变化值 $\Delta_r G_m$ 与电池电动势 E 有如下关系：

$$\Delta_r G_m = -ZEF \tag{12-1}$$

$$\Delta_r G_m = \Delta_r H_m - T\Delta_r S_m \tag{12-2}$$

根据吉布斯-亥姆霍兹公式：

$$\Delta_r S_m = \left(\frac{\partial \Delta_r G_m}{\partial T}\right)_p = nF\left(\frac{\partial E}{\partial T}\right)_p \tag{12-3}$$

将(12－1)，(12－3)代入(12－2)式可得

$$\Delta_r H_m = -nEF + nFT\left(\frac{\partial E}{\partial T}\right)_p \tag{12-4}$$

所以，在常压下测定一定温度下电池的电动势，即可根据(12－1)式求得电池反应的 $\Delta_r G_m$。从不同温度时的电池电动势值可求得 $(\partial E/\partial T)_p$，再根据(12－3)、(12－4)式分别求得该电池反应的 $\Delta_r S_m$ 和 $\Delta_r H_m$。

本实验测定以下电池的电动势：

$$Ag(s)\text{-}AgCl(s) \mid \text{饱和 KCl 溶液} \mid Hg_2Cl_2(s)\text{-}Hg(l)$$

此时电池中正、负电极的电极电势分别为

$$\varphi_+ = \varphi_{\text{甘汞}} = \varphi^{\ominus}_{\text{甘汞}} - \frac{RT}{F}\ln a_{Cl^-}$$

$$\varphi_- = \varphi_{Ag\text{-}AgCl} = \varphi^{\ominus}_{Ag\cdot Cl} - \frac{RT}{F}\ln a_{Cl^-}$$

因而 $E = \varphi_+ - \varphi_-$

$$= \varphi_{\text{甘汞}} - \varphi_{Ag\text{-}AgCl} = \left(\varphi^{\ominus}_{\text{甘汞}} - \frac{RT}{F}\ln a_{Cl^-}\right) - \left(\varphi^{\ominus}_{Ag\text{-}AgCl} - \frac{RT}{F}\ln a_{Cl^-}\right)$$

$$= \varphi^{\ominus}_{\text{甘汞}} - \varphi^{\ominus}_{Ag\text{-}AgCl}$$

由上可知，如在 298 K 时测定此电池的电动势 E，就可求得电池反应的 $\Delta_r G_m$(298 K)，

如改变温度测定该电池的电动势，得到$(\partial E/\partial T)_p$后，就可求得$\Delta_r H_m$(298 K)和$\Delta_r S_m$(298 K)。

四、仪器和药品

数字式电位差计	1台
低压直流电源(电镀用)	1台
超级恒温槽	1台
电解池装置	1套
饱和甘汞电极	1支
银电极	1支
铂电极	1支
烧杯(100 mL)	1只
(50 mL)	2只
电线	若干
KCl溶液(饱和)	

五、实验步骤

1. Ag－AgCl电极的制备

将市售银电极用蒸馏水冲洗后作阳极，铂电极作为阴极，对0.1 mol·L^{-1} HCl溶液进行电解，电流控制为5 mA左右，通电20 min后就可在银电极表面形成致密紫褐色AgCl镀层，制好的Ag－AgCl电极不用时应放入含有少量AgCl沉淀的稀HCl溶液中，并于暗处保存。

2. 电池的组合

利用双室电解池，将Ag－AgCl电极、甘汞电极组合成下列电池：

$$Ag-AgCl(s) \mid KCl饱和溶液 \mid Hg_2Cl_2(s)-Hg(l)$$

3. 电池电动势的测定

利用电位差计测量温度为298 K及308 K时上述电池的电动势(电位差计使用方法参阅本书Ⅱ仪器及其使用)。

六、实验注意事项

1. 本实验所用试剂应为分析纯级，溶液用重蒸馏水配制，所用容器应充分洗涤干净，最后用重蒸馏水冲洗。

2. 确保 KCl 溶液达到饱和。

3. 测定开始时,电池电动势值较不稳定,因此需每隔一定时间测定一次,到稳定时为止。

七、数据记录和处理

1. 记录 298 K 和 308 K 时的电池电动势值 E(298 K)和 E(308 K)。

2. 用 298 K 时测得的电动势值,计算电池反应的 $\Delta_r G_m$(298 K)。

3. 根据 298 K 和 308 K 时的 E(298 K)和 E(308 K),求出$(\partial E/\partial T)_p$,并计算反应的 $\Delta_r S_m$(298 K)和 $\Delta_r H_m$(298 K)。

4. 将实验所得电池反应的各热力学函数变化值与文献值比较。

八、思考题

1. 本实验所测电池电动势与电池中 KCl 的浓度是否有关?为什么?

2. 为什么在开始测定时,电池电动势值会不稳定,而在最后达到稳定?

九、讨论

1. 本实验所采用的电池 Ag(s)- AgCl(s) | KCl 饱和溶液 | Hg_2Cl_2(s)- Hg(l),其电极反应为:

正　极:$1/2\ Hg_2Cl_2(s) + e^- \longrightarrow Hg(l) + Cl^-$

负　极:$Ag(s) + Cl^- - e^- \longrightarrow AgCl(s)$

电池反应:$Ag(s) + 1/2\ Hg_2Cl_2(s) \longrightarrow AgCl(s) + Hg(l)$

上述反应中反应物与产物均是固体或纯液体,因此,实验测定时压力虽不一定是 100 kPa,但影响不大,可忽略不计。通过测定该电池在 298 K 时的电动势及其温度系数后所求得的 $\Delta_r G_m$(298 K)、$\Delta_r H_m$(298 K)和 $\Delta_r S_m$(298 K),即分别为该电池反应的 $\Delta_r G_m^\ominus$(298 K)、$\Delta_r H_m^\ominus$(298 K)和 $\Delta_r S_m^\ominus$(298 K)。

2. 要提高实验测量的精密度,减少误差,Ag(s)- AgCl(s)电极的制备非常关键,刚制好的 Ag(s)- AgCl(s)电极插入饱和 KCl 溶液后其 φ 值会随时间发生变化,这是因为电极与 KCl 溶液建立起电化学平衡需要时间,这种现象称为老化。对于 Ag(s)- AgCl(s)电极的老化问题,建议用如下方法解决:(1) 在实验前一天先制备 Ag(s)- AgCl(s)电极,然后将其置于含 AgCl 沉淀的饱和 KCl 溶液中过夜;(2) 将 Ag(s)- AgCl(s)电极置于 333 K 左右含 AgCl 沉淀的饱和 KCl 溶液中可加速老化。

实验 13　电导法测定醋酸的平衡常数

一、目的

1. 掌握用电导法测定弱电解质解离平衡常数的方法。
2. 计算醋酸的解离平衡常数。
3. 掌握电导率仪的使用方法。

二、预习指导

1. 了解用电导法测定醋酸解离平衡常数的原理和方法。
2. 了解电导率仪的使用方法及铂黑电极的使用与保管方法。
3. 了解双管电导池的结构与使用方法。
4. 了解本实验的注意事项。

三、原理

1－1 价型弱电解质在溶液中达到电离平衡时，解离平衡常数 K_c 与浓度 c、电离度 α 之间存在如下关系

$$K_c=\frac{c\alpha^2}{1-\alpha} \tag{13-1}$$

弱电解质在浓度 c 时的电离度等于摩尔电导率 Λ_m 与无限稀释摩尔电导率 Λ_m^∞ 之比，即

$$\alpha=\frac{\Lambda_m}{\Lambda_m^\infty} \tag{13-2}$$

将式(13－2)代入式(13－1)整理可得

$$c\Lambda_m=K_c\Lambda_m^{\infty 2}\frac{1}{\Lambda}-K_c\Lambda_m^\infty \tag{13-3}$$

式中：不同浓度 c 时的 Λ_m 可通过测定电导率根据下式求得

$$\Lambda_m=\frac{k}{c} \tag{13-4}$$

本实验所用的弱电解质 HAc 的无限稀释摩尔电导率可以通过查表根据下式计算得到

$$\Lambda_m^{\infty}(\text{HAc})=\Lambda_m^{\infty}(\text{H}^+)+\Lambda_m^{\infty}(\text{Ac}^-) \tag{13-5}$$

根据式(13-3)，以 $c\Lambda_m$ 对 $1/\Lambda_m$ 作图可得一条直线，从直线的斜率或截距即可求得醋酸的解离平衡常数 K_c。

四、仪器和药品

电导率仪	1台
恒温槽	1套
双管式电导池	1个
铂黑电导电极(260 型)	1支
移液管(20 mL)	5支
HAc 溶液(c=0.100 0 mol·L^{-1})	

五、实验步骤

1. 将恒温槽的温度调至 25±0.1 ℃。

2. 调节电导率仪(参阅本书Ⅱ仪器及其使用)。

3. 25 ℃时醋酸溶液电导率的测定

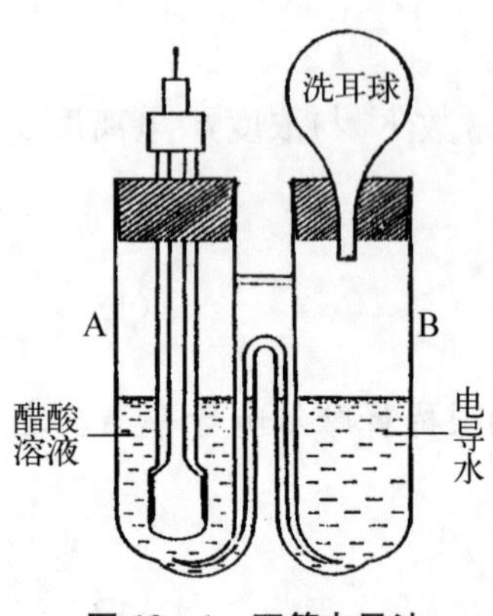

图 13-1 双管电导池

(1) 待恒温槽温度稳定至 25±0.1 ℃后，将一个干燥洁净的双管电导池(见图 13—1)置于恒温槽中，用移液管取40 mL新配置的 0.100 0 mol·L^{-1}的醋酸溶液加入双管电导池的 A 管中。从蒸馏水中取出铂黑电极(铂黑电极不用时应浸在蒸馏水中)擦干后插入 A 管塞好，溶液应高出铂黑电极片约 2 cm。恒温 10 min 后测定醋酸溶液的电导率。

(2) 用吸取相同浓度醋酸溶液的移液管从双管电导池 A 管中吸出 20 mL 溶液弃去，用另一支移液管取 20 mL 电导水注入双管电导池的 B 管中，恒温 10 min。松动 A 管上的塞子，B 管上加上有孔的橡皮塞，用洗耳球将 B 管内电导水的一半压入 A 管，再将 A 管内溶液吸入 B 管，复又压入 A 管，如此反复数次，确保溶液混合均匀后，塞好两管的塞子，测定醋酸溶液的电导率。

(3) 用相同的方法再稀释、测定溶液 3 次。

4. 电导水电导率的测定

倒掉醋酸溶液，洗净双管电导池，最后用电导水淋洗。将电导池置于恒温槽中，加入 40 mL 电导水，恒温 10 min。将铂黑电极洗净后放入电导池中测定电导水的电导率。

六、实验注意事项

1. 本实验配置溶液时需用电导水。
2. 测定前必须将铂黑电极及双管电导池洗涤干净,以免影响测定结果。
3. 测量过程中“温度补偿”旋钮应始终置于“25 ℃”。
4. 温度会影响电导率,因此测量时应注意保持恒温条件,待测液一般需恒温 10 min。
5. 电导率仪不用时,应把铂黑电极置于蒸馏水中,以免干燥致使表面发生改变。

七、数据记录和处理

1. 将有关数据填入下表

室温________ 大气压________

c(HAc,标准溶液)________ κ(电导水)________

表 13-1 实验数据记录表

$c/\text{mol}\cdot\text{L}^{-1}$	$\kappa/\text{S}\cdot\text{m}^{-1}$	$\Lambda_m/\text{S}\cdot\text{m}^2\cdot\text{mol}^{-1}$	$c\Lambda_m/\text{S}\cdot\text{m}^{-1}$	$1/\Lambda_m/\text{mol}\cdot\text{S}^{-1}\cdot\text{m}^{-2}$
0.100 0				
0.050 0				
0.025 0				
0.012 5				
0.006 25				

2. 已知 298.2 K 时,无限稀释溶液中离子的无限稀释摩尔电导率 $\Lambda_m^\infty(H^+)=349.82\times10^{-4}\ \text{S}\cdot\text{m}^2\cdot\text{mol}^{-1}$,$\Lambda_m^\infty(Ac^-)=40.9\times10^{-4}\ \text{S}\cdot\text{m}^2\cdot\text{mol}^{-1}$。计算 Λ_m^∞(HAc)。

3. 以 $c\Lambda_m$ 对 $1/\Lambda_m$ 作图,根据直线的斜率或截距求醋酸的解离平衡常数 K_c。根据式(13-1)求不同浓度醋酸溶液的解离度 α。

八、思考题

1. 测电导时为什么要在恒温条件下进行?
2. 实验中为何要测定纯电导水的电导率?
3. 使用铂黑电极时注意事项有哪些?

九、讨论

1. 电导测定可以直接用来解决一些化学问题,比如计算水的离子积、难溶盐的溶解度和弱电解质的解离度等。对于这些体系,因浓度极低,难以用一般的分析方法精确测定。

相反，因为离子间的相互作用可以忽略，才有 $\Lambda_m = \alpha \Lambda_m^\infty$ 成立，这就为电导法解决问题提供了方便。根据式(13-5)可得

$$\alpha c = \frac{\kappa}{\Lambda_m^\infty} \tag{13-6}$$

对于强电解质溶液(如 AgCl、$PbSO_4$ 等)，$\alpha=1$，通过 κ 和 Λ_m^∞ 可计算出其溶解度 c；对于弱电解质(如 HAc 等)，通过 κ、Λ_m^∞ 和 c 可计算出解离度 α。其中 Λ_m^∞ 可查表得到。因此，电导法解决这类问题可归结为电导率 κ 的精确测量。

2. 应用电导法测量可以解决许多实际问题，它是电化学测量技术中最基本的方法之一，具有准确、快速的优点，所以在实际中得到广泛的应用。如水质的检验、电导滴定、通过测定电导确定工业用水的含盐量以及增大溶液的电导使电解时能耗降低等等。通过本实验的学习，希望同学们学会运用电导知识分析电解质溶液的一些性能。25 ℃时醋酸解离平衡常数的文献值为 $K_c^\ominus = 1.754\times10^{-5}$，将计算结果与此比较，分析产生误差的原因，并对本实验装置的测量精度作出评价。

实验 14　电导法测定水溶液表面活性剂的临界胶束浓度

一、目的

1. 进一步掌握电导率仪的使用方法。
2. 测定十二烷基硫酸钠水溶液的临界胶束浓度。

二、预习指导

1. 了解表面活性剂临界胶束浓度的概念。
2. 了解用电导法测定水溶液表面活性剂的临界胶束浓度的原理和方法。
3. 掌握电导率仪的使用方法及铂黑电极的使用与保管方法。

三、原理

在某一系统(通常是指水为溶剂的系统)中以低浓度存在时就能显著降低该系统表面张力的物质称为表面活性剂。表面活性剂是由亲水性的极性基团和憎水性的非极性基团组成的有机化合物，它的非极性憎水基团(又称为亲油性基团)一般是 8～18 个碳的直链烃(也可能是环烃)，所以表面活性剂都是两亲分子，吸附在水溶液表面时采取极性基团向着水而非极性基团远离水(即头浸在水里，尾竖在水面上)的表面定向。若按离子的类型分类，可以将表面活性剂分为四类。

① 阴离子型表面活性剂：如羧酸盐（肥皂，$C_{17}H_{35}COONa$），烷基硫酸盐（十二烷基硫酸钠，$CH_3(CH_2)_{11}SO_4Na$），烷基磺酸盐（十二烷基苯磺酸钠，$CH_3(CH_2)_{11}C_6H_5SO_3Na$）等。

② 阳离子型表面活性剂：如十二烷基二甲基氯化胺（$CH_3(CH_2)_{11}N(CH_3)_2Cl$）。

③ 非离子型表面活性剂：如聚氧乙烯类（$RO(CH_2CH_2O)_n$—H）。

④ 两性离子表面活性剂：如氨基乙酸盐型两性表面活性剂（$RNH(CH_2)_nCOOH$）。

当离子型表面活性剂的浓度较低时，以单个分子形式存在。当溶解浓度逐渐增大时，不但表面上聚集的表面活性剂增多而形成单分子层，而且溶液内的表面活性剂分子也三三两两地以憎水基互相靠拢，聚集在一起开始形成胶束。形成胶束的最低浓度称为临界胶束浓度（critical micelle concentration，CMC）（图 14－1）。

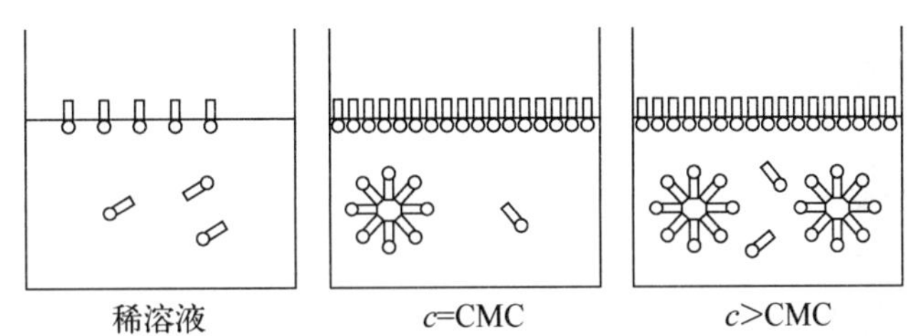

图 14－1　胶束在水溶液中的形成过程示意图

临界胶束浓度可用各种不同的方法进行测定，而采用的方法不同，测得的 CMC 值也有些差别。CMC 值一般是一个临界胶束浓度的范围，在该浓度范围前后不仅表面张力有显著的变化，溶液的其他物理性质也有很大的变化，如渗透压、电导率、去污能力等（图 14－2）。因此，在这些物理性质对浓度的曲线上，在临界胶束浓度范围内会出现明显的转折。这个现象是测定 CMC 的实验依据。

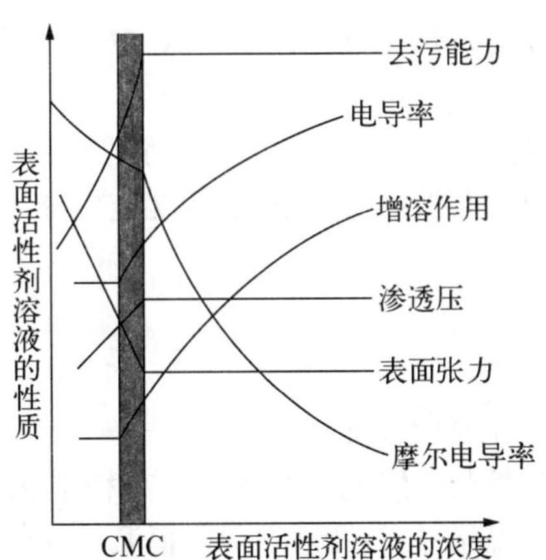

图 14－2　表面活性剂溶液的物理性质随浓度变化关系曲线

本实验利用电导率仪测定不同浓度的十二烷基硫酸钠水溶液的电导率，并作电导率对浓度的关系曲线。从曲线上的转折点处即可得到临界胶束浓度范围。

四、仪器和药品

电导率仪	1台
电子天平	1台
恒温槽	1套
大试管	1个
铂黑电导电极(260型)	1支
烧杯(50 mL)	1个
移液管(5 mL)	1支
容量瓶(50 mL)	10个
十二烷基硫酸钠(A.R.)	

五、实验步骤

1. 配制不同浓度的十二烷基硫酸钠溶液

将十二烷基硫酸钠充分烘干后，用电导水或重蒸馏水精确配制10—12个浓度范围在2×10^{-3}—2×10^{-2} mol·L^{-1}的十二烷基硫酸钠溶液各50 mL。

2. 将恒温槽的温度调至25±0.1 ℃。开通并调节电导率仪(参阅本书Ⅱ仪器及其使用)。

3. 十二烷基硫酸钠溶液电导率的测定

待恒温槽温度稳定至25±0.1 ℃后，用电导率仪按照从稀到浓的顺序分别测定不同浓度十二烷基硫酸钠溶液的电导率。每次测定前用待测液润洗试管和电极3次以上，并将待测液恒温10 min。每个溶液的电导率测定3次，取平均值。

4. 电导水电导率的测定

倒掉十二烷基硫酸钠溶液，洗净试管和电极。将试管置于恒温槽中，加入20 mL电导水，恒温10 min。将铂黑电极洗净后放入试管中测定电导水的电导率。

六、实验注意事项

1. 配制溶液时要保证固体完全溶解。
2. 测定不同浓度的十二烷基硫酸钠水溶液的电导率时，需按照由稀到浓的顺序。
3. 测量时应注意保持恒温条件，待测液一般需恒温10 min。

七、数据记录和处理

1. 将有关数据填入下表。

室温________　　　　大气压________

κ(电导水)________

表 14-1 实验数据记录表

c/mol·L^{-1}	κ/S·m^{-1}

2. 以 κ 对浓度 c 作图。
3. 从曲线的转折处找到 CMC。

八、思考题

1. 测定不同浓度的十二烷基硫酸钠溶液的电导率时为什么要按照由稀到浓的顺序?
2. 实验中为何要测定纯电导水的电导率?

十、讨论

CMC 可看作表面活性剂对溶液表面活性的一种量度。CMC 越小,表示达到表面饱和吸附所需浓度越低。CMC 是使表面活性剂水溶液的性质发生显著变化的一个"分水岭",体系的多种性质都会在 CMC 处发生比较明显的变化。测定 CMC 的方法有多种,如电导法、表面张力法、比色法、增溶法、紫外分光光度法等。这些方法都是从表面活性剂溶液的物理化学性质随浓度变化关系求得。

(1) 电导法 利用离子型表面活性剂水溶液电导率随浓度的变化关系,从电导率对浓度曲线或摩尔电导率 Λ_m—$c^{1/2}$ 曲线上,根据转折点求 CMC。电导法是一种经典的方法,简便可靠。但此法只适用于离子型表面活性剂,而对 CMC 较大、表面活性低的表面活性剂,灵敏度会降低。过量无机盐的存在也会降低测定的灵敏度。本实验采用此种方法测定 CMC。

(2) 表面张力法 测定不同浓度下表面活性剂水溶液的表面张力,以表面张力对表面活性剂浓度的对数作图,由曲线的折点来确定 CMC。若存在杂质,往往在表面张力—浓度曲线上,在 CMC 附近出现表面张力极小值。由此可判定产品是否纯净。表面张力法对离子型和非离子型表面活性剂均适用,且不受无机盐存在的干扰。

(3) 比色法 利用某些染料在水中和在胶束中的颜色有明显差别的性质,先在大于 CMC 的表面活性剂溶液中,加入很少的染料,染料被溶于胶束中,呈现某种颜色。然后用水滴定稀释此溶液,直至溶液颜色发生显著变化,此时的浓度即为 CMC。比色法的问题在于有时颜色变化不够明显,使 CMC 不易准确测定。

(4) 增溶法 利用表面活性剂溶液对有机物增溶能力随浓度的变化,在 CMC 处有明显转折来确定。

(5) 紫外分光光度法　不同的溶液有不同的特征谱，将待测样品配成一定浓度的溶液，测得不同浓度下的紫外吸收波长λ_{max}，绘制λ_{max}—c 曲线，曲线转折点处的浓度即为表面活性剂的 CMC 值。该方法简单、准确而有效，可测定多种表面活性剂的 CMC 值。该方法受盐类等杂质影响较小，因此，可以用于纯度不高的工业用混合表面活性剂 CMC 值的测定。

实验 15　电势—pH 曲线的测定及应用

一、目的

1. 掌握电极电势和 pH 的测定原理和方法。
2. 测定 Fe^{3+}/Fe^{2+} – EDTA 络合体系在不同 pH 条件下的电极电势，绘制电势– pH 曲线。
3. 了解电势– pH 曲线的意义及应用。

二、预习指导

1. 分别理解电池电动势、电极电势和 pH 的测定原理。
2. 了解酸度计和电位差计的使用方法。
3. 了解本实验的注意事项。

三、原理

许多氧化还原反应不仅与溶液中的离子浓度有关，而且与溶液的 pH 有关。即电极电势与溶液的浓度和酸度成函数关系。此时如果指定溶液的浓度，则电极电势只与溶液的 pH 有关。改变溶液的 pH，同时测定相应的电极电势，然后以电极电势对 pH 作图，这样就绘制出等温、等浓度的电势—pH 曲线，也称为电势—pH 图。本实验讨论 Fe^{3+}/Fe^{2+} – EDTA 体系的电势—pH 曲线(图 15 – 1 所示)。

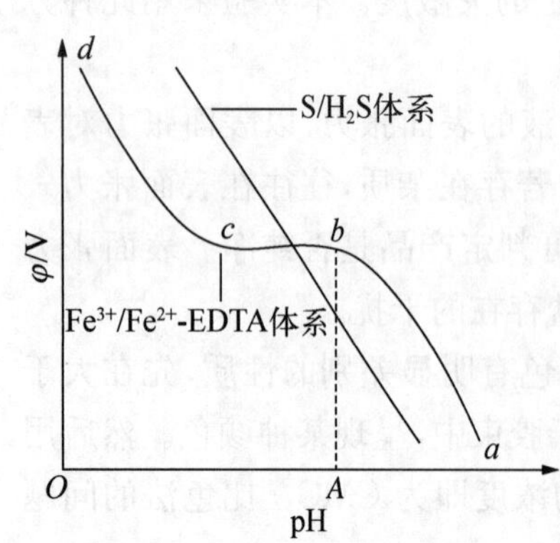

图 15 – 1　电势与 pH 关系示意图

对于 Fe^{3+}/Fe^{2+} – EDTA 体系，在不同 pH 时，其络合产物不同。以 Y^{4-} 代表 EDTA 的酸根离子。下面我们将 pH 分成三个区间来讨论其电极电势的变化。

1. 在高 pH 时，溶液中存在的络合物为$Fe(OH)Y^{2-}$

和 FeY^{2-}，体系的电极反应方程式为

$$Fe(OH)Y^{2-} + e^- \xlongequal{\quad} FeY^{2-} + OH^-$$

根据能斯特(Nernst)方程，其电极电势为

$$\varphi = \varphi^{\ominus} - \frac{RT}{F}\ln\frac{a(FeY^{2-}) \times a(OH^-)}{a[Fe(OH)Y^{2-}]} \tag{15-1}$$

式中：$\varphi^{\ominus}$为标准电极电势，a 为活度。

已知 a 与活度系数 γ 和质量摩尔浓度 m 的关系为

$$a = \gamma \times m \tag{15-2}$$

同时考虑在稀溶液中水的活度积 K_w 可以看作水的离子积，又按照 pH 定义，则(15-1)式可改写为

$$\varphi = \varphi^{\ominus} - \frac{RT}{F}\ln\frac{\gamma(FeY^{2-}) \times K_W}{\gamma[Fe(OH)Y^{2-}]} - \frac{RT}{F}\ln\frac{m(FeY^{2-})}{m[Fe(OH)Y^{2-}]} - \frac{2.303RT}{F}pH \tag{15-3}$$

令 $b_1 = \frac{RT}{F}\ln\frac{\gamma(FeY^{2-}) \times K_W}{\gamma[Fe(OH)Y^{2-}]}$，在溶液离子强度和温度一定时，$b_1$ 为常数。则

$$\varphi = (\varphi^{\ominus} - b_1) - \frac{RT}{F}\ln\frac{m(FeY^{2-})}{m[Fe(OH)Y^{2-}]} - \frac{2.303RT}{F}pH \tag{15-4}$$

当 EDTA 过量时，生成的络合物的浓度可近似地看作配置溶液时铁离子的浓度，即 $m(FeY^{2-}) \approx m(Fe^{2+})$，$m[Fe(OH)Y^{2-}] \approx m(Fe^{3+})$。当 $m(Fe^{3+})$ 与 $m(Fe^{2+})$ 比例一定时，φ 与 pH 呈线性关系，如图 ab 段。

2. 在特定的 pH 范围内，Fe^{2+} 和 Fe^{3+} 分别与 EDTA 生成稳定的络合物 FeY^{2-} 和 FeY^-，其电极反应为

$$FeY^- + e^- \xlongequal{\quad} FeY^{2-}$$

电极电势表达式为

$$\begin{aligned}\varphi &= \varphi^{\ominus} - \frac{RT}{F}\ln\frac{a(FeY^{2-})}{a(FeY^-)} = \varphi^{\ominus} - \frac{RT}{F}\ln\frac{\gamma(FeY^{2-})}{\gamma(FeY^-)} - \frac{RT}{F}\ln\frac{m(FeY^{2-})}{m(FeY^-)} \\ &= (\varphi^{\ominus} - b_2) - \frac{RT}{F}\ln\frac{m(FeY^{2-})}{m(FeY^-)}\end{aligned} \tag{15-5}$$

式中：$b_2 = \frac{RT}{F}\ln\frac{\gamma(FeY^{2-})}{\gamma(FeY^-)}$，在温度一定时，$b_2$ 为常数，在此 pH 范围内，该体系的电极电势只与 $m(FeY^{2-})/m(FeY^-)$ 的值有关，或者说只与配制溶液的 $m(Fe^{2+})/m(Fe^{3+})$ 的值有关。曲线中出现平台区，如图中 bc 段。

3. 在低 pH 时，体系的电极反应为

$$FeY^- + H^+ + e^- = FeHY^-$$

同理求得电极电势为

$$\varphi=(\varphi^{\ominus}-b_3)-\frac{RT}{F}\ln\frac{m(\mathrm{FeHY^-})}{m(\mathrm{FeY^-})}-\frac{2.303RT}{F}\mathrm{pH} \tag{15-6}$$

式中：b_3 亦为常数。在 $m(Fe^{2+})/m(Fe^{3+})$ 的值不变时，φ 与 pH 呈线性关系，如图 cd 段。

由此可见，只要将待测体系与惰性金属组成电极，再与另一参比电极组合成电池，测定该电池的电动势，即可求得该体系的电极电势。与此同时采用酸度计测出相应条件下的 pH，从而绘制出电势—pH 曲线。

四、仪器和药品

电位差计	1 台
数字式 pH 计	1 台
200 mL 五颈瓶（带恒温套）	1 只
电磁搅拌器	1 台
电子天平	1 台
饱和甘汞电极	1 支
玻璃电极	1 支
铂电极	1 支
超级恒温槽	1 套
10 mL 酸式滴定管	1 支
50 mL 碱式滴定管	1 支

烧杯若干

三氯化铁（$FeCl_3\cdot 6H_2O$，A.R.）

氯化亚铁（$FeCl_2\cdot 4H_2O$，A.R.）

乙二胺四乙酸二钠盐二水化合物（EDTA，A.R.）

盐酸（HCl，A.R.）

氢氧化钠（NaOH，A.R.）

高纯氮气（钢瓶）

pH＝4.00 和 6.86 的标准缓冲溶液

五、实验步骤

1. 测量装置安装

按照测量装置图（15－2），连接好各线路。

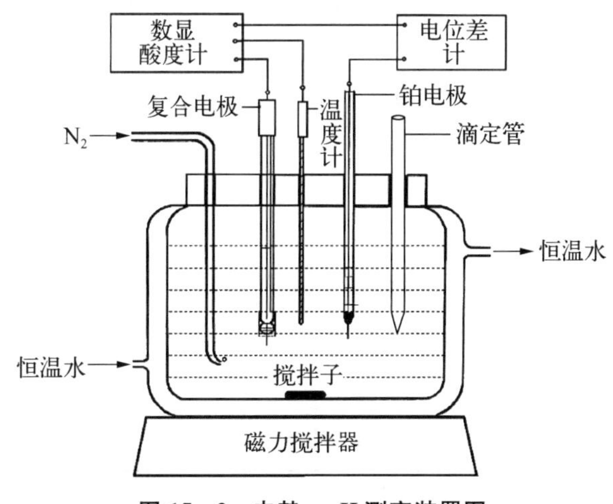

图 15－2 电势—pH 测定装置图

2. 溶液配制

先将五颈瓶洗净，迅速称取 1.720 9 g $FeCl_3 \cdot 6H_2O$，1.175 1 g $FeCl_2 \cdot 4H_2O$，加入反应容器，另称取 7.003 5 g EDTA 二钠盐二水化合物，用少量蒸馏水溶解后倾入五颈瓶中，在迅速搅拌的情况下用碱式滴定管缓慢滴加 2% NaOH 溶液直至瓶中溶液的 pH 在 7.5 到 8 之间(注意避免局部生成 $Fe(OH)_3$沉淀)，通入氮气，最后控制总水量约 125 mL，用碱量约 1.5 g。

将复合玻璃电极、甘汞电极、铂电极分别插入反应器盖子上的圆孔内，浸于液面下，调节超级恒温槽水温为 25 ℃，通入反应器夹套，保持容器内溶液温度恒定。复合玻璃电极引线接至 pH 计的专用接口，铂电极和甘汞电极引线分别与电位差计的"＋""－"极连接，测量的电动势是相对于饱和甘汞电极的电极电势。

3. 酸度计和电位差计校正

酸度计和电位差计的原理及使用方法参阅本书Ⅱ仪器及其使用。

4. 电极电势和 pH 的测定

保持合适搅拌速度，首先分别从电位差计和酸度计直接读取并记录电动势与相应的 pH。随后用 10 mL 的酸式滴定管滴加 4 $mol \cdot L^{-1}$的 HCl 溶液调节 pH，每次改变约0.2，待读数稳定后记录准确的 pH，并测定电动势，然后逐一进行测定，得出该溶液的一系列的 pH 和电动势，直到溶液的 pH 为 3 左右。然后，按上述方法用 2 $mol \cdot L^{-1}$ NaOH 调节溶液 pH 至 8 左右，同样记录有关数据。实验结束后取出复合玻璃电极，用水冲洗后装入保护套中，甘汞电极置于饱和 KCl 溶液中，将仪器复原。

六、实验注意事项

1. $FeCl_2 \cdot 4H_2O$ 易氧化，使用时注意纯度，为防止氧化可用摩尔盐代替。

2. 搅拌速度必须加以控制，防止由于搅拌不均匀造成加入 NaOH 时，溶液上部出现少量的 $Fe(OH)_3$沉淀。

3. 甘汞电极使用时应注意 KCl 溶液需浸没水银球，但液体不可堵住加液小孔。

七、数据记录和处理

1. 将实验数据电动势 E 和 pH 填入表 15 - 1，以测得相对于饱和甘汞电极的电极电势换算至相对于标准氢电极的电极电势。

室温：________ 大气压力：始________ 终________ 平均________

表 15 - 1 实验数据记录

pH	E/mV	pH	E/mV	pH	E/mV

2. 绘制 Fe^{3+}/Fe^{2+} - EDTA 体系的电势—pH 曲线，由曲线确定 FeY^{2-} 和 FeY^{-} 稳定存在的 pH 范围。

八、思考题

1. 写出 Fe^{3+}/Fe^{2+} - EDTA 络合体系在电势平台区的基本电极反应及对应的电极电势公式的具体形式。

2. 酸度计中的复合电极有何优缺点，其使用注意事项有哪些？

3. 用酸度计和电位差计测量电动势的原理各有什么不同？

九、讨论

电势—pH 曲线在电化学分析工作中具有广泛的实际应用价值，例如元素分离、湿法冶金、金属防腐等方面。本实验讨论的 Fe^{3+}/Fe^{2+} - EDTA 体系可用于天然气脱硫。在天然气中含有的 H_2S 是一种有害物质。利用 Fe^{3+} - EDTA 溶液可将 H_2S 氧化为元素 S 而过滤除去，溶液中的 Fe^{3+} - EDTA 络合物还原为 Fe^{2+} - EDTA 络合物，通入空气又可使 Fe^{2+} - EDTA 迅速氧化为 Fe^{3+} - EDTA，从而使溶液得到再生，循环利用。其反应如下

$$2FeY^{-}+H_2S \xrightarrow{脱硫} 2FeY^{2-}+2H^{+}+S$$

$$2FeY^{2-}+1/2O_2+H_2O \xrightarrow{再生} 2FeY^{-}+2OH^{-}$$

在 EDTA 络合铁盐脱除天然气中的硫时，Fe^{3+}/Fe^{2+} - EDTA 体系的电势—pH 曲线可以帮助我们选择较适宜的脱硫条件。例如，低含硫天然气中 H_2S 含量约为 1×10^{-4} kg/m^3—6×10^{-4} kg/m^3，在 25 ℃时相应的分压为 7.29 Pa—43.65 Pa。

根据电极反应

$$S+2H^{+}+2e^{-}=\!=\!=H_2S(g)$$

在 25 ℃时的电极电势 φ 与 H_2S 的分压 p_{H_2S} 及 pH 的关系为

$$\varphi(V)=-0.072-0.029\ 61\ \lg p_{H_2S}-0.059\ 1\ pH \qquad (15-7)$$

将电极电势、p_{H_2S} 和 pH 三者的关系在中画出，如图(15 - 1)所示。

由电势—pH 图可见，对任何一定 $m(Fe^{3+})/m(Fe^{2+})$ 值的脱硫液而言，此脱硫液的电极电势与反应的电极电势之差值，在电势平台区的 pH 范围内，随着 pH 的增大而增大，到平台区的 pH 上限时，两电极电势差值最大，超过此 pH，两电极电势为定值。这一事实表明，任何具有一定的 $m(Fe^{3+})/m(Fe^{2+})$ 值的脱硫液，在它的电势平台区的上限时，脱硫的热力学趋势达最大，超过此 pH 后，脱硫趋势不再随 pH 增大而增加，保持定值。由此可知，根据图(15 - 1)，从热力学角度看，用 EDTA 络合盐法脱除天然气中的 H_2S 时，脱硫液的 pH 选择在 6.5—8 之间，或高于 8 都是合理的，但 pH 不宜大于 12，否则会有 $Fe(OH)_3$ 沉淀出来①。

实验 16　一级反应——蔗糖的转化

一、目的

1. 测定蔗糖转化的反应速率常数。
2. 理解用测旋光度的方法量度化学反应进度的原理，掌握旋光仪的使用方法。
3. 利用 Arrhenius 公式求算反应的平均活化能。

二、预习指导

1. 通过阅读实验原理与实验步骤，了解测定蔗糖水解速率常数的原理和方法。
2. 通过阅读附录中旋光仪的介绍，简单了解旋光仪的构造和使用，特别注意了解如何

① 四川大学化学系天然气脱硫科研组，四川大学学报(自然科学版)，1976(3).

快速读取旋光度数值。

三、原理

反应速率只与某一反应物浓度的一次方成正比的反应，称为一级反应。蔗糖水解反应就是属于此类反应。在 H^+ 催化作用下，蔗糖转化的反应方程式为

$$C_{12}H_{22}O_{11}(\text{蔗糖})+H_2O \xrightarrow{H^+} C_6H_{12}O_6(\text{葡萄糖})+C_6H_{12}O_6(\text{果糖})$$

其反应速率与蔗糖、水及作为催化剂的氢离子浓度有关，水作为反应物和溶剂，其量远大于蔗糖，可看作常量(例如对 1 000 g 20%的蔗糖水溶液而言，含蔗糖约为 $200\ g \cdot L^{-1}/342\ g \cdot mol^{-1}=0.6\ mol \cdot L^{-1}$，含 H_2O 约为 $800\ g \cdot L^{-1}/18\ g \cdot mol^{-1}=44\ mol \cdot L^{-1}$，若蔗糖全部水解，水的含量仍有 $43.4\ mol \cdot L^{-1}$)。实验表明，在一定的 H^+ 浓度下，蔗糖水解反应速率只与蔗糖的浓度成正比，为一级反应。其反应速率公式为

$$r=-dc/dt=kc \tag{16-1}$$

式中：t 为反应的时间；c 为时间 t 时蔗糖的浓度；k 为反应速率系数。上式积分得

$$\ln \frac{c}{c^{\ominus}}=-kt+B \tag{16-2}$$

式中：$c^{\ominus}$ 为标准态浓度；B 是积分常数。该反应的半衰期 $t_{1/2}$ 与反应速率系数 k 的关系为

$$t_{1/2}=\ln 2/k=0.693/k \tag{16-3}$$

在本实验中，因为蔗糖及其水解产物葡萄糖、果糖都含有不对称碳原子，它们都具有旋光性，即都能使透过它们的偏振光的振动面旋转一定的角度，此角度称为旋光度，以 α 表示。蔗糖、葡萄糖能使偏振光的振动面按顺时针方向旋转，为右旋物质，旋光度为正值；果糖能使偏振光的振动面按逆时针方向旋转，为左旋物质，旋光度为负值。所以，可以通过观测系统在反应过程中旋光度的变化来量度该化学反应的进度。测量体系旋光度的仪器称为旋光仪。旋光仪的原理及使用方法参阅本书Ⅱ仪器及其使用。

由于旋光度与溶液中所含物质的旋光能力、溶剂性质、溶液的浓度及厚度、光源波长以及温度等有关，因此，为了量度各种物质的旋光能力，引入“比旋光度”的概念。其定义式为

$$[\alpha]_{\lambda}^{t}=\alpha\, l^{-1}\, \rho_{B}^{-1} \tag{16-4}$$

式中：$[\alpha]_{\lambda}^{t}$ 为物质B的比旋光度；上标 t 为溶液的摄氏温度；下标 λ 为所用光源的波光，一般用钠光的D线，其波长为 589 nm；α 为测得的旋光度；l 为溶液的厚度，即旋光管的长度；ρ_B 为旋光物质B的质量浓度。

当温度、波长及溶剂一定时，各种旋光物质的 $[\alpha]_{\lambda}^{t}$ 为一定值。如以水为溶剂时，蔗糖 $[\alpha]_{D}^{20}=+66.6°$，葡萄糖的 $[\alpha]_{D}^{20}=+52.5°$，果糖的 $[\alpha]_{D}^{20}=-91.9°$。对于(16-4)式，还可

写成

$$\alpha = l\rho_B[\alpha]_\lambda^t = lMc_B[\alpha]_\lambda^t \tag{16-5}$$

式中：c_B 为旋光物质B的物质的量浓度；M 为旋光物质B的摩尔质量。由(16-5)式可知，当旋光管的长度一定时，溶液的旋光度 α 与B的物质的量浓度 c_B 成正比关系，即

$$\alpha = k_B c_B \tag{16-6}$$

式中：k_B 为比例常数；$k_B = lM[\alpha]_\lambda^t$

反应开始时，溶液中的旋光物质只有蔗糖，系统的旋光度为正值；随着反应的进行，溶液中蔗糖的量减少，葡萄糖和果糖的量逐渐增多，虽然葡萄糖和果糖二者的浓度相等，但从它们的比旋光度可以看出，果糖的左旋光性比葡萄糖的右旋光性大，因此，随着反应的进行，系统的旋光度值不断变小，由正值变为负值，系统的旋光性亦由右旋变为左旋。

设系统的起始旋光度为 α_0，时间 t 时的旋光度记为 α_t，反应终了时的旋光度记为 α_∞，依据(16-6)式可得

$$\alpha_0 = k_{蔗} c_0 \tag{16-7}$$

$$\alpha_t = k_{蔗} c + (k_{葡} + k_{果})(c_0 - c) \tag{16-8}$$

$$\alpha_\infty = (k_{葡} + k_{果}) c_0 \tag{16-9}$$

式中：$k_{蔗}$、$k_{葡}$ 和 $k_{果}$ 分别为蔗糖、葡萄糖和果糖的比例常数；c_0、c 分别为蔗糖在起始时刻和 t 时刻的浓度。

由(16-7)、(16-8)、(16-9)式联立可解得

$$c_0 = (\alpha_0 - \alpha_\infty)[k_{蔗} - (k_{葡} + k_{果})]^{-1} \tag{16-10}$$

$$c = (\alpha_t - \alpha_\infty)[k_{蔗} - (k_{葡} + k_{果})]^{-1} \tag{16-11}$$

将(16-10)、(16-11)式代入(16-2)式并整理得

$$\ln[(\alpha_t - \alpha_\infty)/(^\circ)] = -kt + B' \tag{16-12}$$

式中：B' 为常数。因此，以 $\ln[(\alpha_t - \alpha_\infty)/(^\circ)]$ 对 t 作图得一直线，从直线的斜率可求得反应速率系数 k。

如果测出不同温度时的 k 值，利用 Arrhenius 公式 $\mathrm{d}\ln k/\mathrm{d}T = E_a/(RT^2)$ 可求出反应在该温度范围内的平均活化能。

四、仪器和药品

旋光仪	1台
恒温槽	1套
秒表	1个
移液管(胖肚型，25 mL)	2支

洗耳球 1个

叉形管 1个

洗瓶(250 mL) 1个

蔗糖的水溶液(ρ=0.2 kg·L^{-1})

HCl溶液(c=2.0 mol·L^{-1})。

五、实验步骤

1. 调节恒温槽的温度到25±0.1 ℃。

2. 恒温溶液

用移液管吸取浓度为0.2 kg·L^{-1}的蔗糖水溶液25 mL(实验前现配制好)注入叉形管(见图16-2)的直管中,再用另一支移液管吸取25 cm^{3}浓度为2.0 mol·L^{-1}的HCl溶液注入叉形管的支管内,塞好玻璃塞,然后将叉形管置于25±0.1 ℃的恒温槽中恒温(恒温过程中不得混合两种液体)。

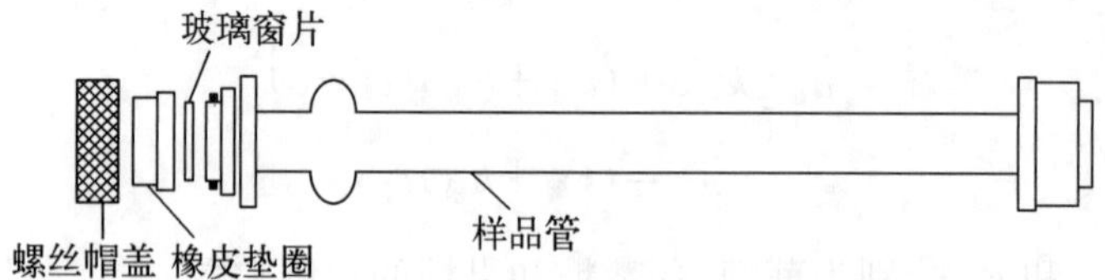

图16-1 旋光管

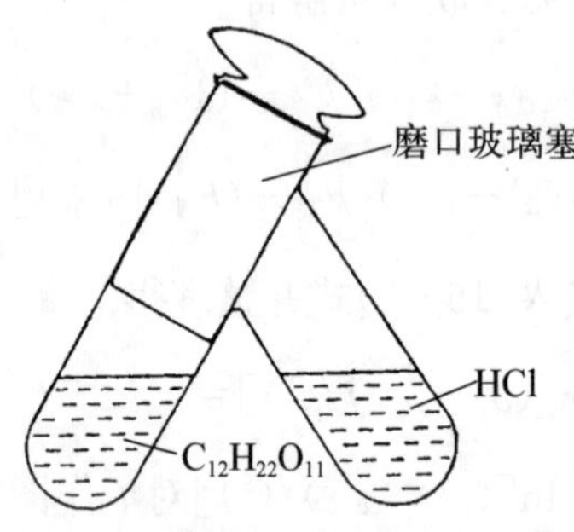

图16-2 叉形管

3. 校正旋光仪零点

打开旋光仪电源开关,使其预热五分钟以上。洗净旋光管,将远离凸肚一端(见图16-1)的盖子旋紧,由另一端向管内注去离子水,快注满时,用滴管逐滴加水,使液体形成一凸出液面。从旁边轻轻平推,盖上玻璃片。此时,管内不应当有气泡存在,否则推开玻璃片,赶走气泡,重新滴加水,小心推盖上玻璃片,再旋紧套盖,勿使漏液。旋紧套盖时应注意不要用力过大,压碎玻璃片,或会使玻璃片产生应力,影响旋光度。若溶液中有微小气泡,应将旋光管放平,设法将气泡赶至管的凸肚部分。用滤纸擦干旋光管的外面,再用镜头纸擦净两端玻璃片。将旋光管放入旋光仪内,凸肚一端位于上方,盖上旋光仪槽盖,旋调目镜使视野清晰不模糊;然后缓慢旋转检偏镜,使三分(或二分)视野明暗度相等且较

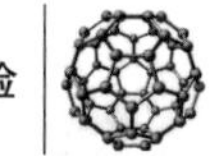

暗为止，记下刻度盘的读数，重复多次练习，直到能准确调节并快速读数。取连续三次数值相近的三个读数的平均值，此值即为旋光仪的零点。测毕取出旋光管，倒净管中蒸馏水，沥干。

4. 测定蔗糖转化过程的旋光度

(1) 测定 α_t

待叉形管中的溶液恒温 10 分钟后，取下玻璃塞，将二溶液混合(HCl 溶液加入蔗糖溶液中)反复摆动 2—3 次，使二溶液混合均匀。在开始混合的同时用秒表记录时间，直到测量结束不要停表。用少量混合均匀的溶液荡洗旋光管 2 次(每次少量，防止不够用)，然后按上面注入去离子水的方法，注满旋光管，推盖好玻璃片，旋紧套盖，并检查是否漏液和有无气泡。如使用带有恒温装置的旋光仪，事先接好恒温水。如旋光仪没有恒温装置，需将旋光管再置于恒温槽中恒温 10 分钟，取出擦干，立即放入旋光仪中，尽量在反应进行到 15 分钟时准时测定、读取旋光度，只读一次(动作要迅速熟练，不能拖拉)，同时读取反应准确时间，形成同一时刻反应时间与旋光度的对应数值。然后将旋光管重新置于恒温槽中恒温 10 分钟，相同步骤测定不同反应时间溶液的旋光度 α_t。每隔 15 分钟测一次，四次后，再每隔 20 分钟测一次，共测七次以上，每次测定要迅速准确，注意溶液旋光度与反应时间对应。

(2) 测定 α_∞

将 4(1)中旋光管中溶液倒入叉形管，与叉形管内剩余溶液混合后，置于 55 ℃的水浴中加热 40 分钟，以加速转化反应的进行，然后冷却，再恒温至 25±0.1 ℃，测其旋光度，将此值作为 α_∞。

(3) 另取 25 mL 浓度为 0.2 $kg \cdot L^{-1}$ 的蔗糖溶液和 25 cm^3 浓度为 2.0 $mol \cdot L^{-1}$ 的 HCl 溶液在 35 ℃下进行反应速率的测定(每 10 分钟测一次，共测 7 次以上)。

六、实验注意事项

1. 蔗糖的水溶液应在实验前现配制好，蔗糖在配制溶液前，需经 110 ℃烘干。

2. 在进行蔗糖水解速率常数测定以前，要反复练习，熟练掌握旋光仪的使用，能正确而迅速地读出其读数。

3. 旋光仪中的钠光灯不宜长时间开启，测量间隔时间较长时，应熄灭，以免损坏。

4. 反应速率与温度有关，故叉形管中的溶液需待恒温至实验温度后才能混合。

5. 由于混合液中酸度较大，因此，测定时旋光管外面一定要擦净后才能放入旋光仪内。实验结束时，应将旋光管洗净，防止酸对旋光管的腐蚀。

七、数据记录和处理

1. 将实验数据填入下表

室温________ 大气压力________ $c_{(HCl)}$________

恒温槽温度________ 旋光仪零点校正值________ α_∞________

表 16-1　实验数据记录表

t/min
α_t/(°)
$(\alpha_t-\alpha_\infty)$/(°)
$\ln[(\alpha_t-\alpha_\infty)/(°)]$

2. 以 $\ln[(\alpha t-\alpha\infty)/(°)]$对 t 作图

3. 由直线斜率求出 298.2 K 时蔗糖转化反应的速率系数 k(298.2 K)

由直线斜率求出 308.2 K 时蔗糖转化反应的速率系数 k(308.2 K)

4. 由 k(298.2 K)和 k(308.2 K)，利用 Arrhesnius 公式求算其平均活化能 Ea。

八、思考题

1. 蔗糖转化速率与哪些因素有关?
2. 求速率系数 k 时，所测旋光度 α_t 是否需要经仪器零点校正? 为什么?
3. 记录反应开始的时间晚了一些，是否影响速率系数 k 值的测定? 为什么?

九、讨论

1. 反应速率与反应温度有关，为保持反应过程中温度恒定，一些实验室采用带恒温水夹套的旋光管(见图 16-3)，此处不做详细说明。简易的方法是制作一空气恒温箱，将旋光仪的中段包括样品管置于恒温箱内。注意旋光仪的光源(钠光灯)应置于恒温箱外，不然钠光灯作为不受温度控制器节制的另一热源，将影响恒温箱的温度控制。

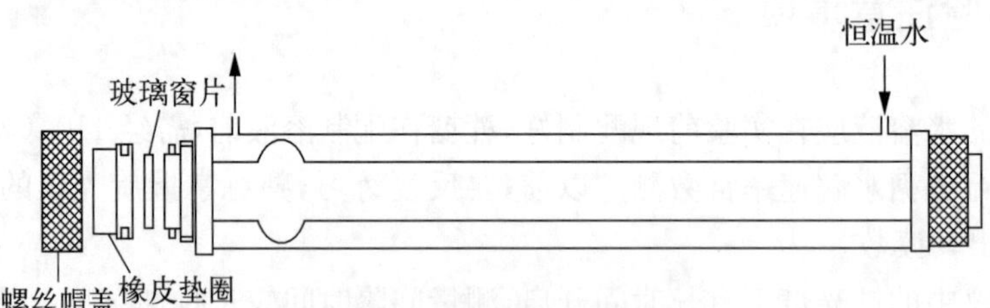

图 16-3　带有恒温水套的旋光管

本实验中需多次将旋光管置入恒温槽中恒温，为减少擦干旋光管的麻烦，可将旋光管先放入一塑料袋内，再置入恒温槽中。

2. 蔗糖的水解在酸性介质中进行时，H^+ 为催化剂，故反应是一复杂反应。反应的计量方程式显然不表示此反应的机理，反应不是双分子反应。本反应视为一级反应，完全是由实验得出的结论。

3. 298.2 K 时，体系中 HCl 浓度为 0.9 $mol \cdot L^{-1}$，蔗糖溶液的浓度为 0.2 $kg \cdot L^{-1}$，速度常数 k 的文献值为 $11.16\times10^{-3}min^{-1}$，供参考。

文献值摘自 Lamble and Lewis; Study in Catalysis, part Ⅱ, The inversion of sucrose。

实验 17 二级反应——乙酸乙酯皂化

一、目的

1. 用电导法测定乙酸乙酯皂化反应的速率常数和活化能。
2. 了解二级反应的特点。
3. 熟悉电导率仪的使用方法。

二、预习指导

1. 理解用电导法测定乙酸乙酯皂化反应的速率常数和活化能的原理。
2. 了解二级反应的特点。
3. 掌握电导率仪的使用方法及铂黑电极的使用与保管方法。
4. 掌握双管电导池的使用方法。
5. 了解本实验的注意事项。

三、原理

反应速率与反应物浓度的二次方或两种反应物浓度之积成正比的反应，称为二级反应。乙酸乙酯的皂化是一个二级反应。其反应方程式是

$$CH_3COOC_2H_5+Na^++OH^-\longrightarrow CH_3COO^-+Na^++C_2H_5OH$$

它的反应速率方程式是

$$v=\frac{d[CH_3COOC_2H_5]}{dt}=k[CH_3COOC_2H_5][OH^-] \qquad (17-1)$$

式中，k 为反应的速率常数。若用 a、b 分别表示 $CH_3COOC_2H_5$ 和 NaOH 的起始浓度；x 表示经过时间 t 后消耗掉的反应物浓度，则式(17－1)可表示为

$$\frac{dx}{dt}=k(a-x)(b-x) \qquad (17-2)$$

为便于数据处理，使两种反应物的起始浓度相同($a=b$)，则式(17－2)可以写成

$$\frac{dx}{dt}=k(a-x)^2 \qquad (17-3)$$

将式(17－3)积分得

$$\frac{x}{a(a-x)}=kt \tag{17-4}$$

本实验用电导法测定反应系统在不同反应时刻的电导来求出反应速率系数 k。

因为在乙酸乙酯皂化反应的过程中，溶液中导电能力强的 OH^- 逐渐被导电能力弱的 CH_3COO^- 取代，Na^+ 浓度不发生变化，而 $CH_3COOC_2H_5$ 和 C_2H_5OH 不具有明显的导电性，所以溶液的电导逐渐减小。故可以通过反应系统电导的变化来度量反应的进程。

由于电导率 κ、电导 G、电导池常数 K_{cell} 三者之间有如下关系

$$\kappa=K_{cell}G$$

在稀溶液中，NaOH 和 CH_3COONa 的电导率分别与其浓度成正比，若用同一电导池，K_{cell} 为常数，故在这种条件下所测的 NaOH 和 CH_3COONa 的电导分别与其浓度成正比。若令 G_0、G_t、G_∞ 分别表示反应起始时、反应时间 t 时、反应终了时溶液的电导，显然 G_0 是浓度为 a 的 NaOH 溶液的电导，G_∞ 是浓度为 a 的 CH_3COONa 溶液的电导，G_t 是浓度为 $(a-x)$ 的 NaOH 溶液与浓度为 x 的 CH_3COONa 溶液的电导之和。由此可得下式

$$G_t=G_0\frac{a-x}{a}+G_\infty\frac{x}{a} \tag{17-5}$$

解之得

$$x=a\frac{G_0-G_t}{G_0-G_\infty} \tag{17-6}$$

将式(17-6)代入式(17-4)并化简得

$$\frac{G_0-G_t}{a(G_t-G_\infty)}=kt \tag{17-7}$$

即

$$G_t=\frac{1}{ak}\frac{G_0-G_t}{t}+G_\infty \tag{17-8}$$

从式(17-8)可以看出，以 G_t 对 $\frac{G_0-G_t}{t}$ 作图，可得一直线，其斜率为 $\frac{1}{ak}$，由此就能求出反应的速率系数 k。

在不同的温度 T_1、T_2 时测出反应速率系数 $k(T_1)$、$k(T_2)$，则可由阿仑尼乌斯公式

$$\ln\frac{k(T_2)}{k(T_1)}=\frac{E_a(T_2-T_1)}{RT_1T_2} \tag{17-9}$$

计算反应的活化能 E_a。

四、仪器和药品

电导率仪　　　　　　　　　　　　　　　　　　　　1台

恒温槽	1套
双管电导池	1个
铂黑电导电极(260型)	1支
移液管(20 mL)	3支
移液管(10 mL)	1支
容量瓶(100 mL)	2个

NaOH标准溶液(c=0.2000 mol·L^{-1})

$CH_3COOC_2H_5$(A.R.)

五、实验步骤

1. 配制溶液

(1) $CH_3COOC_2H_5$溶液

向一个100 mL的容量瓶中加入蒸馏水(本实验所用蒸馏水都必须是新煮沸过的)20 mL后,将容量瓶置于天平上,然后将天平置零。用滴管向容量瓶中滴入$CH_3COOC_2H_5$,使总加入量为0.165—0.175 g之间,摇匀后再称其质量,称准至0.1 mg,记录数据。然后注入蒸馏水至容量瓶刻度线,混合均匀,并计算$CH_3COOC_2H_5$的浓度。

(2) NaOH溶液

计算配制与$CH_3COOC_2H_5$溶液浓度相同的NaOH溶液100 mL所需浓度为0.200 0 mol·L^{-1}的NaOH标准溶液的体积。用移液管准确量取NaOH标准溶液并注入100 mL的容量瓶中,用蒸馏水稀释至刻度。

2. 调节电导率仪(参阅本书Ⅱ仪器及其使用)。

3. 25 ℃时G_t和G_0的测定

调节恒温槽温度至25±0.05 ℃。将一个干燥洁净的双管电导池(见图17-1)置于恒温槽中,用移液管取20 mL新配制的NaOH溶液加入A管,用另一支移液管取20 mL $CH_3COOC_2H_5$溶液加入B管。先塞好B管的塞子,从蒸馏水中取出铂黑电极(铂黑电极不用时,应浸在蒸馏水中)插入A管塞好,溶液应高出铂黑片约2 cm。恒温10 min,松动A管上的塞子,把B管上的塞子换上有孔的橡皮塞,用洗耳球将B管溶液压入A管,当压入一半时开始计时。再用洗耳球将A管内溶液吸入B管,复又压入A管,如此反复数次,确保溶液混合均匀。塞好两管塞子,以防溶液挥发。待反应进行到6、9、12、15、20、25、30、40、50、60 min时分别测定一次电导。

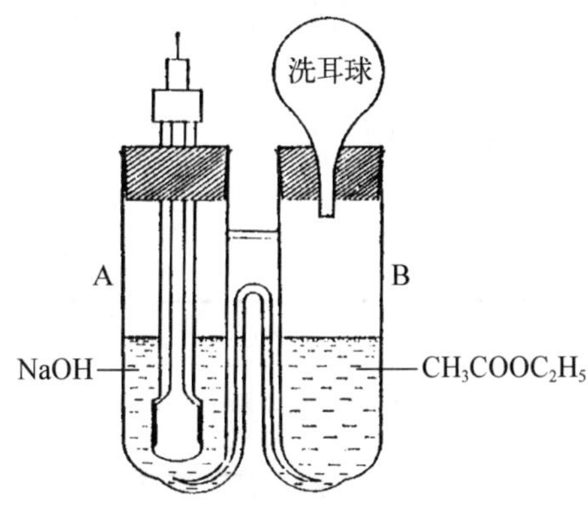

图17-1 双管电导池

取一洁净的大试管,用移液管加入20 mL新配制的NaOH溶液和20 mL蒸馏水,混合均匀后,置于恒温槽中。用蒸馏水将铂黑电极淋洗3次,再用滤纸吸干电极上的水,插入大试管塞好。恒温10 min后,测定其电导,至稳定不变为止,即为25 ℃时的G_0。

4. 35 ℃时 G_t和 G_0的测定

调节恒温槽温度至 35±0.05 ℃。将上述大试管中溶液继续恒温 10 min，测得的电导即为 35 ℃时的 G_0。

取出双管电导池，倒掉溶液，洗净吹干，同实验步骤 3，测定 35 ℃时反应进行到 6、8、10、12、15、25、30 min 时的溶液的电导。

实验完毕，将铂黑电极用蒸馏水淋洗干净并浸泡在蒸馏水里，把双管电导池洗净并置于烘箱内。

六、实验注意事项

1. 实验所用蒸馏水必须是新煮沸过的而不能是放置已久的。

2. 称量 $CH_3COOC_2H_5$时动作要迅速，防止液体挥发以保证实验精度。

3. 用双管电导池恒温 $CH_3COOC_2H_5$溶液时管口要塞紧。

4. 用洗耳球把 $CH_3COOC_2H_5$溶液压入 NaOH 溶液时动作要迅速。同时不能用力过大，以防损坏双管电导池。

5. 初次对电导仪进行调试时，应当先把范围选择器调至最大量程位置。每次用电导仪进行测量时，都应当提前进行仪器校正。

6. 恒温槽温度波动应当控制在±0.05 ℃范围内。

七、数据记录和处理

1. 将有关数据填入下表

室温________　　　　大气压________

$m(CH_3COOC_2H_5)$________　　　　$c(CH_3COOC_2H_5)$________

c(NaOH，标准溶液)________　　　　V(NaOH，标准溶液)________

表 17-1　实验数据记录表

25 ℃			35 ℃		
t/min	G_t/S	$\frac{(G_0-G_t)/t}{S\cdot min^{-1}}$	t/min	G_t/S	$\frac{(G_0-G_t)/t}{S\cdot min^{-1}}$
6			6		
9			8		
12			10		
15			12		
20			15		
25			20		
30			25		

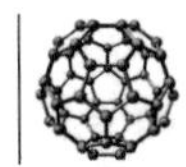

续 表

25 ℃	35 ℃
40	30
50	
60	

2. 分别以 25 ℃和 35 ℃时的 G_t 对 $\frac{G_0-G_t}{t}$ 作图，求其直线的斜率并由此计算出 25 ℃和 35 ℃时的 k 值。

3. 按式(17－9)计算乙酸乙酯皂化反应的活化能 E_a。

八、思考题

1. 为什么本实验要在恒温条件下进行？而且 NaOH 溶液和 $CH_3COOC_2H_5$ 溶液在混合前还要预先恒温？

2. 如何从实验结果来验证乙酸乙酯皂化反应为二级反应？

九、讨论

1. 影响实验准确度，作图时线性不佳的主要因素有：

(1) 如果恒温槽的温度波动超过±0.05 ℃范围，会对皂化反应的速度与作图时的线性产生较大影响。

(2) 如果配制溶液时所用的蒸馏水存放已久，其中会溶解一些 CO_2，与溶液中的 NaOH 发生反应，降低 NaOH 溶液浓度。实验所用的蒸馏水应当煮沸，最好用新生产的去离子水。

(3) $CH_3COOC_2H_5$ 极易挥发，在水溶液中也易挥发，在配制、量取、恒温其溶液时，如果操作不迅速，容器不密封，都会造成挥发损失，使溶液浓度降低。

(4) 在用洗耳球把 $CH_3COOC_2H_5$ 溶液压入 NaOH 溶液时，如果动作不迅速，反应的起始时间记录不准，会产生误差。初次实验者可于实验开始前进行模拟试验。

(5) 使用电导仪进行测量时，若不经常进行仪器校正，会产生测量误差。应当在每次测量前 1 分钟校正好仪器。

(6) 本实验采用自己设计的双管电导池，可固定在恒温槽内，插入铂黑电极与 NaOH 溶液一起恒温，$CH_3COOC_2H_5$ 溶液与 NaOH 溶液分装在 A、B 两管内，经连通弯管可充分混合，把反应开始时的溶液温差影响降至最低限度，但操作者必须熟练掌握其使用技巧。连通弯管截面积很小，其液面上 $CH_3COOC_2H_5$ 的挥发可忽略。本实验如果安排在冬天进行，对溶液进行恒温时间必须相应延长。

(7) 冬季进行本实验，可将配制溶液的容量瓶一同置于恒温槽内恒温，并用温度计测量溶液的温度，以判断双管电导池内的溶液温度。

2. 皂化反应曲线随着时间的延长，会出现偏离二级反应的行为。对此，有的研究者认为，“皂化反应是双分子反应”的说法欠妥，此反应是一种“表观二级反应”；随着反应时间的延长，反应的可逆性对总反应的影响逐渐变得明显。有的研究者认为，皂化反应中还存在盐效应，即某些中性盐的存在会降低其速率常数，因此，皂化反应实验的时间以半小时为宜，不超过 40 分钟。

实验 18　复杂反应——丙酮碘化

一、目的

1. 测定用酸作催化剂时丙酮碘化反应的速率系数、反应级数，建立反应速率方程式。
2. 通过实验加深对复杂反应特征的理解。
3. 进一步掌握分光光度计的使用方法。

二、预习指导

1. 认真阅读实验原理，了解丙酮碘化反应的特征。
2. 了解用分光光度法测定丙酮碘化反应体系组成的原理和方法。
3. 了解分别测定 CH_3COCH_3、I_2 及 H^+ 的分级数时反应的浓度条件。

三、原理

在酸性溶液中，丙酮碘化反应是一个复杂反应，初始阶段的反应为

$$(CH_3)_2CO+I_2 \longrightarrow CH_3COCH_2I+H^+ +I^- \tag{18-1}$$

H^+ 是该反应的催化剂。因反应中有 H^+ 生成，故这是一个自催化反应。随着反应的进行，产物中 H^+ 产物浓度增加，反应速率愈来愈快。假设丙酮碘化反应速率方程式为

$$r=-d[I_2]/dt=k[CH_3COCH_3]^p[I_2]^q[H^+]^s \tag{18-2}$$

式中：r 为丙酮碘化的反应速率；k 为反应速率系数；指数 p、q、s 分别为CH_3COCH_3、I_2 及 H^+ 的分级数。

两次实验中，若保持 H^+ 和 I_2 的初始浓度相同，而$(CH_3)_2CO$ 的初始浓度不同。即

$$[H^+]_2=[H^+]_1$$

$$[I_2]_2=[I_2]_1$$

$$[CH_3COCH_3]_2=\mu[CH_3COCH_3]_1$$

则有

$$\frac{r_2}{r_1}=\frac{k\,[CH_3COCH_3]_2^p}{k\,[CH_3COCH_3]_1^p}=\frac{\mu^p[CH_3COCH_3]_1^p}{[CH_3COCH_3]_1^p}=\mu^p \tag{18-3}$$

$$p=\frac{\lg(\nu_2/\nu_1)}{\lg\mu} \tag{18-4}$$

同理，若保持 CH_3COCH_3 和 I_2 的初始浓度相同，而 H^+ 的初始浓度不同。即

$$[CH_3COCH_3]_3=[CH_3COCH_3]_1$$

$$[I_2]_3=[I_2]_1$$

$$[H^+]_3=w[H^+]_1$$

可得

$$r=\frac{\lg(r_3/r_1)}{\lg w} \tag{18-5}$$

而如果保持 CH_3COCH_3 和 H^+ 的初始浓度相同，I_2 的初始浓度不同。即

$$[CH_3COCH_3]_4=[CH_3COCH_3]_1$$

$$[H^+]_4=[H^+]_1$$

$$[I_2]_4=x[I_2]_1$$

可得到

$$q=\frac{\lg(r_4/r_1)}{\lg x} \tag{18-6}$$

由此可见，只要做四次测定，可求得 CH_3COCH_3、I_2 及 H^+ 的分级数 p、q、s。

由于反应并不停留在一元碘代丙酮阶段，会继续进行下去，所以采取初始速率法，测定反应开始一段时间的反应速率。

事实上，在本实验条件下(酸浓度较低)，丙酮碘化反应对碘是零级的，即 $q=0$。如果反应物碘是少量的，而丙酮和酸是相对过量的，反应速率可视为常数，直到碘全部消耗。即

$$r=-d[I_2]/dt=k[CH_3COCH_3]^p[H^+]^s \tag{18-7}$$

积分得

$$[I_2]=-rt+C \tag{18-8}$$

因为碘溶液在可见光区有比较宽的吸收带，在这个吸收带中，本反应的其他物质盐酸、丙酮、碘化丙酮和碘化钾没有明显的吸收，所以可以通过分光光度法测定 I_2 浓度的减小来跟踪反应的进程。

根据朗伯-比尔定律，在某指定波长下，I_2 溶液对单色光的吸收遵守下列关系式：

$$A = \lg(1/T) = \kappa l[I_2] \tag{18-9}$$

式中:A 为吸光度;T 为透光率;l 为比色皿光径长度;κ 为摩尔吸光系数。将(18-8)式代入(18-9)式可得:

$$\lg T = \kappa l r t + B' \tag{18-10}$$

以 $\lg T$ 对时间 t 作图得一直线,由直线斜率 m 可求得反应速率 r,即

$$r = m/\kappa l \tag{18-11}$$

式中的 κl 可以通过测定一系列已知浓度的 I_2 溶液的透光率作工作曲线而求得。以 $\lg T$ 对溶液浓度$[I_2]$作图,其直线斜率即为 κl。

由 CH_3COCH_3、H^+ 的分级数、浓度和反应速率的数据,利用(18-2)式可以计算得到反应速率常数。

四、仪器和药品

分光光度计(附有恒温夹套)	1套
超级恒温槽	1套
碘瓶(100 mL)	1个
秒表	1个
碘瓶(50 mL)	9个
移液管(5 mL)	3支
(10 mL)	1支
(25 mL)	3支

HCl 标准溶液($[HCl] = 1.000\ mol \cdot L^{-1}$)

I_2标准溶液($[I_2] = 0.010\ 0\ mol \cdot L^{-1}$)

CH_3COCH_3标准溶液($[CH_3COCH_3] = 2.000\ mol \cdot L^{-1}$)

五、实验步骤

1. 调节超级恒温槽的温度为 25±0.1 ℃。

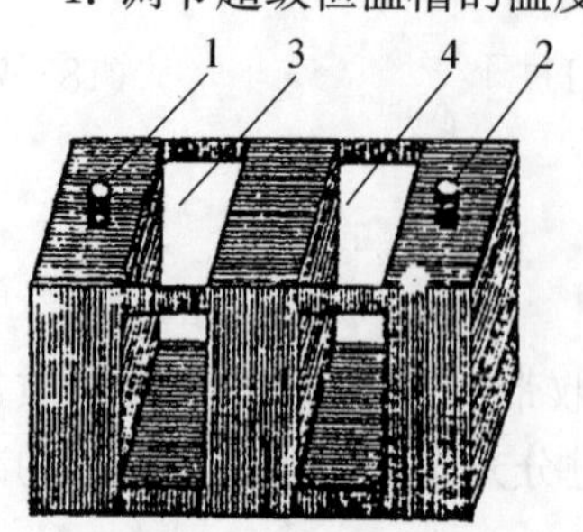

图 18-1 恒温夹套

1,2-恒温循环水出、入口;3,4-比色皿槽

2. 参阅本书Ⅱ仪器及其使用,将 721 型分光光度计波长调节到 560 nm。把比色皿的恒温夹套如图 18-1 所示放入暗箱中,接通恒温水。将装有蒸馏水的比色皿(光径长度为 3.0 cm)放入恒温夹套中。开启电源,调试仪器。

3. 用移液管分别吸取 2、4、6、8、10 mL 的 I_2标准溶液,注入已编号(5—9 号)的 5 个 50 mL 的碘瓶中,用蒸馏水稀释至刻度,充分混合后放入超级恒温槽中恒温

10 分钟。用 5 号碘瓶中 I_2 溶液荡洗比色皿 3 次后注满该溶液，放入恒温夹套中测量透光率。重复测定 3 次，取其平均值。同法依次测量 6、7、8、9 号碘瓶中 I_2 溶液的透光率。每次测定前都必须用蒸馏水校正，调节“100”旋钮，使透光率处于“100”刻度处。

4. 取 4 个（编号为 1—4 号）洁净、干燥的 50 mL 碘瓶，用移液管按表 18－1 的用量，依次移取 I_2 标准溶液、HCl 标准溶液和蒸馏水，塞好瓶塞，将其充分混合。另取一个洁净、干燥的 100 mL 碘瓶，注入浓度为 2.000 mol・L^{-1} 的 CH_3COCH_3 标准溶液约 60 mL，然后将它们一起置于超级恒温槽中恒温 10 分钟。取出 1 号碘瓶，用移液管加入恒温过的 CH_3COCH_3 标准溶液 10 mL，迅速摇匀，用此溶液荡洗比色皿 3 次后注满该溶液，同时按下秒表开始计时，并随即把它放入恒温夹套中，测定其透光率。每隔 1 min 读一次透光率，到取得 10—12 个数据为止。用同样的方法分别测定 2、3、4 号溶液在不同反应时刻的透光率。每次测定之前，用蒸馏水将透光率校正至“100”刻度处。

表 18－1 I_2(aq)、HCl(aq)、H_2O 和 CH_3COCH_3(aq) 的用量

碘瓶编号	I_2 标准溶液/mL	HCl 标准溶液/mL	蒸馏水/mL	CH_3COCH_3 标准溶液/mL
1	10	5	20	10
2	10	10	15	15
3	10	5	25	10
4	5	5	30	10

六、实验注意事项

1. 反应要在恒温条件下进行，各反应物在混合前必须恒温。
2. 严格按分光光度计的使用方法操作仪器，测定透光率。

七、数据记录和处理

1. 将实验所测得的数据填入表 18－2 和表 18－3。

室温/℃________ 大气压/Pa________ 恒温槽温度/℃________

[CH_3COCH_3]（标准溶液）/mol・L^{-1} ________

[I_2]（标准溶液）/mol・L^{-1} ________

[HCl]（标准溶液）/mol・L^{-1}________

表 18－2 实验数据记录表之一

碘瓶编号	5	6	7	8	9
[I_2]（标准溶液）/mol・L^{-1}					
[I_2]（稀释后的）/mol・L^{-1}					

续 表

碘瓶编号		5	6	7	8	9
lgT	1					
	2					
	3					
	平均值					

表 18-3　实验数据记录表之二

碘瓶编号 \ t/min	1	2	3	4	5	6	7	8	9	10	11	12
1												
2												
3												
4												

2. 用表 18-2 的数据，以 lg$T$ 对 I_2溶液浓度$[I_2]$作图，求其直线斜率 m。

3. 用表 18-3 的数据，分别以 lg$T$ 对时间 t 作图，可得四条直线。求出各条直线斜率 m_1、m_2、m_3和 m_4；根据(18-11)式分别计算反应速率 r_1、r_2、r_3和 r_4。

4. 根据(18-4)、(18-5)式，计算 CH_3COCH_3和 H^+ 的分级数 p 和 r，建立丙酮碘化的反应速率方程式。

5. 参照表 18-1 的用量，分别计算 1、2、3 和 4 号碘瓶中 HCl 和 CH_3COCH_3的初始浓度；再根据(18-7)式分别计算四种不同初始浓度的反应速率系数，并求其平均值。

八、思考题

1. 本实验中，将 CH_3COCH_3溶液加入盛有 I_2、HCl 溶液的碘瓶中时，反应即开始，而反应时间却以溶液混合均匀并注入比色皿中才开始计时，这样操作对实验结果有无影响？为什么？

2. 影响本实验结果准确度的因素有哪些？

九、讨论

1. 根据实验测得的反应级数等事实，可以推测丙酮碘化反应机理。

对应于方程

$$r=-d[I_2]/dt=k[CH_3COCH_3][H^+]$$

其机理可能为：

$$CH_3-\overset{\overset{O}{\|}}{C}-CH_3+H^+ \underset{k_1}{\overset{k_1}{\rightleftharpoons}} (CH_3-\overset{\overset{OH}{\|}}{C}-CH_3)$$

$$(CH_3-\overset{\overset{OH}{\|}}{C}-CH_3) \underset{k_2}{\overset{k_2}{\rightleftharpoons}} CH_2-\overset{\overset{OH}{|}}{C}-CH_2+H^+$$

$$CH_3-\overset{\overset{OH}{|}}{C}-CH_2+X_2 \overset{k_2}{\rightleftharpoons} CH_3-\overset{\overset{O}{\|}}{C}-CH_2X+X^-+H^+$$

2. 在一定条件下，特别是卤素浓度较高时，碘化反应并不停留在一元卤化酮，会形成多元取代，所以应测量初始一段时间的反应速率。但当碘的浓度偏大或丙酮及酸的浓度偏小时，因不符合朗伯-比尔定律，读数误差较大。

实验 19　纳米 TiO_2 光催化降解甲基橙

一、目的

1. 测定纳米 TiO_2 对甲基橙光催化降解反应的催化性能。
2. 掌握一种光催化反应的实验方法。

二、预习指导

1. 了解光化学反应与热化学反应的区别。
2. 了解光催化反应的实验原理。
3. 了解光催化反应评价的实验步骤。

三、原理

作为稳定、无毒、可重复使用、无光腐蚀和无二次污染的光催化剂，TiO_2 对于有机物出色的光降解作用使其在有机废水的净化处理过程中得到了实际应用。TiO_2 常见有锐钛矿型和金红石型两种晶体构型，其中，锐钛矿型 TiO_2 因具有较高的光催化性能，被广泛地研究和应用。

TiO_2 光催化反应过程如图 19-1 所示：在光照作用下，TiO_2 价带电子跃迁至导带，产生一定量的激发态电子 e^- 和电子空穴 h^+，它们中的一部分会在催化剂内部复合回到基态，另一部分则转移至催化剂的表面。在催化剂表面的激发态电子 e^- 和电子空穴 h^+ 仍有部分会复合，剩余的部分则通过与系统中处于催化剂周围的分子或离子发生电子交换而回到基态，发生化学反应，整个过程就是光催化反应过程。具体说来，在水溶液中，TiO_2受光激发产生的激发态电子 e^- 传递到 TiO_2 表面时被 O_2 分子俘获，产生过氧物种 $O_2{}^{2-}$，最终产生自由基·OH；受光激发产生的电子空穴 h^+ 传递到 TiO_2 表面时，被H_2O 分子俘获，生成 H^+ 和·OH 自由基，这些·OH 自由基最终促使有机物发生分解反应。

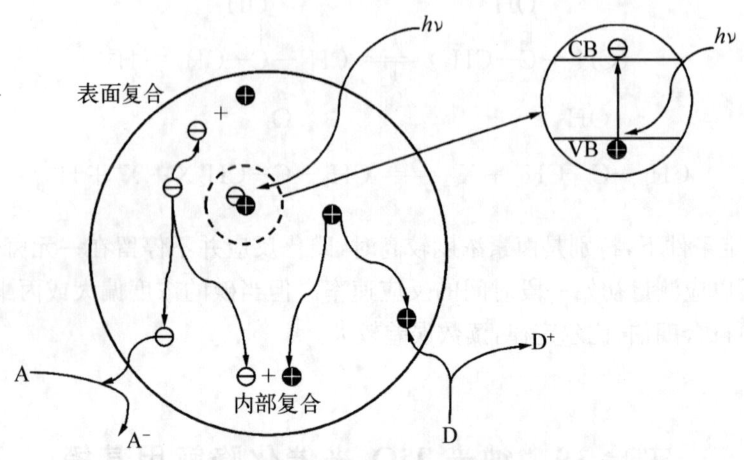

图 19-1　光催化反应过程图

（A 和 D 代表被还原或被氧化的物质，CB 是导带，VB 是价带）

光催化反应是光化学反应的一种，它与通常的化学反应（也称为热化学反应）有许多不同的地方，主要有：

(1) 在定温定压下，自发进行的热反应必是$(\Delta_r G)_{T,p} \leqslant 0$ 的反应，但是光化学反应可以是$(\Delta_r G)_{T,p} \leqslant 0$ 的反应，也可以是$(\Delta_r G)_{T,p} > 0$ 的反应，例如光合作用就是$(\Delta_r G)_{T,p} > 0$ 的反应；

(2) 热化学反应中，反应分子靠频繁的相互碰撞而获得克服能垒所需要的活化能；而光化学反应中，分子靠吸收外界光能后受激发克服能垒；

(3) 热化学反应的反应速率受温度影响比较明显。在光化学反应中，分子吸收光子而激发的步骤，其速率与温度无关，而受激发后的反应步骤，又常常是活化能很小的步骤，故一般来说，光化学反应速率常数的温度系数较小。

有机物在 TiO_2 表面的光催化降解反应属于多相催化反应，反应物在催化剂表面要经过扩散、吸附、表面反应以及脱附、扩散等步骤。经研究表明，在无搅拌的情况下，有机反应物的扩散过程为速率控制步骤，而在剧烈搅拌情况下，加大了扩散的速率，表面反应成为速率控制步骤。假定反应速率 r 为：

$$r = k\theta_A C* \tag{19-1}$$

式中：k 为表面反应速率常数；θ_A为有机反应物分子 A 在 TiO_2表面的覆盖度；$C*$ 为 TiO_2表面的催化活性中心数目。

在一个恒定的系统中，$C*$ 可以认为不变。假定产物吸附较弱，则 θ_A可由 Langmuir 公式求得，式(19-1)可整理为：

$$\frac{1}{r} = \frac{1}{kK_A c_A} + \frac{1}{k} \tag{19-2}$$

式中：K_A为有机反应物 A 在 TiO_2表面的吸附平衡常数；c_A为 A 的浓度，$1/r$ 与 $1/c_A$ 之间为线性关系。

由式(19-2)可知：

(1) 当 A 的浓度很低时，$K_A c_A \ll 1$，此时 $-\frac{dc_A}{dt}=r=k'c_A$，经积分得：

$$\ln\frac{c_{A0}}{c_{At}}=k't \tag{19-3}$$

$\ln\frac{c_{A0}}{c_{At}}-t$ 为直线关系，表现为一级反应。

(2) 当 A 的浓度很高时，A 在催化剂表面的吸附达饱和状态，此时 $-\frac{dc_A}{dt}=r=k$，$c_{At}=c_{A0}kt$，$c_{At}-t$ 为直线关系，表现为零级反应动力学。

(3) 如果浓度适中，反应级数介于 0 到 1。

由上可知，随着反应浓度的增加，光催化降解反应的级数将由一级经过分数级而下降为零级。

本实验采用甲基橙降解为探针反应，研究 TiO_2催化剂的光催化性能。

四、仪器和药品

光催化反应器	1 台
紫外可见分光光度计	1 台
离心机	1 个
移液管(10 mL)	5 支
容量瓶(500 mL)	3 只
甲基橙(A.R)	
纳米 TiO_2(自制)	

五、实验步骤

1. 分别配制质量浓度为 2 mg · L^{-1}、10 mg · L^{-1}、15 mg · L^{-1}、20 mg · L^{-1}的甲基橙溶液各 25 mL，在甲基橙最大吸收波长(470 nm)处测定其吸光度。

2. 另配质量浓度为 20 mg · L^{-1}的甲基橙溶液 500 mL，加入光催化反应器(如图 19-2 所示)中，打开冷却水，通入 N_2气，开动磁力搅拌器，打开光催化反应器中紫外灯管的外接电源，开始计时，每 5 min 用移液管取出约 10 mL 溶液，测定其吸光度，30 min 后停止实验。

3. 重新配浓度为 20 mg · L^{-1}的甲基橙溶液 500 mL，加入光催化反应器中，加入 0.5 g纳米 TiO_2催化剂。打开冷却水，通入 N_2气，开动磁力搅拌器，开始计时，每 5 min 用移液管取出约 10 mL 溶液于离心管中待用，30 min 后停止实验。

图 19-2　光催化反应器示意图

1—紫外灯管插入处；2—灯石英套管；3—冷却层石英管；4—外套管；
5—加样、取样、测温共用口；6—冷却水出入口

4. 再重新配浓度为 20 mg·L^{-1}的甲基橙溶液 500 mL，加入光催化反应器中，加入 0.5 g纳米 TiO_2催化剂。打开冷却水，通入 N_2气，开动磁力搅拌器，开启光催化反应器中紫外灯的外接电源，开始计时，每 5 min 用移液管取出约 10 mL 溶液于离心管中待用，30 min后停止实验。

5. 将上述所有待用溶液离心分离，取上层清液，分别在甲基橙最大吸收波长(470 nm)处测定其吸光度。

六、实验注意事项

1. 在打开紫外灯管外接电源前，一定要打开冷却水，否则会使反应器温度升高，导致溶液过度挥发。

2. 在样品离心后，吸取溶液测定吸光度的时候，注意避免将沉淀物吸出，否则影响吸光度的测定结果。

七、数据记录和处理

1. 作出甲基橙溶液的吸光度－浓度工作曲线。

2. 根据各反应溶液的吸光度数据，从工作曲线获得其浓度。

3. 计算三种实验条件下，反应 30 min 后的甲基橙降解率。

4. 根据相关公式作图，由斜率计算光降解反应和光催化降解反应的表观速率常数，并进行比较。同时根据图解结果判断在选定实验条件下光催化反应的级数。求降解率及做一级反应处理时用吸光度数据即可。

八、思考题

1. 光催化反应与照射的光源有没有关系？为什么？

2. 加入催化剂，但未打开紫外灯管的实验其目的如何？

九、讨论

1. 纳米 TiO_2的制备方法之一:将 16 mL $TiCl_4$缓慢滴加到置于冰水浴的 200 mL 去离子水中,然后将浓度为 2 mol·L^{-1}产的氨水滴加到上述 $TiCl_4$溶液至溶液 pH>9,所得沉淀经过滤、洗涤,120 ℃干燥 24 h 和 500 ℃焙烧 3 h,得锐钛矿纳米 TiO_2。

2. 光催化应用于能源化学领域。1972 年日本东京大学教授 Fujishima 和 Honda 首次发现 TiO_2单晶电极在光的作用下可分解水生成 H_2和 O_2,从此光催化分解水的研究成为能源化学研究的热点。目前,研究主要方向是开发在可见光下具有高效光催化活性的催化材料,这将是光催化进一步走向实用化的必然趋势。由于 TiO_2作为光催化材料具有很大的优越性,以 TiO_2为基础物质的复合半导体材料对可见光响应的研究是当前可见光光催化剂研究的主要内容,如纯 TiO_2、Pt 掺杂、N 掺杂的 TiO_2等。近来,新型可见光光催化剂特别是光催化分解水催化剂的研究也成为热点,包括 ZnO 光催化剂、层间复合材料:$CdS/K_4Nb_6O_{17}$、Bi_2MnNbO_7、$ZnGa_2O_4$、$BaCr_2O_4$、$ZnIn_2O_4$、Bi_2InTaO_7等。

3. 光催化应用于环境污染治理领域。由于 TiO_2光催化剂能够在光照条件下生成氧化性很强的·OH 自由基等物种,因此很快被应用到治理环境污染领域中。表面有纳米 TiO_2涂层的玻璃、陶瓷等建筑材料有三种功能:① 自清洁,② 清洁空气,③ 杀灭细菌和病毒。将纳米 TiO_2涂覆在玻璃上,如建筑玻璃门窗、厨卫设施、汽车挡风玻璃、汽车反光镜玻璃、玻璃幕墙和灯罩等,来自太阳光的紫外光或室内荧光灯光足以维持玻璃表面 TiO_2涂层的两亲性和催化活性,使得玻璃表面上的亲油和亲水的污染物很容易被冲刷或分解掉,从而使 TiO_2涂层玻璃具有自清洁、杀菌、清除空气污染的特性。如果将纳米 TiO_2涂层材料用在公路和隧道上,还可以分解汽车尾气中的 NO_x,消除空气中的有毒烟雾。

实验 20　溶液表面张力的测定(最大气泡压力法)

一、目的

1. 掌握最大气泡压力法测定溶液表面张力的原理和技术。
2. 测定不同浓度正丁醇($n-C_4H_9OH$)水溶液的表面张力。
3. 根据溶液表面吸附量与浓度的关系,计算 $n-C_4H_9OH$ 分子的截面积。

二、预习指导

1. 了解表面张力、表面自由能的概念及物理意义。
2. 了解吉布斯吸附公式的意义及吸附量的求算方法。
3. 了解表示吸附量与浓度之间关系的朗格缪尔等温吸附式及其应用。

三、原理

液体表面层的分子和内部分子所处的氛围不同，表面层分子受到一净的向内的拉力，所以液体表面都有自动缩小的趋势。如果把一个分子由内部迁移到表面，就需要对抗拉力而做功。在等温、等压及组成恒定时，可逆地使表面积增加 dA 所需对体系做的功 $-\delta W'$，称表面功，有：

$$-\delta W'=\gamma dA \tag{20-1}$$

式中：γ 称为表面张力，单位为 $N\cdot m^{-1}$，它的物理意义是沿着与表面相切的方向，垂直作用于表面上任意单位长度线段的表面紧缩力。

若该过程体系吉布斯自由能的增量为 dG，则：

$$dG=-\delta W'=\gamma dA \tag{20-2}$$

或

$$\gamma=\left(\frac{\partial G}{\partial A}\right)_{T,p,n_1,n_2\cdots n_i} \tag{20-3}$$

此时，γ 称为比表面自由能，单位为 $J\cdot m^{-2}$，其物理意义是：在等温等压组成不变的条件下，增加单位表面积所引起系统自由能的增量。比表面自由能与表面张力二者在数值上相等，但物理意义和单位有别。

表面张力是液体的重要特性之一，它与液体所处的温度、压力、浓度以及共存的另一相的组成有关。

纯液体表面层的组成与内层相同，因此，纯液体降低体系表面自由能的唯一途径是尽可能缩小其表面积。对于溶液，由于溶液表面层中溶质的浓度会对表面张力产生较大的影响，因此，溶液通过自动调节溶质在表面层的浓度来降低表面自由能。我们把溶质在表面层中与在本体溶液中浓度不同的现象称为溶液的表面吸附。在一定的温度下，单位面积表面层中溶质的量与同体积本体溶液中溶质的量间的差值称为溶液的表面吸附量 Γ，单位为 $mol\cdot m^{-2}$，Γ 与 $\left(\frac{\partial r}{\partial c}\right)_T$ 之间的关系可用吉布斯(Gibbs)吸附公式表示。即

$$\Gamma=-\left(\frac{c}{RT}\right)\left(\frac{\partial r}{\partial c}\right)_T \tag{20-4}$$

式中：c 为溶液的本体浓度；T 为热力学温度；R 为摩尔气体常数。在式(18-4)中，当 $\left(\frac{\partial r}{\partial c}\right)_T<0$ 时，$\Gamma>0$，即溶质的加入使溶液表面张力降低时，溶质在表面层比在本体溶液中浓度大，称为正吸附；反之，$\left(\frac{\partial r}{\partial c}\right)_T>0$，$\Gamma<0$，称为负吸附。习惯上称能明显降低溶剂表面张力的物质为表面活性物质，例如 $n-C_4H_9OH$ 等。从式(20-4)可看出，只要定温下测出不同浓度时溶液的表面张力，就可以求得各种不同浓度时溶液的表面吸附量 Γ。即若以 γ 对 c 作等温曲线，如图 20-1 所示，在曲线上取与浓度 c_1 对应的 D 点，过 D 点分

别作曲线的切线及平行于横坐标的直线分别与纵坐标交于B、B_1点。

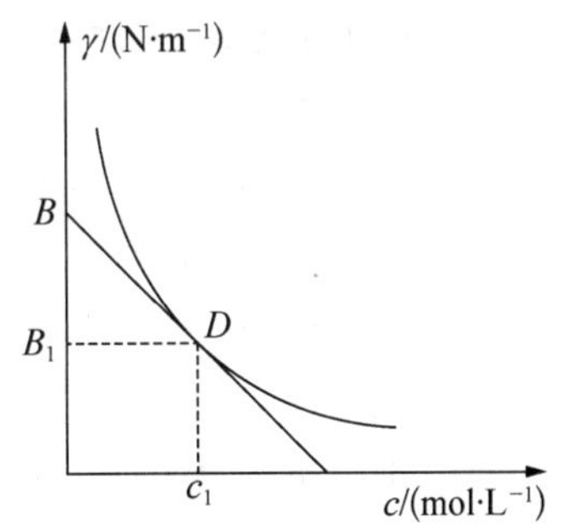

图 20-1 表面张力与浓度的关系

令
$$Z = BB_1$$

则
$$Z = -c_1(\partial\gamma/\partial c)_T \tag{20-5}$$

将式(20-5)代入式(20-4)得

$$\Gamma = Z/RT \tag{20-6}$$

定温下，表面吸附量与溶液浓度之间的关系亦可以用朗格缪尔(Langmuir)吸附等温式来表示，即

$$\Gamma = \Gamma_\infty \frac{kc}{1+kc} \tag{20-7}$$

式中：k 为经验常数，与溶质的表面活性大小有关；Γ_∞ 为饱和吸附量，即溶液浓度足够大时，呈现的表面吸附量的最大值，此时，溶质在溶液表面层紧密排列，铺满一单分子层。式(20-7)可化成直线方程

$$\frac{c}{\Gamma} = \left(\frac{1}{\Gamma_\infty}\right)c + \frac{1}{k\Gamma_\infty} \tag{20-8}$$

若以 c/Γ 对 c 作图，可得一直线，其斜率的倒数为 Γ_∞。

在饱和吸附的情况下，如果以 N 代表 1 m^2表面层中溶质的分子数目，则

$$N = \Gamma_\infty \cdot N_A \tag{20-9}$$

式中 N_A为阿佛伽德罗(Avogadro)常数。于是可用下式求得溶质分子截面积 A_∞。

$$A_\infty = \frac{1}{N} = \frac{1}{\Gamma_\infty N_A} \tag{20-10}$$

本实验用最大气泡压力法，测定不同浓度正丁醇水溶液的表面张力，其实验装置如图 20-2 所示。

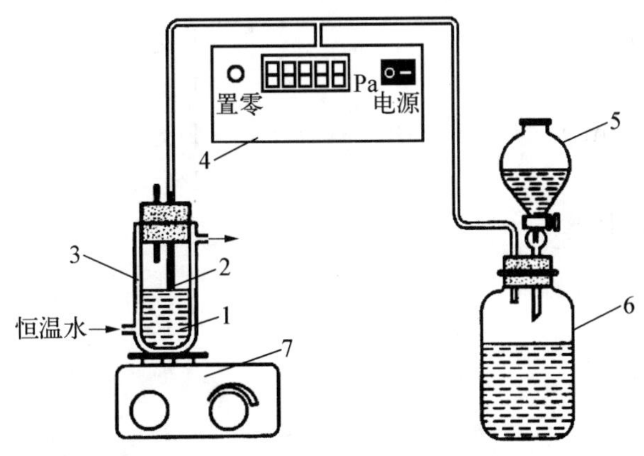

图 20-2 单管式气泡最大压力法测定表面张力的装置

1—待测液；2—毛细管；3—恒温瓶；4—数字式微压差测量仪；5—滴液漏斗；6—广口瓶；7—磁力搅拌器

将待测液体装入恒温瓶 3 中，使毛细管 2 的端面与液面相切，液面即沿毛细管上升，使毛细管与广口瓶 6 形成封闭系统。打开滴液漏斗 5 活塞，使液体缓慢滴下，从而增加系统的压力，这样毛细管内液面受到的压力大于恒温瓶液面上的压力。此压力差使毛细管内液面逐渐降低直至在管口形成由小渐大的气泡而逸出液面。若毛细管管径极小，则形成的最大气泡可视为是半球形的。气泡刚形成时，由于气泡表面几乎是平的，所以曲率半径极大；随着压力差逐渐增大，气泡曲率半径逐渐变小，当曲率半径减小到等于毛细管半径，即气泡形成半球形时，压力差达到最大值。这个最大的压力差值可由数字式微压差测量仪 4 测得。如果毛细管半径为 R，则最大压力差驱使气泡逸出液面的作用力为 $\pi R^2 \Delta p_{最大}$。此时，气泡在毛细管口受到的表面张力引起的作用力为 $2\pi R\gamma$。当刚发生气泡自毛细管口逸出时，上述两力相等，即

$$\pi R^2 \Delta p_{最大} = 2\pi R\gamma \qquad (20-11)$$

$$\gamma = (1/2)R\Delta p_{最大} \qquad (20-12)$$

若实验中用同一根毛细管，则 $(1/2)R$ 是常数，用 K' 表示，则

$$\gamma = K'\Delta p_{最大} \qquad (20-13)$$

显然，液体的表面张力 γ 可由测定 $\Delta p_{最大}$ 而求得，常数 K' 可由已知表面张力的液体而测得。

四、仪器和药品

超级恒温槽	1 套
磁力搅拌器	1 台
广口瓶(500 mL)	1 个
滴液漏斗(60 mL)	1 个
数字式微压差测量仪	1 台
毛细管(半径：0.15—0.2 mm)	1 支
恒温瓶(50 mL)	1 个
移液管(25 mL)	1 支
刻度移液管(10 mL)	1 支
刻度移液管(0.5 mL)	1 支
洗耳球	1 个
$n-C_4H_9OH$(A.R.)	
CH_3COCH_3(A.R.)	
带锡箔的软木塞	2 个

五、实验步骤

1. 调节超级恒温槽温度至 25±0.05 ℃。

2. 仔细洗净恒温瓶、毛细管，并将其干燥。按图 20－2 装置好仪器，滴液漏斗中注满水，接通恒温水。用移液管准确量取一定量的蒸馏水注入恒温瓶中，同时放入 PVC 搅拌磁子（注意水的量不能太多，因为后面步骤实验中还要加入 $n-C_4H_9OH$）。调节毛细管的位置，使毛细管与液面刚好相切，小心旋转打开滴液漏斗的活塞使水慢慢滴下。

3. 测定仪器常数。

缓缓打开滴液漏斗活塞，使水缓慢滴下，当压力增加到一定程度，即有气泡逸出。调节水的滴出速度，使气泡由毛细管口成单泡逸出，速度以 15 个/min 气泡为宜。从压力计上读出气泡刚脱离毛细管口那一瞬间的最大压力差 $\Delta p_{最大}$，重复读 3 次，取其平均值。

4. 测定不同浓度的 $n-C_4H_9OH$ 水溶液的表面张力。取下上述带有毛细管的恒温塞子，用丙酮洗净毛细管，再用电吹风吹干。取 0.1 mL 的 $n-C_4H_9OH$ 注入恒温瓶中。开启磁力搅拌器，搅拌 1 min，使 $n-C_4H_9OH$ 与 H_2O 混合均匀。同实验步骤 3 从压力计上读出 $\Delta p_{最大}$。

然后依次加入 0.2 mL、0.2 mL、0.2 mL、0.2 mL、0.2 mL、0.5 mL、0.5 mL $n-C_4H_9OH$，同法分别从压力计上读出这七种不同浓度正丁醇水溶液的 $\Delta p_{最大}$。

六、实验注意事项

1. 测定用的毛细管一定要洗干净，否则气泡可能不呈单泡逸出，而使压力读数不稳定，如发生此种现象，毛细管应重洗。

2. 毛细管一定要与液面保持垂直，管口刚好与液面相切。

3. 连接压力计与毛细管及滴液漏斗用的乳胶管中不应有水等阻塞物，否则压力无法传递至毛细管，将没有气泡自毛细管口逸出。

4. 温度应保持恒定，否则对 γ 的测定影响较大。

七、数据记录和处理

1. 将实验数据填入下表。

室温________　　　大气压________

恒温槽温度________　　$V(H_2O)$________

表 20－1　实验数据记录表

$V(n-C_4H_9OH)$/mL	$\varphi(n-C_4H_9OH)$	数字式微压差测量仪读数/Pa	$\gamma/N\cdot m^{-1}$
0		1 2 3 平均值	

续 表

$V(n-C_4H_9OH)$/mL	$\varphi(n-C_4H_9OH)$	数字式微压差测量仪读数/Pa	γ/N·m^{-1}
0.1		1	
		2	
		3	
		平均值	
0.3		1	
		2	
		3	
		平均值	
0.5		1	
		2	
		3	
		平均值	
0.7		1	
		2	
		3	
		平均值	
0.9		1	
		2	
		3	
		平均值	
1.1		1	
		2	
		3	
		平均值	
1.6		1	
		2	
		3	
		平均值	
2.1		1	
		2	
		3	
		平均值	

2. 从本书附录Ⅲ物理化学实验常用数据表中查出 25 ℃ 时水的表面张力，利用式(20-13)计算常数 K' 及不同浓度正丁醇水溶液的表面张力 γ，且将 γ 值填入上表。

3. 本实验用 $n-C_4H_9OH$ 的体积分数 φ 代替 $n-C_4H_9OH$ 水溶液的浓度 c，那么，式(20-5)就可写成

$$Z=-\varphi(\partial\gamma/\partial\varphi)_T \quad (20-14)$$

绘制 γ 对 φ 的等温曲线。

4. 在 $\gamma-\varphi$ 曲线上取五、六点，如 φ 为 0.004、0.008、0.012、0.016、0.020、0.024，用图解法求出相应的 Z 值，并根据式(20-6)计算 Γ 值，然后算出 φ/Γ 值。

5. 以 φ/Γ 值对 φ 作图，从直线斜率求出 Γ_∞，并计算 $n-C_4H_9OH$ 分子的截面积 A_∞。

八、思考题

1. 用最大气泡压力法测定表面张力时为什么要读最大压力差？
2. 哪些因素影响表面张力测定的结果？如何减小以及消除这些因素对实验的影响？

九、讨论

在表面化学中，表面张力的测定多半是用来研究表面活性剂的性质和作用。由于表面活性剂具有润湿、增溶、乳化、洗涤和起泡等多种作用，因此在日常生活中有广泛的应用。表面张力是表面化学中一个非常重要的物理量，借此可以研究两相之间的界面现象。用最大气泡法测表面张力是 1851 年 Simon 首先提出的，是测定表面张力的经典方法之一。本实验所用方法操作迅速、形象直观，是表面化学基础实验中比较理想的实验题目。

根据毛细上升原理，只有在毛细管中呈凹液面的液体才能沿管壁上升，并随着管内外压差的增大逐渐形成气泡。所以，最大气泡法只适用于测定对管壁润湿的液体。

测定液体表面张力的方法还有毛细管法、滴重法、脱环法和吊片法等。这些方法都有各自的特点和适用体系。本实验所用的最大气泡法装置简单、操作方便，适合于测定纯液体或溶质分子量较小的液体的表面张力。

实验 21　胶体制备和电泳

一、目的

1. 掌握凝聚法制备 $Fe(OH)_3$ 溶胶和纯化溶胶的方法。
2. 掌握电泳法测定胶粒电泳速率的方法，并计算溶胶的 ζ 电位。

二、预习指导

1. 了解胶体的特征及制备、纯化溶胶的方法。
2. 了解胶体粒子表面的电荷分布及扩散双电层理论。
3. 清楚本实验的注意事项。

三、原理

胶体分散系统是一个高度分散的多相体系。其分散相粒子大小在 1—100 nm 之间。制备溶胶的方法主要有两类：一类是使固体粒子由大变小的分散法，常用的又分为研磨法、超声波法、胶溶法和电弧法等；另一类是使分子或离子聚结成胶粒的由小变大的凝聚法，常用的又分为化学反应法和改换溶剂法等。本实验采用凝聚法中的化学反应法制备 $Fe(OH)_3$ 溶胶。

新制的 $Fe(OH)_3$ 溶胶，在纯化前含有较多的电解质或其他杂质，其中除了部分电解质与胶粒表面所吸附的离子维持平衡外，过量的电解质和杂质却会影响溶胶的稳定性，因此，刚制备的溶胶需经纯化。最常用的纯化方法是渗析法，它是利用半透膜具有能透过离子和某些分子，而不能透过胶粒的能力，将溶胶中过量的电解质和杂质分离出来，半透膜可由胶棉液制得。纯化时，将刚制备的溶胶装在半透膜袋内，浸入蒸馏水中，由于电解质和杂质在膜内的浓度大于在膜外的浓度，因此，膜内的离子和其他能透过膜的分子，即向膜外迁移，这样就降低了膜内溶胶中的电解质和杂质的浓度，多次更换蒸馏水，即可达到纯化的目的。适当提高温度，可以加快纯化过程。

实验表明，在外电场作用下，胶体粒子在分散介质中依一定的方向移动，这种现象称为电泳。电泳现象表明胶体粒子是带电的，胶粒带电主要是由于分散相粒子选择性地吸附了一定量的离子或本身的电离及其他原因，胶粒表面具有一定量的电荷，胶粒周围的介质分布着反离子，反离子所带电荷与胶粒表现电荷符号相反、数量相等，整个溶胶体系保持电中性。由于静电吸引作用和热扩散运动两种效应的共同影响，使得反离子只有一部分紧密地吸附在胶核表面上（约为一两个分子层厚），称为紧密层。另一部分反离子形成扩散层。扩散层中反离子分布符合玻耳兹曼（Boltzmann）分布式，扩散层的厚度随外界条件而改变，即在两相界面上形成了双电层结构。从紧密层的外界面（或切动面）到溶液本体间的电位差，称为电动电位或 ζ（读作“zeta”）电位，如图 21 - 1 所示。ζ 电位是表征胶体特征的主要物理量之一，在研究胶体性质及其实际应用中有着重要意义，胶体的稳定性与 ξ 电位有直接关系。在同一外电场（电压为 E）和同一温度 T 下，胶粒移动的速率（即电泳速率）u 与 ζ 电位的大小有关，二者之间

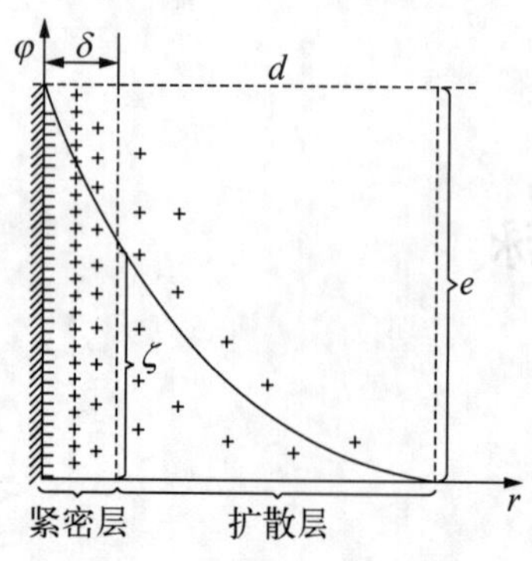

图 21 - 1　扩散双电层的 ξ 电位

有下关系：

$$\zeta=4\pi\eta u/[\varepsilon(E\cdot l^{-1})] \tag{21-1}$$

式中：η 为介质的粘度；l 为两极间的距离；ε 为介质的介电常数。

本实验是采用界面移动法来测出电泳速率的。即通过观察时间 t 内电泳仪中溶胶与辅液的界面在电场作用下移动距离 l' 后，由 $u=l'/t$ 求出。水的 η 值可由本书后附录常用数据表 16 中查得，水的 ε 值则按下式计算得到。

$$\varepsilon/(\mathrm{F\cdot m^{-1}})=\{80-0.4\times[(T/\mathrm{K})-293]\}\times 8.854\times 10^{-12}$$

式中：T 为实验时的热力学温度。据此可算出胶粒的 ζ 电位。

四、仪器和药品

拉比诺维奇-付其曼电泳仪(附电极)	1 套
直流稳压电源	1 台
电导率仪	1 台
锥形瓶(250 mL)	1 个
电炉(1 000 W)	1 个
烧杯(带刻度，250 mL、1 000 mL)	各 1 个
洗瓶(250 mL)	1 个
离心试管	10 支
滴管	5 支
棕色试剂瓶(250 mL)	1 个

$FeCl_3$ 溶液($w=0.10$)；KCNS 溶液($w=0.01$)

$AgNO_3$ 溶液($w=0.01$)；$CuSO_4$ 溶液($w=0.01$)

KCl 溶液($c=0.1\ \mathrm{mol\cdot L^{-1}}$)　胶棉液[火棉乙醇乙醚溶液，$w$(火棉)$=0.05$]。

五、实验步骤

1. 制备 $Fe(OH)_3$ 溶液

在 250 mL 烧杯中加 200 mL 蒸馏水，加热至沸，慢慢滴入质量浓度为 0.10 的 $FeCl_3$ 溶液 10 mL(在 4—5 min 滴完)，并不断搅拌，滴完后再煮沸 1—2 min，冷却待用。

2. 半透膜的制备

取一只洗净烘干内壁光滑的 250 mL 锥形瓶，加入约 20 mL 胶棉液，小心转动锥形瓶，使胶棉液在瓶内壁形成均匀的薄膜，倾出多余的胶棉液，将锥形瓶倒置于铁圈上，让乙醚挥发完，待用手指轻轻触及薄膜而无粘着感时，随即将瓶内加满蒸馏水，使剩余在膜上的乙醇被溶去；倒出瓶内的水，将瓶口的膜剥开一部分，再在瓶壁和膜之间注入蒸馏水至满，膜即脱离瓶壁，轻轻取出膜袋，将膜袋灌水而悬空，袋中之水应能逐渐渗出，但不能有漏洞，若有较小漏洞，可先擦干洞口部分，再用玻璃棒蘸少许胶棉液，轻轻触及洞口，即可补好。

3. 渗析

将已冷却的 $Fe(OH)_3$溶胶，注入半透膜袋内，用线扎好袋口，吊于 1 000 mL 烧杯中，加入蒸馏水约 500 mL，使袋内溶胶全部浸入水中进行渗析。水温保持在 60—65 ℃，10 min换水一次，每次换水前用离心试管两支各取渗析液 1 mL，在 1 支离心试管中加入 1 滴 $AgNO_3$溶液，在另一支离心试管中加入 1 滴 KSCN 溶液，以检验 Cl^- 和 Fe^{3+}，直至检验不出（一般渗析 5 次），然后将溶胶和最后一次的渗析液冷至室温，再用电导率仪分别测其电导率 $\kappa_{胶}$、$\kappa_{辅}$，若二者相等，则将溶胶倾入 250 mL 的棕色试剂瓶中，将最后一次渗析液作为导电辅液备用。若二者相差较大，则可在渗析液内加入蒸馏水或浓度为 0.1 mol·L^{-1}的 KCl 溶液进行调节，至渗析液的电导率近乎等于溶胶的电导率为止。

4. 电泳速率 u 的测定

(1) 先用铬酸洗液浸泡电泳仪（见图 21-2），再用自来水冲洗多次，然后用蒸馏水荡洗。在各个活塞上涂一薄层凡士林（凡士林要离活塞孔稍远，以免污染溶胶），塞好活塞。

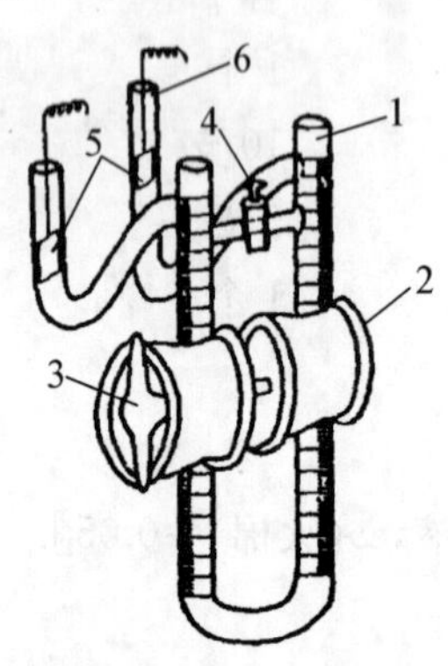

图 21-2　拉比维奇-付其曼 U 形电泳仪
1—U 形管；2、3、4—活塞；5—电极；6—弯管

(2) 打开活塞 2、3，用少量 $Fe(OH)_3$溶胶洗涤电泳仪 2～3 次，将溶胶加入电泳仪的 U 形管 1 中，至液面略高于活塞 2、3，关闭活塞，倒去活塞上方的多余溶胶。

(3) 用辅液荡洗 U 形管活塞 2、3 以上部分三次，将电泳仪固定在铁架台上，从 U 形管口加入辅液（以能浸没电极为准），插入两铂电极 5，并连接电源，缓缓打开活塞 4，使两边液面等高，关闭活塞 4。

(4) 缓缓旋开活塞 2、3，可得到溶胶和辅液间一清晰界面。接通电源，电压调至 150 V 左右。当界面上升至活塞 2（或 3）上少许时，开始计时，同时记录界面的位置，以后每隔 10 min 记录一次，共测四次。

(5) 测完后，关闭电源。用铜丝量出两电极间的距离 l（不是水平距离），共量 3—5 次，取其平均值 $\bar{l}$。

实验结束，将溶胶倒入指定瓶内，洗净玻璃仪器，并将电泳仪内注满蒸馏水。

六、实验注意事项

1. 制备半透膜时，加水溶解乙醇的时间应掌握好，如加水过早，因胶膜中的乙醚尚未完全挥发掉，胶膜呈乳白色，强度差不能用。如加水过迟，则胶膜变干、脆，不易取出且易破。制备好的半透膜放在蒸馏水中保存备用。

2. 溶胶的制备条件和净化效果均影响电泳速度。应很好地控制浓度、温度、搅拌和滴加速度。渗析时应控制好水温，常搅动渗析液，勤换渗析液，这样制备的溶胶胶粒大小均匀，胶粒周围的反离子分布趋于合理，基本形成热力学稳定态，所得的 ζ 电位准确，重复性好。

3. 加辅液后，打开活塞 2、3 时，应尽可能慢，以保持界面清晰。

七、数据记录和处理

1. 将实验数据填入表 21－1 中。

室温________ 大气压________ ε________ η________

E________ $\bar{l}$________ $\kappa_{胶}$________ $\kappa_{辅}$________

表 21－1 实验数据记录表

时 间 t/s	界面高度 h/m	界面移动距离 l'/m	电泳速率 u/(m·s^{-1})	平均值 u/(m·s^{-1})

2. 按(21－1)式计算 $Fe(OH)_3$ 溶胶的 ζ 电位，并指出胶粒所带电荷的符号。

八、思考题

1. 电泳速率的快慢与哪些因素有关？
2. 本实验中电泳仪为什么要求洗涤干净？

九、讨论

1. 电泳的实验方法有多种。界面移动法适用于溶胶和大分子溶液与分散介质形成的界面在电场作用下移动速率的测定。显微电泳法用显微镜直接观察质点电泳的速率，要求研究对象必须在显微镜下能明显观察到，适用于粗颗粒的悬浮体和乳状液。区域电泳法是以惰性面均匀的固体或凝胶作为被测样品的载体进行电泳，以达到分离与分析电泳速度不同的各组分的目的，现已成为分离与分析蛋白质的基本方法。电泳的实际应用很广泛，如陶瓷工业的粘土精选，电泳涂漆，电泳镀橡胶，生物化学和临床医药上的蛋白质及病毒的分离等。

2. 界面移动法电泳实验中辅液的选择十分重要，因为 ζ 电位对辅液成分十分敏感，最好用胶体溶液的超滤液。1—1 价型电解质组成的辅液多选用 KCl 溶液，因 K^+ 和 Cl^- 的迁移速率基本相同。此外要求辅液的电导率与溶胶一致，目的是避免界面处电场强度的突变造成两臂界面移动速度不等产生界面模糊。

3. 本实验中电极采用铂电极，电泳实验时两电极上有气泡析出(发生电解)，可导致辅液电导率发生变化和扰动界面，可将辅液与电极用盐桥隔开或将铂电极改用电化学上的可逆电极。

4. $Fe(OH)_3$溶胶有文介绍可在混合溶剂中制备，所得胶体呈固态，纯净不需经半透膜纯化，易长期保存，使用时只需用蒸馏水进行搅拌分散即可制得所需浓度的 $Fe(OH)_3$ 溶胶。制法如下：在电磁搅拌下，向浓度为 0.1 $mol \cdot L^{-1}$的 $FeCl_3$ 乙醇溶液中缓慢滴加浓度为 0.6 $mol \cdot L^{-1}$的氨乙醇溶液，控制反应温度为 50 ℃左右，至溶胶的 pH 为 6 左右，过滤，用无水乙醇洗涤至无 Cl^- 和 NH_4^+ 为止，沉淀在 90 ℃下烘 3—4 h，得胶体粉末。

5. 用本实验方法制备和纯化的 $Fe(OH)_3$溶胶，ζ 电位的文献值为 0.044 V(天津大学物理化学教研室编《物理化学》，高等教育出版社，1989：252)，供参考。

实验 22　高聚物相对分子质量的测定(粘度法)

一、目的

1. 测定聚乙二醇的平均相对分子质量。
2. 掌握用乌氏粘度计测定粘度的方法。

二、预习指导

1. 理解高聚物相对分子质量、粘度、相对粘度、增比粘度、比浓粘度、特性粘度等概念。
2. 理解根据实验数据用外推法作图求得高聚物特性粘度$[\eta]$，由$[\eta]$计算高聚物粘均相对分子质量的方法。
3. 了解乌氏粘度计的构造与使用方法。
4. 了解实验的主要注意事项。

三、原理

在高聚物中相对分子质量大多是不均一的，通常所说的相对分子质量是指统计的平均相对分子质量。测定高聚物相对分子质量的方法很多，比较起来，粘度法设备简单，操作方便，且有很好的实验精度，是常用的方法之一。用粘度法测定的相对分子质量称为高聚物的粘均相对分子质量。

高聚物溶液在流动时，由于分子间相互作用，产生了阻碍运动的内摩擦，粘度就是这种内摩擦的表现。它包括溶剂分子间的内摩擦，高聚物分子间的内摩擦及高聚物分子与溶剂分子间的内摩擦，三者总和表现为高聚物溶液的粘度，以 η 表示。其中溶剂分子间表

现出来的粘度以 η_0 表示，η/η_0 称为相对粘度，以 η_r 表示，它仍是描述整个溶液的粘度行为。

高聚物溶液的粘度一般都比纯溶剂的粘度大得多，粘度增加的分数称为增比粘度，以 η_{sp} 表示。即

$$\eta_{sp}=(\eta-\eta_0)/\eta_0=(\eta/\eta_0)-1=\eta_r-1 \tag{22-1}$$

η_{sp} 反映了扣除溶剂分子间的内摩擦后所剩下的溶剂分子与高聚物分子间及高聚物分子之间的内摩擦，它随着高聚物浓度的增加而增大，故采用单位浓度下的增比粘度进行比较，叫作比浓粘度，以 η_{sp}/ρ_B 表示，其中 ρ_B 为高聚物 B 的质量浓度，比浓粘度亦随着溶液的浓度而改变，当溶液无限稀释时(即 $\rho_B\to 0$ 时)，高聚物分子彼此相隔很远，相互之间的摩擦作用可忽略不计，这时高聚物溶液的粘度行为，主要反映高聚物分子与溶剂分子间的内摩擦，这一比浓粘度的极限值，称为高聚物溶液的特性粘度，以[η]表示，即

$$\lim_{\rho B\to 0}(\eta s_p/\rho_B)=[\eta] \tag{22-2}$$

根据实验，η_{sp}/ρ_B 和[η]的关系可用经验式表示如下

$$\eta_{sp}/\rho_B=[\eta]+K'[\eta]^2\rho_B \tag{22-3}$$

式中：K' 为常数，当 $\rho_B\to 0$ 时，$\eta_{sp}\ll 1$ 可得

$$\ln\eta_r=\ln(1+\eta_{sp})=\eta_{sp} \tag{22-4}$$

将(22-4)式代入(22-2)式，可得

$$\lim_{\rho B\to 0}(\eta_r/\rho_B)=[\eta] \tag{22-5}$$

$(\ln\eta_r)/\rho_B$ 与[η]的关系亦可用如下的经验式表示：

$$(\ln\eta_r)/\rho_B=[\eta]+\beta[\eta]^2\rho_B \tag{22-6}$$

若分别以 η_{sp}/ρ_B 和 $(\ln\eta_r)/\rho_B$ 对 ρ_B 作图，均为直线，两直线在纵坐标轴上截距相同，都是[η]，如图 22-1 所示。

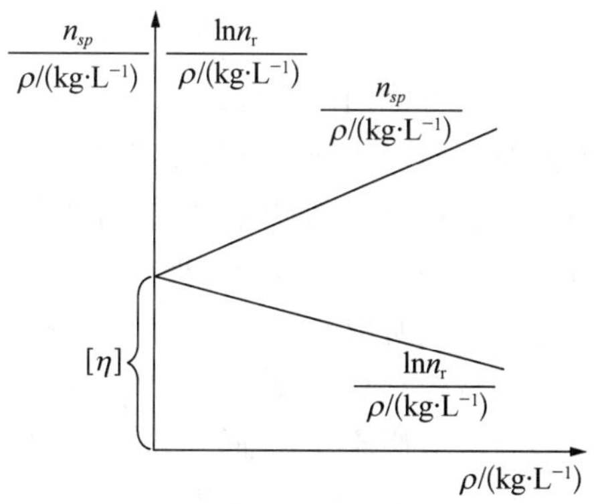

图 22-1 外推法求[η]

$[\eta]$和高聚物相对分子质量M_r之间的关系符合下面的经验式：

$$[\eta]=KM_r^{\alpha} \tag{22-7}$$

式中：K、α 为常数，与温度、高聚物和溶剂的性质等因素有关，K 和 α 值是先用其他实验方法求得的，所以说粘度法本身不是一个绝对方法，而只是一个相对方法，但是只要在一定温度下确定 K 和 α 值后，就可以很方便地通过粘度的测定求出高聚物的相对分子质量。对聚乙二醇的水溶液，不同温度下的 K、α 值见表(22－1)。

表 22－1　不同温度下聚乙二醇的水溶液的 K、α 值

t /℃	$K/(10^{-3}\text{kg}^{-1}\cdot\text{L})$	α	$M_r/10^4$
25	156	0.50	0.019—0.1
30	12.6	0.78	2—500
35	6.4	0.82	3—700
35	16.6	0.82	0.04—0.4
45	6.9	0.81	3—700

高聚物溶液粘度的测定，以毛细管法最为方便，当液体在垂直毛细管内因重力作用而流出时，遵守泊肃叶(Poiseuille)定律：

$$\eta/\rho=\pi hgr^4t/(8lV)-mV/(8\pi lt) \tag{22-8}$$

式中：ρ 是液体的密度；h 是毛细管的长度；r 是毛细管的半径；g 是重力加速度；h 是流经毛细管的液体平均液柱高度；V 是流经毛细管的液体体积；t 是液体流出时间；m 为毛细管末端校正参数，当 $l\gg r$ 时，$m=1$，对于同一支粘度计，令(22－8)式可写成

$$\eta/\rho=At-B/t \tag{22-9}$$

式中：$B<1$，当流出时间 $t>100$ s 时，等式右边第二项可以忽略。又因通常测定相对分子质量时溶液都很稀，所以溶液密度和溶剂密度近似相等，当用同一支粘度计，通过分别测定溶液和溶剂的流出时间 t 和 t_0，即可求算 η_r。

$$\eta_r=\eta/\eta_0=t/t_0 \tag{22-10}$$

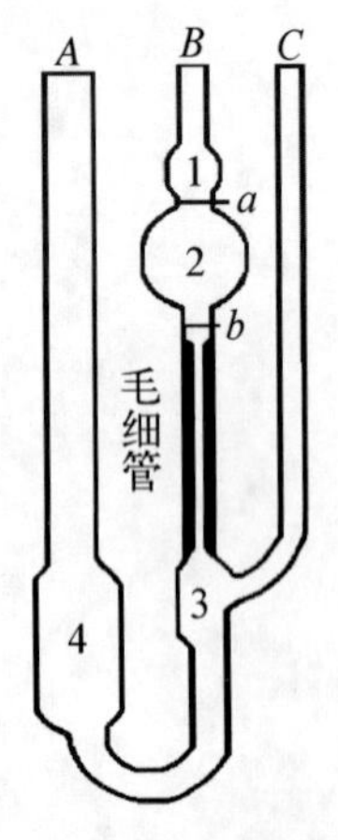

图 22－2　乌氏粘度计

进而可分别计算得到 η_{sp}、η_{sp}/ρ_B和 $\ln\eta_r/\rho_B$值。配制一系列不同浓度的溶液分别进行测定，以 η_{sp}/ρ_B和 $\ln\eta_r/\rho_B$为同一纵坐标，ρ_B为横坐标，得两条直线，分别外推到 $\rho_B=0$ 处，其截距为$[\eta]$，代入(22－7)式，即可得 M_r。

本实验所用的乌氏粘度计，其构造如图(22－2)所示，其毛细管的直径和长度及球 2 的大小，应根据所用溶剂的粘度而定。一般要求溶剂流经毛细管的时间不小于 100 s，但毛细管的直径不宜小于 0.5 mm，否则测定时易堵塞。

四、仪器和药品

恒温槽	1套
乌氏粘度计	1支
秒表	1个
洗耳球	1个
移液管(10 mL)	2支
移液管(5 mL)	1支
铅锤	1个
聚乙二醇	

五、实验步骤

1. 配制高聚物溶液

称取 3.5—4.0 g 左右聚乙二醇 400(聚乙二醇的用量根据其相对分子质量而定,使溶液对溶剂的相对粘度在 1.1 到 1.9 之间为宜),称准至 0.1 mg,放入 100 mL 容量瓶中,加入约 60 mL 蒸馏水,振荡使之与水混合均匀,用蒸馏水稀释至刻度。

2. 测定溶液流出的时间

调节恒温槽的温度至 25±0.05 ℃,把 100 mL 蒸馏水和已配制好的聚乙二醇溶液置于恒槽中恒温,将粘度计用洗液浸泡后,再用自来水、蒸馏水洗净并吹干,在 B、C 两管上端分别套上一段乳胶管,然后垂直放入恒温槽并使球 1 没入水中,固定好。调节搅拌器使转速适中,不致产生剧烈振动。安装好后,用移液管吸取 10 mL 已恒温好的溶液,从 A 管加入粘度计,用弹簧夹夹住 C 管上的乳胶管使之不漏气,用洗耳球由 B 管慢慢抽气,待液面升至球 1 的中部时停止抽气,取下洗耳球,松开 C 管上的夹子,使空气进入球 3,在毛细管内形成气承悬液柱,液体流出毛细管下端就沿管壁流下,此时球 1 内液面逐渐下降,当液面恰好到达刻度线 a 时,立即按下停表,开始计时,待液面下降到刻度线 b 时再按停表,记录溶液流经毛细管的时间。至少重复三次,取其平均值,作为溶液 $\rho_{B,1}$ 流出的时间。每次测得的时间不应相差 0.3 s。

然后用移液管加入已恒温的蒸馏水 5 cm^3,小心使其混合均匀,抽洗 1、2 球 5 次,同上法测定相对浓度 $\rho_{B,2}/\rho_{B,1}$ 为 2/3 时的流出时间,再依次加入 5、10、10 mL 已恒温的蒸馏水,稀释成相对浓度为 1/2、1/3、1/4 的溶液,并分别测定它们流出的时间。

3. 测定水流出的时间

将粘度计内溶液由 A 管倒入回收瓶,及时用蒸馏水约 10 mL 洗涤粘度计,并至少抽洗 1、2 球 5 次,倒出蒸馏水。同上法再洗涤两遍。然后加入已恒温的蒸馏水 10 mL,测定其流出的时间，至少重复 3 次，每次测得的时间不应相差 0.3 s，取其平均值。

实验完毕，倒出蒸馏水，将粘度计倒置晾干。

六、实验注意事项

1. 配制聚乙二醇溶液时，必须充分振荡使之与水完全混合均匀。

2. 乌氏粘度计必须用洗液浸泡后再洗净吹干，必须保持洁净，安装时必须垂直固定在恒温槽中，球 1 必须没入水中。

3. 须调节好恒温槽的搅拌器，使之转速适中，不致产生剧烈振动。

4. 温槽的温度必须控制在 25±0.05 ℃。

5. 从 B 管抽吸溶液时，C 管上的乳胶管应当用弹簧夹夹紧使之不漏气，抽吸进入 1、2 球的溶液不得含有气泡。

6. 从 A 管加入恒温蒸馏水稀释溶液时，必须抽洗 1、2 球 5 次，使之混合均匀。

七、数据记录和处理

1. 按表 22-2 记录并计算各种数据。

室温________ 大气压________ ρ_B________

表 22-2 实验数据记录表

相对浓度 $\rho_B/\rho_{B,1}$	流出时间/s				η_r	$\ln \eta_r$	η_{sp}	$\eta_{sp}/(\rho_B/\rho_{B,1})$	$\frac{\ln \eta_r}{\rho_B/\rho_{B,1}}$
	①	②	③	平均					
1									
2/3									
1/2									
1/3									
1/4									
0									

2. 分别以 $\ln \eta_r/(\rho_B/\rho_{B,1})$ 和 $\eta_{sp}/(\rho_B/\rho_{B,1})$ 对 $\rho_B/\rho_{B,1}$ 作图，并外推到 $\rho_B/\rho_{B,1}\to 0$ 处，得截距 b，再由$[\eta]=b/\rho_{B1}$求出$[\eta]$。

3. 依据(22-7)式计算聚乙二醇的相对分子质量。

八、思考题

1. 特性粘度$[\eta]$就是溶液无限稀释时的比浓粘度，它和纯溶剂的粘度 η_0 是否一样？为什么要通过$[\eta]$来求高聚物的相对分子质量？

2. 若 $\eta_{sp}/(\rho_B/\rho_{B,1})$或 $\ln \eta_r/(\rho_B/\rho_{B,1})$对 $\rho_B/\rho_{B,1}$ 作图 η 线性不好，其原因有哪些？

九、讨论

1. 影响实验精确度，作图时线性不佳的主要因素：

(1) 若配制溶液时聚乙二醇与水未完全混合均匀，会使所配制的溶液浓度不均匀，影响实验结果。

(2) 如果乌氏粘度计使用前未用洗液充分浸泡和清洗，其内壁可能存有附着的高聚物和杂质。若乌氏粘度计在恒温槽内固定不垂直，会延长球 2 内溶液流出的时间。若球 1 未能没入水中，抽吸到其中的溶液的温度会发生变化。

(3) 若恒温槽搅拌器的转速太快，产生明显振动，会影响球 2 溶液的流出时间。

(4) 如果恒温槽的温度波动超过 25±0.05 ℃的范围，会使溶液粘度发生变化，改变球 2 内溶液的流出时间。

(5) 从 B 管抽吸溶液时，C 管上的乳胶管如果未能夹紧，会形成许多小气泡而吸入球 2，一旦有小气泡进入球 1 或者球 2，应当予以消除，或者舍去当次实验数据。可将 C 管上的乳胶管折叠后用弹簧夹夹紧。

(6) 若从 A 管加入恒温蒸馏水稀释溶液时，未能充分抽吸混合，溶液浓度不均匀，会影响从球 2 溶液流出的时间。

(7) 观察球 1、2 内液面下降至刻度线时，应当眼睛平视，以减少实验误差。

2. 若冬天进行本实验，配制的高聚物溶液与恒温槽的温度差距很大，如果溶液恒温的时间较短，则进入球 2 的溶液温度可能存在较大误差。可以把配制的高聚物溶液放入恒温槽进行恒温，用温度计测量溶液温度达到 25 ℃时再进行实验。

3. 实验步骤 3 最后安排测定水流出球 2 的时间，这是为了刚用过的乌氏粘度计得以及时按规定进行洗涤，保持洁净。如果不认真进行洗涤，则测量水的流出时间会存在较大误差，使实验结果产生较大偏差。

4. 一些研究者对液体粘度的测量方法进行改进，设计了单管粘度计，应用自动计时系统，提高了实验精确度。实验装置如图(22－3)所示。将控制电子表“start/stop”的两金属片用两对导线引出(均为双线)，分别接到两只继电器吸合时为“通”的两接线端，位于盛液球液面的两对检测线分别接至两只 NE555 时基电路的 1、2 两端。利用电极浸入液体中电阻小，脱离液体电阻变为无限大的性质，来控制继电器“吸合”或“断开”的状态，达到自动记录球 6 液体流出时间的目的。这样可以减少靠人工判断液体界面的移动和按秒表来记录液体流出时间的人为主观误差[①]。

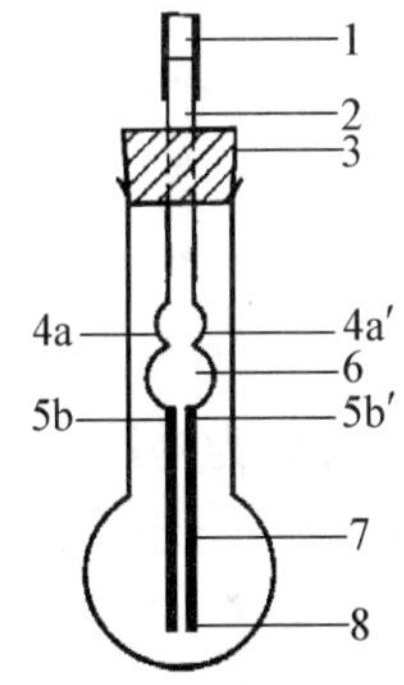

图 22－3　单管粘度计示意图

1—乳胶管；2—椭圆形玻管；3—橡皮塞；4—a、a′上电极对；5—b、b′下电极对；6—盛液球；7.8—毛细管；8—玻璃针

① 阚锦晴、吴一平、薛怀国，化学通报，1995(6)。

实验 23　磁化率的测定

一、目的

1. 掌握古埃(Gouy)法测定磁化率的原理和方法。

2. 通过 $FeSO_4 \cdot 7H_2O$、$Fe_2(SO_4)_3 \cdot 9H_2O$、$K_4[Fe(CN)_6] \cdot 3H_2O$、$CoSO_4 \cdot 7H_2O$ 等化合物磁化率的测定,推算其未成对电子数。

二、预习指导

1. 理解物质的磁化率和分子磁矩的区别与联系。

2. 了解古埃磁天平的结构。

3. 清楚用古埃磁天平测量物质的磁化率的方法。

三、原理

物质在外磁场作用下会被磁化。

物质的磁化用磁化强度 M 来描述,对非铁磁性物质,磁化强度与外磁场强度 H 及磁感应强度 B 成正比。

$$M=\chi H=\chi B/\mu_0 \qquad (23-1)$$

式中:χ 称为物质的体积磁化率;χ 是无量纲的量;$\mu_0=4\pi\times10^{-7}\ N/A^2$,称为真空磁导率。在化学上,常用单位质量磁化率 χ_m 和摩尔磁化率 χ_M。它们的定义是

$$\chi_m=\chi/\rho \qquad (23-2)$$

$$\chi_M=M\chi/\rho \qquad (23-3)$$

式中:ρ、M 分别为物质的密度和摩尔质量。

物质的磁性与原子、离子或分子的微观结构有关。

当原子、离子、分子中的电子均已成对时,物质没有永久磁矩。置于外磁场中时,只有因电子的拉摩进动产生的附加磁场,附加磁场的方向与外磁场方向相反,摩尔磁化率 $\chi_M<0$,显示逆磁性。

当原子、离子、分子中存在未成对电子,物质就具有永久磁矩。置于外磁场中时,永久磁矩会顺着外磁场方向定向排列,使物质内部磁场增强而显示出顺磁性。同时,也有因电子的拉摩进动而产生的逆磁性。顺磁性物质的摩尔磁化率 χ_M是摩尔顺磁化率 $\chi_{顺}$ 和摩尔逆磁化率 $\chi_{逆}$之和,即

$$\chi_{M}=\chi_{顺}+\chi_{逆}$$

由于

$$\chi_{顺}\gg\chi_{逆}$$

作近似处理

$$\chi_{M}=\chi_{顺}$$

顺磁性物质的附加磁场与外磁场方向相同，其摩尔磁化率

$$\chi_{M}>0$$

摩尔顺磁化率 $\chi_{顺}$ 与永久磁矩 μ_S 有如下的关系

$$\chi_{顺}=\frac{N_A\mu_0\mu_S^2}{3kT} \tag{23-4}$$

式中：N_A 为阿伏伽德罗常数；k 为玻尔兹曼常数；T 为热力学温度。近似地

$$\chi_{M}=\frac{N_A\mu_0\mu_S^2}{3kT} \tag{23-5}$$

(23-5)式将物质的宏观性质 χ_M 和其微观性质 μ_S 联系起来。只要实验测得磁化率 χ_M，就可以求算得到分子永久磁矩 μ_S。

永久磁矩与未成对电子数 n 有如下的关系

$$\mu_S=(n(n+2))^{1/2}\mu_B \tag{23-6}$$

式中：μ_B 为玻尔磁子。

$$\mu_B=\frac{eh}{4\pi m_e}=9.274\times10^{-24}\ \mathrm{J\cdot T^{-1}}$$

式中：m_e 为电子质量；e 为电子电量；h 为普朗克常数。

综上所述，实验测定物质的摩尔磁化率后，可计算得到分子永久磁矩，再通过(23-6)式可求得分子中的未成对电子数，从而推断某些简单分子的电子结构、金属络合物的键型等。

测定磁化率的方法很多，本实验用古埃磁天平法，其原理如图 23-1 所示。

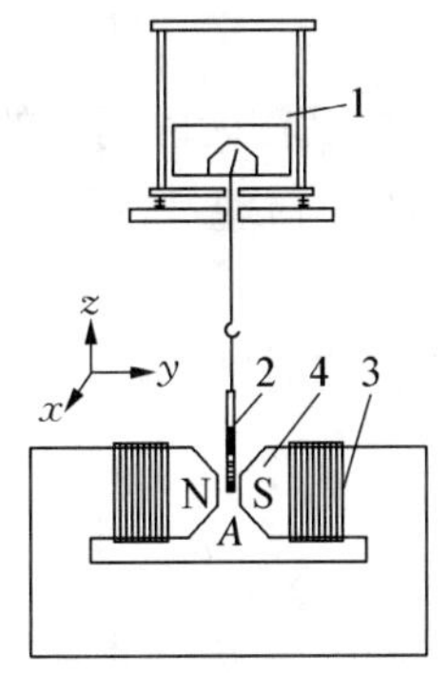

图 23-1 古埃磁天平原理图

1—天平；2—样品管；3—磁感应线圈；4—磁极

将装有样品的圆柱形玻璃样品管悬挂在天平的一个臂上，使样品的底部与两磁极的轴相齐，即位于磁感应强度 B 最大处($B_{\max}$)。样品管应有足够长，使其上端所处磁感应强度近似为零($B\approx 0$)。这样，样品就处在一个不均匀的磁场中。设圆柱形样品管的截面积为 A，沿样品管长度方向 $\mathrm{d}z$ 的小体积元为 $\mathrm{d}V=A\mathrm{d}z$，样品在非均匀磁场中所受到的作用力 $\mathrm{d}F$ 为：

$$\mathrm{d}F=(\chi-\chi_0)\cdot H\cdot\frac{\mathrm{d}B}{\mathrm{d}Z}\cdot\mathrm{d}V=(\chi-\chi_0)\frac{B}{\mu_0}A\mathrm{d}B$$

式中：χ 为被测物质的体积磁化率；χ_0为周围介质的体积磁化率。对上式积分得

$$F=\int_0^B(\chi-\chi_0)\cdot A\cdot\frac{B}{\mu_0}\cdot\mathrm{d}B$$

$$=\frac{1}{2}(\chi-\chi_0)\frac{A}{\mu_0}(B^2-B_0^2)$$

式中：χ_0、B_0 可以忽略不计，故上式可以简化得：

$$F=\frac{1}{2\mu_0}\chi AB^2 \tag{23-7}$$

用磁天平称出样品在有磁场和无磁场时的表现质量变化 $\Delta m_{样品}$，显然

$$F=\Delta m_{样品}\cdot g=\frac{1}{2\mu_0}\chi AB^2 \tag{23-8}$$

式中：g 为重力加速度；$\Delta m_{样品}$ 等于装有样品的样品管在加磁场前后的表现质量之差减去空样品管在加磁场前后的表现质量之差。即

$$\Delta m_{样品}=\Delta m_{样品+管}-\Delta m_{管} \tag{23-9}$$

由(23－2)、(23－3)与(23－8)式得

$$\chi_m=\chi/\rho=\frac{\chi}{m/hA}=\frac{\chi hA}{m}=\frac{2\Delta m_{样品}hg\mu_0}{mB^2} \tag{23-10}$$

$$\chi_M=\frac{M\chi}{\rho}=\frac{2\Delta m_{样品}hg\mu_0 M}{mB^2} \tag{23-11}$$

(23－10)与(23－11)式中：m 为样品在无磁场时的质量；h 为样品的实际高度。

原则上只要测得 $\Delta m_{样品}$、h、m、B 等物理量，即可由(23－11)式计算出顺磁性物质的摩尔磁化率。

磁感应强度 B 可以用特斯拉计直接测量，本实验中不均匀磁场必须用已知单位质量磁化率为

$$\chi_M=\frac{95\mu_0}{T+1} \tag{23-12}$$

的莫尔氏盐标定。式中：T 为热力学温度。

四、仪器和药品

古埃磁天平(配电子分析天平)　　1台
软质玻璃样品管(15.0 cm 处有刻度)　　1支
装样品工具(包括角匙、小漏斗、玻璃棒、研体)　　1套
$(NH_4)_2SO_4 \cdot FeSO_4 \cdot 6H_2O$(A.R.)
$FeSO_4 \cdot 7H_2O$(A.R.)
$CoSO_4 \cdot 7H_2O$(A.R.)
$Fe_2(SO_4)_3 \cdot 9H_2O$(A.R.)
$K_4[Fe(CN)_6] \cdot 3H_2O$(A.R.)

五、实验步骤

1. 接通冷却水,保证磁天平的励磁线圈3处于良好的散热状态,不至于烧坏(部分型号或经改造后的磁天平可不接冷却水)。

2. 接上电源,检查磁天平是否正常。通电和断电时,应先将电源旋钮调到最小。励磁电流的升降应平稳、缓慢,以防励磁线圈产生的反电动势将晶体管等元件击穿。

3. 标定磁感应强度

(1) 将特斯拉计的磁感应探头平面垂直置于磁铁的中心位置,档位开关拨至"500" mT 处。调节励磁电流,使特斯拉计上显示磁感应强度为 350 mT,记录励磁电流值,作为测定样品时控制的励磁电流值(高斯计显示的磁感应强度值仅作参考,不作确定值)。

(2) 测定空样品管2在加磁场前后的表现质量变化 m_1、m_2。重复测两次,取其平均值 Δ_m,填入表 23-1 中。

(3) 取下样品管,把研细的莫尔氏盐通过小漏斗加入样品管中。并不断让样品管底部在木垫上轻轻碰击,使样品粉末均匀填实。样品一直加到 15.0 cm 刻度处。测定莫尔氏盐和样品管在加磁场(与测空管时的相同)前后的表现质量 m_1、m_2,求出在加磁场前后的表现质量变化 $\Delta m = m_2 - m_1$。重复测两次,取其平均值 Δm。并记录磁天平中样品所处的温度。将样品管中莫尔氏盐倒入回收瓶中。用水洗净样品管,再用丙酮润湿样品管内外壁,加速水分蒸发,干燥备用。

4. 与测定莫尔氏盐的方法相同,在样品管中装取与莫尔氏盐相同高度的样品,在同一磁感应强度下(控制励磁电流值相同),分别测定 $FeSO_4 \cdot 7H_2O$、$Fe_2(SO_4)_3 \cdot 9H_2O$、$K_4[Fe(CN)_6] \cdot 3H_2O$、$CoSO_4 \cdot 7H_2O$ 和样品管在加磁场(与测空管时的相同)前后的表现质量 m_1、m_2,求出在加磁场前后的表现质量变化 $\Delta m = m_2 - m_1$。重复测两次,取其平均值 Δm。并记录磁天平中样品所处的温度。

六、实验注意事项

1. 空样品管需干燥洁净。样品应事先研细,置于干燥器中。

2. 装样时应使样品均匀填实。几个样品的装填高度一致。
3. 通电和断电时，应先将电源旋钮调到最小；励磁电流的升降应平稳、缓慢。
4. 称量时，样品管应悬于两磁极之间，底部与磁极中心线齐平。

七、数据记录和处理

1. 将实验值填入下表。

温度________　　励磁电流________

表 23－1　实验数据记录表

被测物质	样品高度	称量次序	m_1/g	m_2/g	Δm/g	Δm/g	m_1/g	$m_{样品}$/g
空样品管		1						
		2						
空样品管＋$(NH_4)_2SO_4\cdot FeSO_4\cdot 6H_2O$		1						
		2						
空样品管＋$FeSO_4\cdot 7H_2O$		1						
		2						
空样品管＋$CoSO_4\cdot 7H_2O$		1						
		2						
空样品管＋$Fe_2(SO_4)_3\cdot 9H_2O$		1						
		2						
空样品管＋$K_4[Fe(CN)_6]\cdot 3H_2O$		1						
		2						

2. 由(23－11)式和(23－10)式计算实验时所加励磁电流时的磁感应强度。
3. 由(23－11)式求样品的摩尔磁化率。
4. 由(23－5)式求样品的分子磁矩。
5. 由(23－6)式求样品中金属离子的未成对电子数。
6. 分析实验误差及原因。

八、思考题

1. 根据(23－11)式，分析各种因素对 χ_M 的相对误差的影响。
2. 本实验中为什么用莫尔氏盐标定磁感应强度而不用高斯计直接测量？
3. 不同励磁电流下测得的样品摩尔磁化率是否相同？

九、讨论

1. 通过磁性测量,能得到物质分子结构的有关信息,如分子中是否存在未成对电子,配合物是高自旋,还是低自旋的。

2. 对合金或负载型物质的磁化率的测定可以得到合金组成,负载物存在形式等信息,甚至可研究生物体系中血液中的金属成分等。

实验 24 HCl 气体的红外光谱

一、目的

1. 通过 HCl 气体的红外光谱图的精细结构,测定 HCl 分子的转动惯量、力常数及平衡核间距。

2. 理解振一转光谱产生的原理及其应用;掌握红外光谱图的分析方法。

二、预习指导

1. 理解简谐振子模型和刚性转子模型。

2. 理解双原子分子作为简谐振子和刚性转子来处理时,振动基频 υ_e 和转动常数 B 与分子的结构参数的关系。

3. 了解双原子分子振—转光谱的特征及利用振—转光谱求得分子的力常数和平衡核间距的方法。

4. 清楚红外分光光度计的基本结构和工作原理。了解分析红外光谱图的方法。

三、原理

用频率较高的中红外光($\lambda=10^3$ nm～10^4 nm)照射分子时,可引起振动能级的跃迁并伴有转动能级的改变,得到振一转光谱,亦称红外光谱。

1. 刚性转子模型

在讨论双原子分子的转动光谱时,作为一种近似,可以把双原子分子的转动用刚性转子模型来处理,刚性转子的转动能为:

$$E_{转}=J(J+1)\frac{h^2}{8\pi^2 I} \quad J=0,1,2,\cdots \tag{24-1}$$

$$I = \mu r_e^2 \tag{24-2}$$

式中：I 为转动惯量；J 为转动量子数；μ 为折合质量 $= \dfrac{m_1 m_2}{m_1 + m_2}$ ；r_e为平衡核间距。

若能量以波数 $\tilde{\nu}$ /cm^{-1}来表示，则

$$\tilde{\nu}_{转} = \frac{E_{转}}{hc} = J(J+1)\frac{h}{8\pi^2 Ic} = J(J+1)B \tag{24-3}$$

$$B = \frac{h}{8\pi^2 Ic} \tag{24-4}$$

式中：B 为转动常数；c 为光速（$c = 3\times10^{10}$ cm·s^{-1}）。刚性转子的转动光谱选律为 $\Delta J = \pm 1$，所以纯转动光谱为一系列距离相等（$\Delta\nu = 2B$）的谱线。

2. 简谐振子模型

在讨论双原子分子的振动光谱时，作为一种近似，可以把双原子分子的振动用简谐振子模型来处理。简谐振子的振动能为

$$E_{转} = \left(v + \frac{1}{2}\right)h\nu_e \qquad v = 0, 1, 2, \cdots \tag{24-5}$$

$$\nu_e = \frac{1}{2\pi}\left(\frac{k}{\mu}\right) \tag{24-6}$$

式中：v 为振动量子数；ν_e为振动基频；k 为力常数。简谐振子的振动光谱选律为 $\Delta\nu = \pm 1$。所以对于符合简谐振子条件的双原子分子，谱线只有一条，频率为 ν_e。

用高分辨率的红外光谱仪，可以观察到双原子分子的振动谱带。由于对应的振动能级跃迁伴随着转动能级跃迁，每条谱带都是由许多谱线组成的。例如 HCl 的基频带（$\nu = 0 \to \nu = 1$）的精细结构如图（24－1）(a)中所示，对应的能级跃进如图（24－1）(b)中所示。

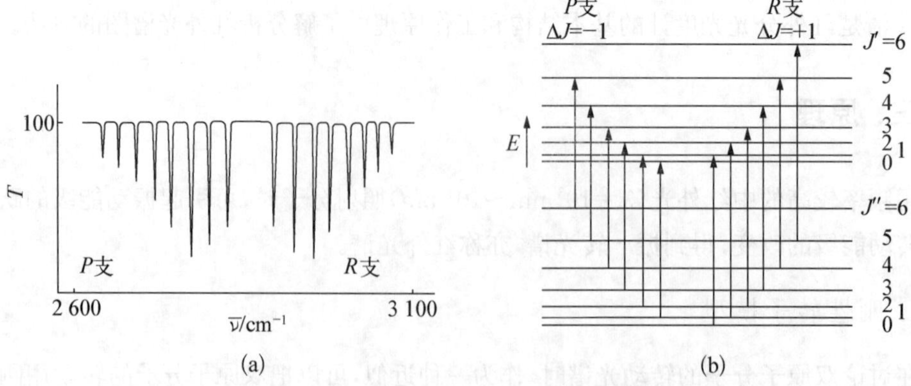

图 24－1　HCl 的红外光谱精细结构和能级跃迁

在双原子分子红外光谱的精细结构中，若某条谱线对应的振动跃迁为 $v'' \to v'$，伴随的转动能级跃进为 $J'' \to J'$，则其频率（cm^{-1}为单位）为

$$\nu=\frac{\Delta E}{hc}=(v'-v'')\nu_e+[J'(J'+1)B'-J''(J''+1)B''] \qquad (24-7)$$

式中：B'、B''分别为振动量子数为 v'、v''时的转动常数。由于在两个不同振动状态中结合力和核间距总有差异，所以 B'、B''值并不相同。

对于基谱带中的谱线($v''=0\to v'=1$)，当 $J'=J''+1$ 时，可得

$$\nu_R=\nu_e+(J''+1)(J''+2)B'-J''(J''+1)B'' \qquad J''=0,1,2\cdots \qquad (24-8)$$

这一系列谱线称为 R 支谱线。当 $J'=J''-1$ 时，可得

$$\nu_P=\nu_e+(J''-1)J''B'-J''(J''+1)B'' \qquad J''=0,1,2\cdots \qquad (24-9)$$

这一系列谱线称为 P 支谱线。

如果只考虑具有相同的转动跃迁起始态(J'')的 R 支和 P 支的谱线，则得

$$\nu_R(J'')-\nu_P(J'')=4\left(J''+\frac{1}{2}\right)B' \qquad J''=0,1,2\cdots \qquad (24-10)$$

如果只考虑具有相同的转动跃迁终了态(J'值)的 R 支和 P 支的谱线，则得

$$\nu_R(J'')-\nu_P(J''+2)=4\left(J''+\frac{3}{2}\right)B'' \qquad J''=0,1,2\cdots \qquad (24-11)$$

由此可见，实验时只要由双原子分子红外光谱基谱带的精细结构得出转动量子数为 J''时的 $\nu_R(J'')$、$\nu_P(J'')$、$\nu_P(J''+2)$值，即可由(24-10)和(24-11)式求得两振动状态下的转动常数 B'和 B''值，并进一步求得分子转动惯量 μ，平衡核间距 r_e、力常数 k 等分子参数。

四、仪器和药品

高分辨红外分光光度计	1台
气体吸收池	1只
HCl 气体发生装置	1套
球胆	2只
浓硫酸（A.R.）	
浓盐酸(A.R.)	

五、实验步骤

1. 制备 HCl 气体

按图 24-2 所示装置仪器，检查气密性后，将浓盐酸滴入浓 H_2SO_4中，制得的 HCl 气体经过装有浓硫酸洗气瓶 3 及装有无水 $CaCl_2$的干燥管 4 干燥后，通入已由 HCl 气体清

洗过的球胆 5 中备用。

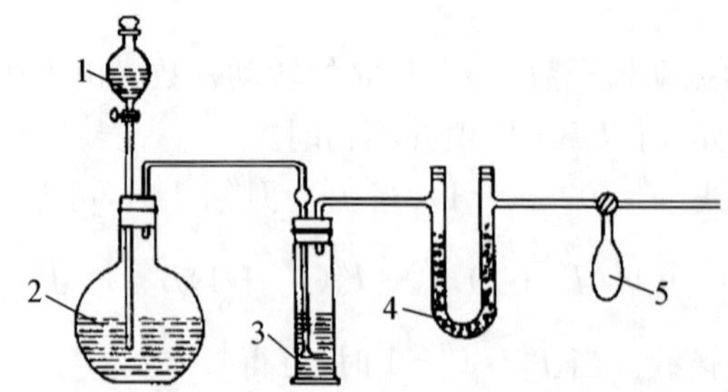

图 24-2　HCl 气体发生装置图

1—浓盐酸；2，3—浓硫酸；4—无水氯化钙；5—球胆

2. 摄谱

(1) 在教师指导下，调节红外分光光度计，检查仪器的稳定性。

(2) 将 NaCl(或 LiF)单晶片为窗口的气体吸收池抽成真空，在频率为 3 200 cm^{-1}—2 800 cm^{-1}的范围内扫描，作为样品红外光谱图的本底。

(3) 在抽成真空的样品池中，通入贮于球胆中的 HCl 气体，关上样品池活塞，在频率为 3 200 cm^{-1}—2 800 cm^{-1}的范围内扫描样品，绘出所需尺寸的 HCl 红外光谱图。

3. 读谱

利用红外分光光度计上的标尺正确读取各谱线的频率(以 cm^{-1}为单位)，或用自动读峰和打印程序完成读谱。

六、实验注意事项

1. 必须在教师指导下，严格按照所使用的红外分光光度计的使用说明书的操作规程使用仪器。

2. 气体吸收池的晶体窗口切忌沾水，通入的气体必须预先干燥。

3. 实验结束时一定要将气体排空，并用 N_2或 H_2气流反复清洗气体吸收池。

七、数据记录和处理

1. 将所记录的图谱各谱线的频率(以 cm^{-1}为单位)填入下表。

2. 由公式(24-10)及(24-11)分别求得 B'及 B''列于下表中。

表 24-1　实验数据记录表

J	ν_P/cm^{-1}	ν_R/cm^{-1}	$4B'/cm^{-1}$	$4B''/cm^{-1}$
0				

续 表

J	ν_p/cm^{-1}	ν_R/cm^{-1}	$4B'/\text{cm}^{-1}$	$4B''/\text{cm}^{-1}$
1				
2				
3				
4				
5				
6				

3. 由公式(24－4)及(24－2)计算转动惯量 I'、I''和平衡核间距 r'及 r''。

4. 用所测 HCl 气体红外光谱基谱带的精细结构中 $\Delta J=0$ 的振动跃迁($v''=0\rightarrow v'=1$)谱线峰的波数值近似为 ν_e值,通过公式(24－6)求算力常数 k。

八、思考题

1. 谱图中除 HCl 峰以外,还会有什么分子的何种振动吸收?为什么看不到 N_2和 O_2的吸收峰?

2. 为什么可以在红外区看到转动谱线的结构?它和在微波区的纯转动谱线结构是否一致?为什么?

九、讨论

1. 实际上双原子分子并非理想的简谐振子和刚性转子。非谐振子模型下,其振动能为:

$$E=(v+1/2)h\nu_e+x_e(v+1/2)^2h\nu_e$$

式中:非谐性系数 $x_e=h\nu_e/4D_e$。此时选律为 $\Delta v=\pm1,\pm2,\pm3\cdots\cdots$因此除基谱带外,还可观察到泛音带,泛音带往往比基谱带的强度小得多。研究双原子分子的振-转光谱还应考虑非刚性转子的修正项 $J^2(J+1)^2D$(D 为离心变形常数)和振动转动的相互作用项 $J(J+1)(v+1/2)\alpha$(α 为振动-转动的相互作用常数)。

2. 红外光谱可以用于双原子分子结构的测定、绘制摩斯势能曲线,可以用于有机化合物官能团的鉴定、用于定量分析,还在表面化学、催化化学、电化学等研究方面有广泛的应用。

Ⅱ 仪器及其使用

1 温度的测量

温度是表征物体冷热程度的一个物理量。准确地说温度参数是不能像测量长度等物理量那样通过比较而进行直接测量的，一般只能根据物质的某些特性值与温度之间的函数关系，通过对这些特性参数的测量间接获得。因为物质的许多物理化学性质都与温度有密切的关系，因此，精确测量和控制温度在物理化学实验中就显得十分重要。

1.1 温标

温度的数值表示方法叫温标。所谓给温度以数值表示，就是用某一测温变量来量度温度，这个变量必须是温度的单值函数。例如，在玻璃液体温度计中，我们以液柱长度作为测温变量。

(一) 热力学温标

热力学温标亦称开尔文(Kelvin)温标，它是建立在卡诺(carnot)循环基础上的一种理想的温标。用热力学温标确定的温度称为热力学温度，其符号为 T 或 Θ，单位为开尔文，单位符号为 K。热力学温标用单一固定点定义。1948 年第九次国际计量大会决定，定义水的三相点的热力学温度为 273.16 K，1 K 等于水的三相点热力学温度的 1/273.16。

热力学温标是建立在纯理论基础上的，常选用气体温度计来实现热力学温标，因为理想气体在定容下的压力或定压下的体积与热力学温度成严格线性函数关系。

由于气体温度计的装置十分复杂，使用不便。为了更好地统一国际的温度数值，现在采用国际实用温标[IPTS—68(75)]，我国从 1973 年 1 月 1 日起正式采用，有关知识可参见专门论述(《国外计量》，1976 年第 6 期)。

(二) 摄氏温标

摄氏温标使用较早，应用方便。用摄氏温标确定的温度为摄氏温度，其符号为 t 或 θ，单位为摄氏度，单位符号为℃。较早的定义是，以水银—玻璃温度计来测定水的相变点，规定在标准压力 $p^{\ominus}$ 下，水的凝固点为 0 ℃，水的沸点为 100 ℃，在这两点之间划分为 100 等分，每等分代表 1 ℃。

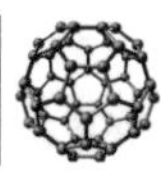

在定义热力学温标时，水三相点的热力学温度值本来是可以任意选取的，但为了和人们过去使用摄氏温标的习惯相符合，故规定水的三相点的温度为 273.16 K，使得水的沸点和凝固点之差仍保持 100 度，这就使热力学温标与摄氏温标之间只相差一个常数。因此，现在用热力学温标来对摄氏温标重新定义，即：$t/℃ = T/K - 273.15$，根据这个定义，273.15为摄氏温标零摄氏度的热力学温度值，它与水的凝固点不再有直接联系。摄氏温度与热力学温度的分度值相同，因此温度差可用 K 表示也可用℃表示。

1.2 水银温度计

水银温度计是实验室最常用的温度计。它的测温物质是采用了在相当大的温度范围内体积随温度的变化接近于线性关系的水银，水银盛在一根下端带有球泡的均匀玻璃毛细管中，上端抽成真空或填充某种气体。当温度计的温度发生变化时将引起水银体积的变化。由于玻璃的膨胀系数很小，而毛细管又是均匀的，故水银体积的变化体现为毛细管中水银柱的长度变化，若在毛细管上直接标出温度数值则可以直接从温度计上读得温度。水银温度计的测量范围一般为－30 ℃至 300 ℃。若用特硬玻璃或石英作毛细管，并在水银上面充以氮气或氩气，则最高可测到 750 ℃，若在水银里加入 8.5%的铊，则可以测到－60 ℃的低温。

（一）普通水银温度计的种类

按其最小刻度间隔表示温差的大小和量程范围，普通的水银温度计可分下面几种：

（1）最小刻度间隔为 1 ℃，量程范围有 0—100 ℃、0—250 ℃、0—360 ℃。

（2）最小刻度间隔为 0.1 ℃，每一支量程为 50 ℃，多支组合后，量程范围可达－10—＋400 ℃。

（3）最小刻度间隔为 0.01 ℃，量程为 18—28 ℃；刻度间隔为 0.02 ℃的，量程为 17—31 ℃。此类温度计多作为量热计的测温附件。

（二）普通水银温度计的校正

（1）零点校正。由于水银温度计下部玻璃球受热后再冷却体积会有所改变，即玻璃流动性很差，受热膨胀后再冷却收缩到原来的体积，常常要用几天或更长时间，所以水银温度计的读数将与真实值不符。因此，必须校正零点。校正方法，是把它与标准温度计进行比较，也可用纯物质的相变点标定校正。

（2）露茎校正。全浸式水银温度计如不能将毛细管中水银柱全部浸在被测系统中，则因露出部分（称为“露茎”）与被测系统温度不同，而存在着误差。若环境温度较被测系统温度低，则温度计读数偏低。相反，若露茎的环境温度较被测系统温度高，则温度计读数偏高。可以用下面的方法做适当的校正，这种校正称为露茎校正。

如图 1 所示，用一支辅助温度计靠近测量温度计，其水银球置于测量温度计露茎的中部，测出露茎的环境平均温度，校正值 $\Delta t_{露茎}$ 按

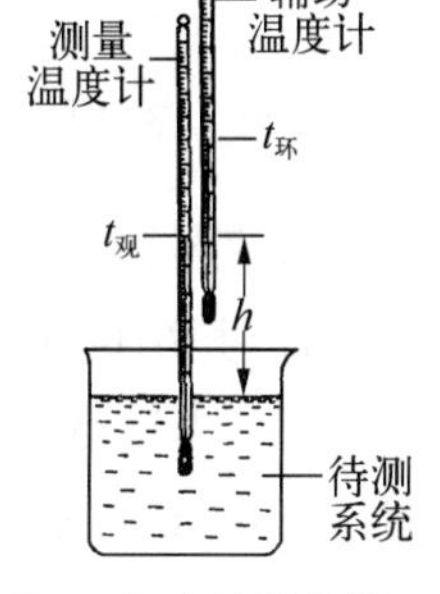

图 1　温度计露茎校正

下式计算,

$$\Delta t_{露茎}=kh(t_{观}-t_{环})$$

式中:$k=0.000\,16\ ℃^{-1}$是水银对玻璃的相对膨胀系数;h 为露茎长度,以温度差值表示;$t_{观}$ 为从测量温度计上观察到的待测系统的温度;$t_{环}$ 为从辅助温度计上观察到的环境温度。

校正后待测系统的温度为

$$t_{真实}=t_{观}+\Delta t_{露茎}$$

其他因素产生的误差,在一般测量中可以不考虑。

(三) 使用注意事项

(1) 应当在被测系统与温度计达热平衡(温度计中水银柱长度不再变化)后方可读数。读数时水银面和眼睛应该同在一个水平面上,以防止因视差而带来读数误差,若使用带有准丝的放大镜,则可以帮助减少此项误差。

(2) 温度计应垂直放置,以免引起读数误差。

(3) 通常用的全浸式水银温度计应尽可能使水银柱全部浸入待测系统中,若不能全部浸入时,对其露茎部分,应加以校正。

(4) 在使用精密温度计时,读数前须轻敲水银面附近的玻璃壁,防止水银在管壁上黏滞。

(5) 防止骤冷骤热,以免引起温度计破裂和变形,防止强光、热辐射等直接照射水银球。

水银玻璃温度计是很容易损坏的仪器,使用时,应杜绝违反操作规程。例如:图方便以温度计代替搅拌棒,装在盖上的温度计不先取下而充当支撑盖子的支柱;插温度计的孔洞太大,使温度计滑下,或孔洞太小,硬把温度计塞进,折断温度计等。万一温度计损坏,内部水银洒出,应严格按照“水银的安全使用规程”处理。

1.3 贝克曼温度计

(一) 特点

贝克曼温度计也是水银温度计的一种,是精密测量温差的温度计,其结构如图 2 所示,主要特点如下:

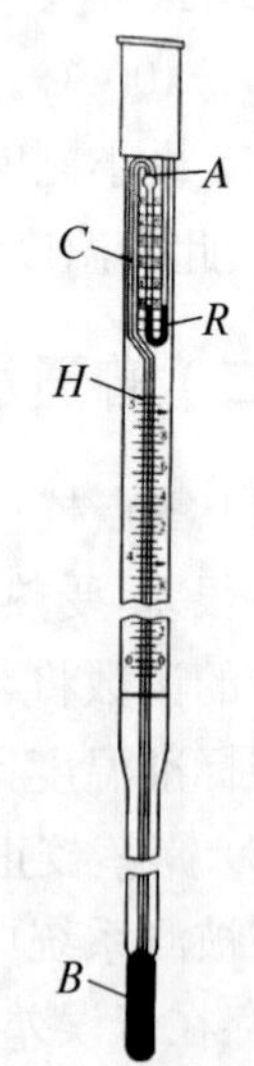

图 2 贝克曼温度计

A—毛细管末端;B—水银球;C—毛细管;R—水银贮槽;H—温度最高刻度

(1) 水银球较普通温度计大得多,温度的少许变化将使毛细管中水银柱长度发生显著变化。

(2) 刻度精细,最小刻度间隔为 0.01 ℃,用放大镜可以估读

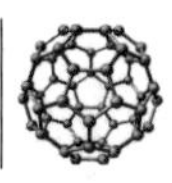

至 0.002 ℃，测量精密度高。

(3) 量程较短，一般只有 5—6 ℃。

(4) 与普通水银温度计不同的是贝克曼温度计毛细管的上端有一呈 U 状的水银贮槽，可用来调节毛细管下端水银球内的水银量，故可以在不同的温度范围内应用。

(5) 由于水银球中的水银量可以调节，因此测出的并不是体系的实际温度，而是体系温度的相对值。所以贝克曼温度计主要用于量热技术中，如冰点降低、沸点升高及燃烧热的测定等须精密测量温差的工作中。

为了便于读数，贝克曼温度计采用了两种标法，一种是最大读数在刻度尺上端，最小读数在下端；另一种恰好相反。前者多用来测量温度的上升值，称为上升式贝克曼温度计。后者多用来测量温度下降值，称为下降式贝克曼温度计。除了非常精密的测量外，一般二者可以通用，而用得较多的是上升式贝克曼温度计。

(二) 使用方法

现以上升式贝克曼温度计为例，介绍其使用方法，操作步骤如下：

1. 调节

所谓调节好一支贝克曼温度计，是指调节水银球中的水银量，使在指定温度下毛细管中的水银面应位于刻度尺的合适位置。

下面以要求在温度为 t 时，水银面位于刻度“3”附近为例。

首先将贝克曼温度计插入温度为 t 的水中，待热平衡后，观察温度计，如果毛细管中的水银面已经处在所要求的刻度尺的合适位置，则不必调节，否则按下步骤进行调节。

(1) 连接水银。将水银贮槽中的水银与水银球中的水银相连接。

若水银球内水银量较多，在室温下毛细管内水银面已超过 A 点，则用右手握住温度计中部，慢慢将其倒转，用手轻敲水银贮槽，使贮槽内的水银与毛细管内的水银相连接，如图 3 所示，然后再慢慢将温度计倒转过来。

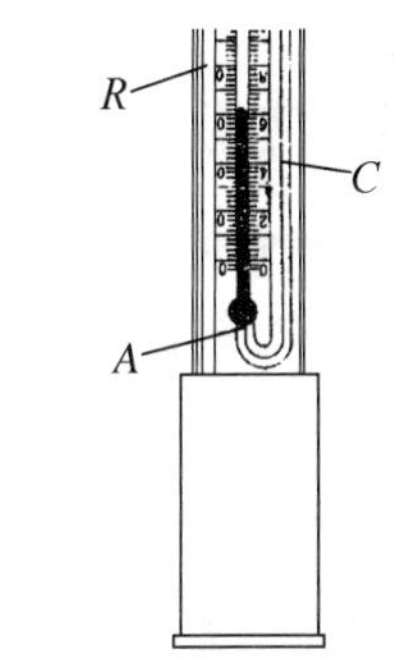

图 3 倒转温度计，使贮槽中水银与毛细管中水银相连接

若水银球内水银较少，在室温下毛细管内水银面达不到 A 点，则将贝克曼温度计插入温度较室温高的水中（不要直接插入沸水中），或用手温热水银球，使毛细管内水银面上升到毛细管上端 A 点，并形成小圆球状，取出温度计并倒置，使之与贮槽内的水银相连接，再慢慢将温度计倒转过来。

(2) 水银球中水银量的调节。首先估计刻度“3”至毛细管上端 A 点的长度，并折算成温度的度数 R，然后将水银已连接好的贝克曼温度计置于温度为 t' ($t'=t+R$) 的恒温水中，恒温 5 min，待温度计与水达热平衡后取出，用右手握贝克曼温度计中部（离实验台远一些），立即用左手沿温度计的轴向轻敲右手的手腕，依靠振动的力量，使水银在 A 点处断开。当将该温度计置于温度为 t' 的水中时，毛细管中水银面应位于 A 点处，而当其处

于温度为 t 的水中时，水银面将下降至刻度“3”处。

2. 读数

贝克曼温度计在使用时必须垂直放置，而且水银球应全部浸入待测系统中，另由于毛细管极细，其中的水银面上升或下降时，有黏滞现象，所以读数前，必须先用套有橡皮的玻璃棒轻敲水银面处，以消除黏滞现象，再用放大镜（放大 6～9 倍）读数，读数时应注意眼睛要与水银面水平，而且放大镜位置要合适，以使最靠近水银面的刻度线中部不呈弯曲状。

3. 读数的校正

直接由贝克曼温度计上读出的温度差值，还要进行校正，校正的因素较多，在非特别精确的测量中，只用下列两项校正就够了。

(1) 由于调节温度不同所引起的校正。水银球内的水银量及水银球的体积随调节温度不同而异。通常情况下，贝克曼温度计的刻度是在 20 ℃时标定的（即标定时，调节水银球中水银面，使在实际温度为 20 ℃时，水银面位于“0”刻度处，然后升温至 25 ℃，刻度为“5”），在其他温度时，必须加以校正，校正值可参照每支贝克曼温度计所带的附表。

(2) 露茎的校正。这是由于露在环境温度 $t_{环}$ 中的水银与置于系统中的水银所处的温度不同，其校正值 Δt 的计算公式如下

$$\Delta t = k(t_2 - t_1)(t_0 + t_1 + t_2 - t_{环})$$

式中：k 为水银对玻璃的相对膨胀系数，一般为 0.000 16 $℃^{-1}$；t_1、t_2 为系统的起始温度与终了温度，t_0 为该已调好的贝克曼温度计当水银面位于刻度 0 ℃时所对应的实际温度。

(三) 使用注意事项

(1) 贝克曼温度计属于较贵重的玻璃仪器，水银球的玻璃壁较薄，水银球的尺寸也较大，易于损坏，所以使用时应十分小心，不要随便放置，不用时应放入温度计自带的木盒中。

(2) 调节时，注意勿使其骤冷骤热，避免重击，不要靠近实验台。

(3) 调好的贝克曼温度计放置时应注意勿使毛细管中的水银与贮槽中的水银再连接。

1.4 数字贝克曼温度计

(一) 特点

(1) 分辨率高，稳定性好。数字贝克曼温度计温度测量分辨率为 0.01 ℃，温差测量分辨率为 0.001 ℃，长期稳定性好。

(2) 操作简单，显示清晰，读数准确。本仪器除操作简便、数字显示清晰、读数准确

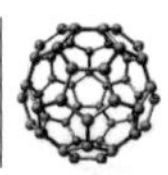

外，还设有读数保持、超量程显示功能，克服了水银贝克曼温度计的操作繁琐、校准复杂和读数困难的缺点。

(3) 测量范围宽。本仪器基温选择范围为－40 ℃－＋140 ℃，温度测量范围为－50 ℃－＋150 ℃，温差范围根据需要可扩展至±19.999 ℃。

(4) 使用安全可靠。数字贝克曼温度计的出现，结束了温差的精密测量长期被水银贝克曼温度计统治的历史，为实验室消除汞污染和提高教学质量，开辟了广阔的前景，而且安全性好、可靠性高。

(5) 数字贝克曼温度计设有 BCD 码输出。

(二) 使用方法

数字贝克曼温度计的前面板示意图如图 4 所示。

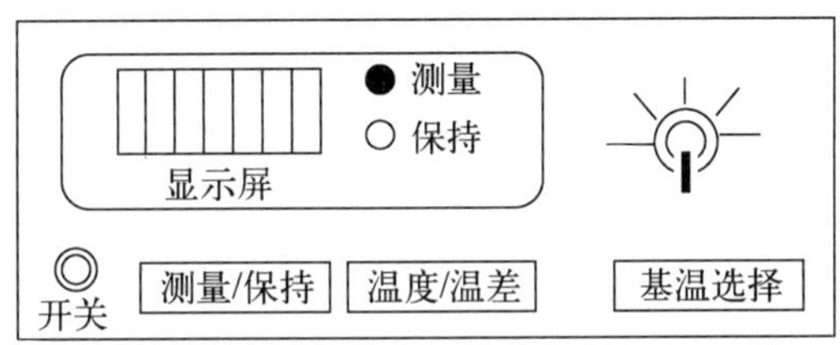

图 4　数字贝克曼温度计的前面板示意图

以下介绍其使用方法：

步骤 1：在接通电源以前，将传感器探头插入后盖板上的传感器接口（槽口对准）。

步骤 2：将～220 V 电源接入后盖板上的电源插座。

步骤 3：将传感器插入被测物中（插入深度应大于 50 mm）。

步骤 4：按下电源开关，此时，显示屏显示仪表初始状态（实时温度），如：

说明：数字后面显示的 ℃表示仪器处于温度测量状态（小数点后两位小数），测量指示灯亮。

步骤 5：选择基温，根据实验所需的实际温度选择适当的基温档，使温差的绝对值尽可能小（如实时温度为上述 18.08 ℃，基温选择可以为 20 ℃）。

步骤 6：温度和温差的测量：

(1) 要测量温差时，按一下 温度/温差 键，此时显示屏上显示温差数，如图：

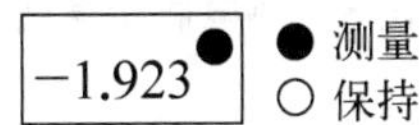

说明：其中显示最末位的“•”表示仪器处于温差测量状态（小数点后三位小数）。

注意：进行上一步操作时，若显示屏上显示为“0.000”，且闪烁跳跃，表明选择的基温档不适当，导致仪器测量超量程。此时，重新选择适当的基温。

(2) 按一下 温度/温差 键，则返回温度测量状态。

步骤 7：需要记录温度和温差的读数时，可按一下 [测量/保持] 键，使仪器处于保持状态（此时“保持”指示灯亮）。读数完毕，再按一下 [测量/保持] 键，即可转换到“测量”状态，进行跟踪测量。

附注：温差测量方法说明：

如被测量的实际温度为 T，基温为 T_0，则温差 $\Delta T = T - T_0$，例如：

$T_1 = 18.08$ ℃，$T_0 = 20$ ℃，则 $\Delta T_1 = -1.923$ ℃（仪表显示值）

$T_2 = 21.34$ ℃，$T_0 = 20$ ℃，则 $\Delta T_2 = 1.342$ ℃（仪表显示值）

要得到两个温度的相对变化量 $\Delta T'$，则

$$\Delta T' = \Delta T_2 - \Delta T_1 = (T_2 - T_0) - (T_1 - T_0) = T_2 - T_1$$

由此可以看出，基温 T_0 只是参考值，略有误差对测量结果没有影响。采用基温可以得到分辨率更高的温差，提高显示值的准确度。如：用温差作比较 $\Delta T' = \Delta T_2 - \Delta T_1 = 1.342$ ℃$-(-1.923$ ℃$)=3.265$ ℃比用温度作比较 $\Delta T' = T_2 - T_1 = 21.34$ ℃-18.08 ℃$=3.26$ ℃更准确。

1.5 热电偶温度计

（一）原理

热电偶温度计是以热电效应为基础的测温仪表。将两种金属导线 A 和 B 的两端焊接在一起构成一闭合回路，如果两个连接点温度不同，则在回路中就有热电动势产生，这种现象称为热电效应，如图 5 所示。闭合回路中热电动势的大小只与两个接点间的温差有关，而与导线的长短、粗细和导线本身的温度分布无关。因此可以通过测量热电动势的大小来测量温度。这样一对导线的组合称为热电偶温度计，简称热电偶。实验表明，在一定的温度范围内，热电动势 E 与两个接点的温度 T_1、T_2 间存在着函数关系：$E = f(T_1、T_2)$，如果其中一个接点（通常是冷端）的温度保持不变，则热电动势就只与另一个接点（通常为热端）的温度有关，即 $E = f(T)$。故测得热电动势后，即可求出另一个接点（热端）的温度。

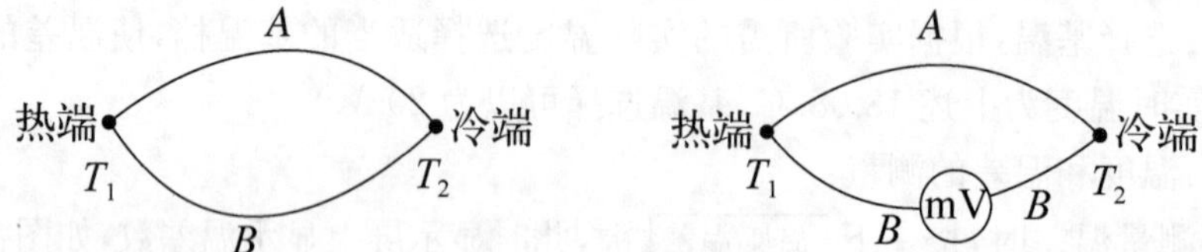

图 5　热电偶示意图

（二）几种类型的热电偶

1. 镍铬-考铜热电偶

由镍铬[w(镍)$=0.90$，w(铬)$=0.10$]和考铜[w(铜)$=0.56$，w(镍)$=0.44$]丝作成。

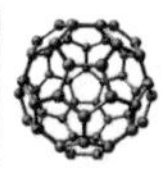

分度号以 XK 表示。可在还原性和中性介质中 600 ℃以内长时间使用，短时间内可测 800 ℃。

2. 铜-康铜热电偶

由铜和康铜[w(铜)=0.60；w(镍)=0.40]丝作成。特点是热电动势大，价钱便宜，实验中易于制作。但其重现性不佳，只能在低于 350 ℃时使用。

3. 镍铬-镍硅(铝)热电偶

由镍铬和镍硅[w(镍)=0.95，w(硅、铝、锰)=0.05]丝作成，分度号为 K。可在氧化性和中性介质中 900 ℃以内长时间使用，短时间可测 1 200 ℃。这种热电偶有良好的复现性，热电动势大，价格便宜，测量精密度虽然较低，但能满足一般要求，故是最常用的一种热电偶。目前我国已开始用镍硅材料代替镍铝合金，使得在抗氧化和热电势稳定性方面都有所提高。由于两种热电偶的热电性质几乎完全一致，故可互相代用。

4. 铂铑$_{10}$-铂热电偶

通常用直径 0.5 mm 的纯铂丝和铂铑[w(铂)=0.10，w(铑)=0.90]丝作成。分度号为 S。它可在 1 300 ℃以内长期使用，短期可测 1600 ℃。这种热电偶的稳定性和重现性均很好，因此可用于精密测温和作为基准热电偶。缺点是价格贵、低温区热电动势太小和不适于在高温还原气氛中使用。

(三) 制作

实验室用热电偶常按实验要求自行设计、制作。热电偶的主要制作工艺是将两根不同的热电偶丝焊接在一起。如果是裸露的偶丝，为了绝缘起见，须先将它穿在绝缘磁套管中，然后焊接，见图 6。焊接工艺如下：清除两根热电偶丝端部的氧化层，用尖嘴钳将它们绞合在一起，微微加热，立即蘸以少许硼砂，再在热源上加热，使硼砂均匀地覆盖住绞合头，并熔成小珠状。这样可防止下一步高温焊接时金属的氧化，然后进行焊接。焊接通常是用空气-煤气焰、氧-氢焰以及直流或交流电弧。产生电弧的方法是：调节调压变压器的电压为 22 V 左右，以碳棒为一级，绞合头为另一极(要用绝缘良好的夹子夹住)，使两棒相碰产生电弧。刚焊接好的热电偶存在内应力，金相结构不符合要求，这会导致热电偶在使用过程中产生不稳定的热电动势，使结果重现性差。故精密测量用的热电偶均须进行严格的热处理。一般使用的热电偶也要进行缓慢退火，以消除内应力。

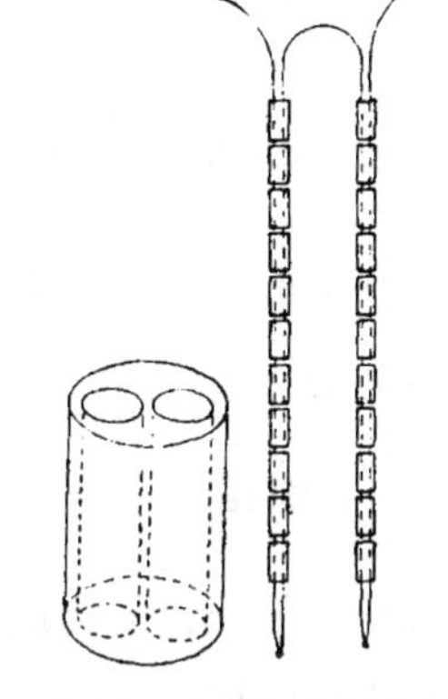

图 6 套有双孔瓷管的热电偶结构

(四) 使用

将热电偶的两端分别插入盛有少许石蜡油(增强导热性)的两支玻璃套管内，然后将一支套管(作为热端)插入待测系统中，另一支套管(作为冷端)插入盛有冰水的保温瓶内，如图 7 所示。由测得的热电动势从表中或热电偶的热电动势-温度工作曲线上求得热端温度。冷端亦可直接置于温度为 t 的较稳定的空气中，这时须将测得的热电动势再加上该支热电偶温度计从 0 ℃到 t 的热电动势(空气温度高于 0 ℃时)，然后再同上法求得热端温度，在自动平衡记录仪或可控硅控温仪中，常常有冷端温度补偿器，使用时则不必考虑冷端温度。

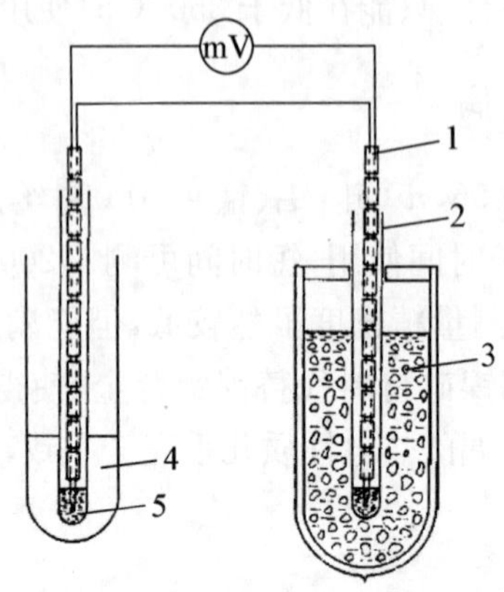

图 7　一对串联的热电偶的联接方式

1—绝缘瓷管；2—玻璃套管；3—冰水；4—待测系统；5—石蜡油

为了使热电动势增大，以增加测量精度，可将几个热电偶串联成为热电堆使用，热电堆的热电动势等于各支热电偶热电动势之和。

2　气压计

工程上将均匀垂直作用于物体单位面积上的力，称为压力，而物理学中则称为压强。在国际单位制中，计量压力量值的单位为牛顿/米^2(N/m^2)，即“帕斯卡”，符号为 Pa，简称“帕”。物理概念就是 1 牛顿的力作用于 1 平方米的面积上所形成的压强(即压力)。测定大气压力的仪器称为气压计，气压计的种类很多，实验室最常用的是福廷(Fortin)式气压计、固定杯式气压计和数字式气压计。

2.1　福廷式气压计

福廷式气压计是一种真空汞压力计，以汞柱来平衡大气压力，然后以汞柱的高度表示大气压力的大小。

(一) 构造

福廷式气压计的构造见图 8。外面是一黄铜管 6，其上部刻有主标尺 3，并在相对两边开有长方形的窗孔，在窗孔内有一可上下滑动的游标尺 2，当转动游标尺调节螺丝 4 时，

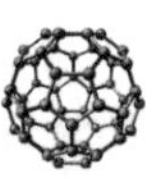

即可调节游标尺上下移动，这样可使得读数的精密度达到 0.1 或 0.05 mm。黄铜管内是一顶端封闭的盛有汞的玻璃管 1，1 插在下部汞槽 8 内，玻璃管中汞面的上部为真空，汞槽底部为一羚羊皮袋 9，由调节螺丝 11 支持，转动 11 可以调节槽内汞面的高度，汞槽之上有一倒置的象牙针 7，其尖即为主标尺的零点。

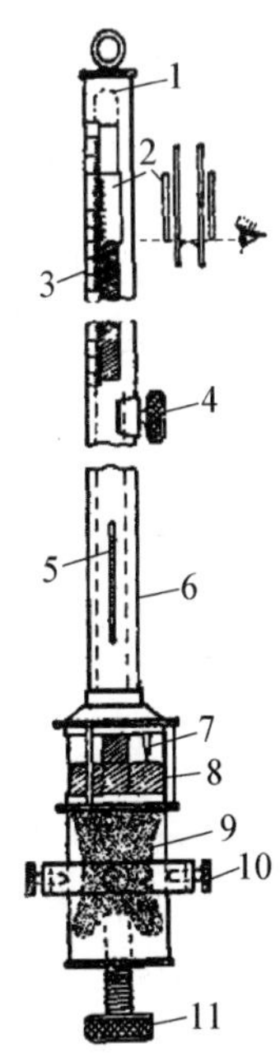

图 8　福廷式气压计结构示意图

1—封闭的玻璃管；2—游标尺；3—主标尺；4—游标尺调节螺丝；5—温度计；6—黄铜管；7—零点象牙针；8—汞槽；9—羚羊皮袋；10—铅直调节固定螺丝；11—汞槽液面调节螺丝

（二）使用方法

（1）首先从气压计所附温度计 5 上读取温度。

（2）缓慢转动调节螺丝 11，调节槽 8 内汞面的高度，借助槽后白磁片的反光仔细观察，使汞面与象牙针 7 的尖端刚好接触；由于在调节时，玻璃管 1 中的汞面高度亦随之变化，在上升时汞柱液面将格外凸出，下降时汞柱液面凸出少些，两种情况都要影响读数的准确性，所以在调好槽内汞面后，要轻轻弹一下黄铜管的上部，待汞柱液面正常后再次观察槽内汞面与象牙针的接触情况，没有变化后方可进行下一步操作。

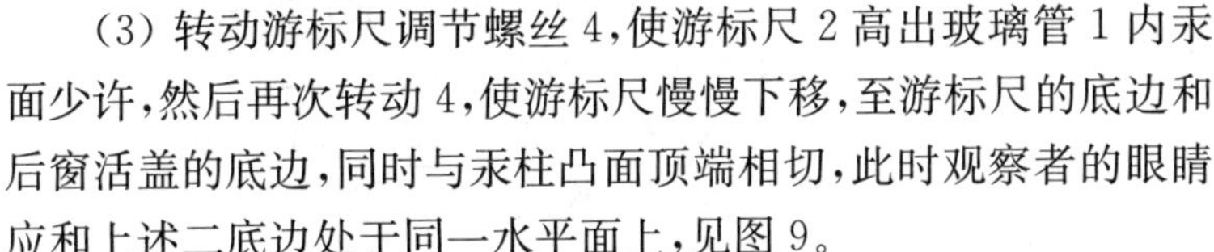

（3）转动游标尺调节螺丝 4，使游标尺 2 高出玻璃管 1 内汞面少许，然后再次转动 4，使游标尺慢慢下移，至游标尺的底边和后窗活盖的底边，同时与汞柱凸面顶端相切，此时观察者的眼睛应和上述二底边处于同一水平面上，见图 9。

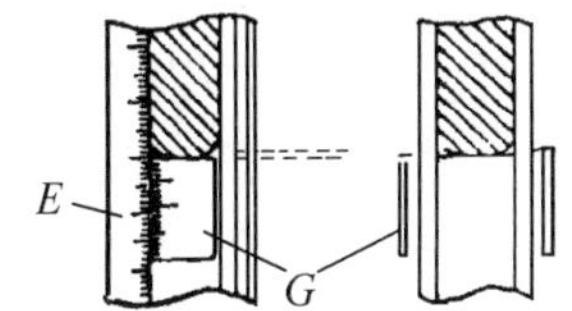

图 9　游标尺位置的调节

（4）调好游标尺后，即可从主标尺及游标尺上读取大气压值。读法如下：先从主标尺上读出靠近游标尺“0”线且在其下面的刻度值，即为大气压的整数部分（单位为 mmHg 柱），再从游标尺上找出一根与主标尺上某一刻度线相吻合的刻线，其刻度值即为大气压的小数部分。如此读法是因为：主标尺上每一小格长为 1 mm，而游标尺上每一小格长为 1.9 mm（游标尺上共刻有 10 个小格，总长为 19 mm），这样游标尺上的一小格就比主标尺上两小格少 0.1 mm，当游标尺上“0”线高于主标尺上某刻线（设刻度值为 760）0.1 mm 时，游标尺上就只有刻度值为“1”的刻线与主标尺刻线（762）相对齐，见图 10；相距 0.2 mm 时，就只有刻度值为“2”的刻线与主标尺刻线（764）相对齐；以此类推，相差零点“几”mm 时，就只有刻度值为“几”的刻线与主标尺刻线相对齐，反之亦然。需指出的是，读取气压值的整数部分时，应读取稍低于游标尺“0”线所对应的主标尺刻度，而不是读取“0”线下三角形尖端处的主标尺刻度。

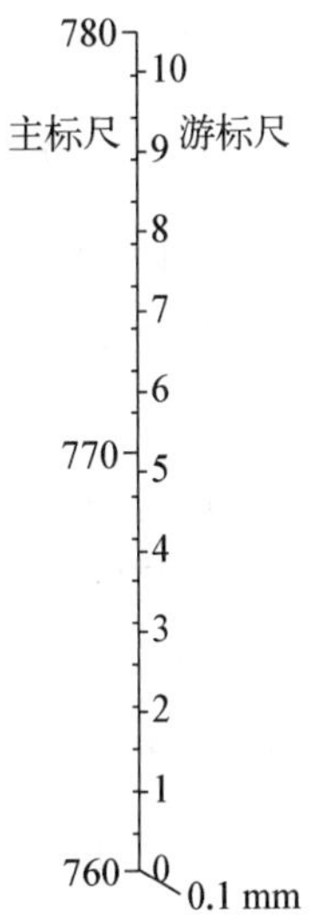

图 10　气压计读数示意

(5) 测定结束后,向下转动调节螺丝 11,使汞槽中汞面与象牙针离开。

(三) 气压计读数的校正

由于气压计的刻度是以 0 ℃、纬度 45°和海平面高度为标准的,同时仪器本身还有误差,因此气压计需进行仪器误差、温度、纬度和海拔高度等项校正。

1. 仪器误差的校正

仪器误差系由仪器本身的不够精确引起。每一个气压计在出厂时都附有校正卡片,气压的观察值应首先加上此项校正。

2. 温度校正

温度的改变,将使得汞和玻璃管的体积都发生改变。汞体积的改变由于盛汞的黄铜管截面积变化甚微而集中在汞柱高度的方向上;黄铜管体积的改变由于其壁厚度与其长度相比甚微而主要表现在其长度方向上,而气压计的主标尺又是直接刻在黄铜管上的,因此黄铜管长度的变化同时影响了刻度的准确性。实验测知汞在 0—35 ℃的平均体膨胀系数 α_V(汞)为 $1.818\times10^{-4}\mathrm{K}^{-1}$,黄铜在 0—100 ℃的平均线膨胀系数 α_1(黄铜)为 $0.184\times10^{-4}\mathrm{K}^{-1}$,二者相差较大,因此由于温度改变引起汞和黄铜管体积变化而使得从气压计上读得的气压观察值 p_T与实际的气压值 $p(273.15\ \mathrm{K})$间的偏差不能相互抵消,所以须对观察值进行温度校正,校正公式经推导后得:

$$\begin{aligned} p(273.15\ \mathrm{K}) &= p_T\left[1-\frac{[\alpha_v(\text{汞})-\alpha_1(\text{黄铜})(T-27.15\ \mathrm{K})]}{1+\alpha_v(\text{汞})(T-273.15\ \mathrm{K})}\right] \\ &= p_T\left[1-\frac{(1.818-0.184)\times10^{-4}\ \mathrm{K}^{-1}(T-273.15\ \mathrm{K})}{1+1.818\times10^{-4}\ \mathrm{K}^{-1}(T-273.15\ \mathrm{K})}\right] \\ &\approx p_T[1-1.63\times10^{-4}\mathrm{K}^{-1}(T-273.15\mathrm{K})] \end{aligned}$$

式中:T 为该气压计所处的热力学温度。有时将由上式计算得到的温度校正值$[p_T-p(273.15\ \mathrm{K})]$列成表以便直接使用(参阅本书Ⅲ附录 物理化学实验常用数据表 8)。

3. 纬度和海拔高度的校正

由于重力加速度随纬度和海拔高度而改变,因此将影响汞的重力的大小,而导致气压计的读数和实际的气压值的误差,这可按下式校正:

$$p_c=p(273.15\ \mathrm{K})(1-2.6\times10^{-3}\cos 2\theta-3.14\times10^{-7}h/\mathrm{m})$$

式中:p_c为经过纬度和海拔高度项校正后大气压数值:θ 为气压计所在地的纬度;h 为气压计所在地的海拔高度。

由于此项校正值很小,所以除非在气压数值要求比较准确或纬度偏离 45°较远、海拔比较高的情况下,一般不考虑此项校正。

4. 其他校正

如汞的蒸气压和毛细管效应等均会引起误差,由于这些校正值都很小,所以一般均不予考虑。

须指出的是，近年制造的气压计、标尺的刻度值均已换算为压力的法定计量单位 Pa（常为百帕斯卡 hPa）。

2.2 固定杯式气压计

固定杯式气压计与福廷式气压计大同小异。不同之处在于固定杯式的汞槽中汞面无须调节。此乃由于气压变动而引起槽内汞面的升降已计入气压计的读数，由黄铜管上刻度的长度来补偿。为此，气压计所用玻璃管和汞槽内径在制造时均经严格控制，并与黄铜管上的刻度标尺配合，故所得气压读数的精确度并不低于福廷式气压计。其使用方法，除槽中汞面无须调节外，其他均与福廷式气压计相同。

2.3 数字式气压计

数字式气压计是利用压敏元件将待测气压直接变换为容易检测、传输的电流或电压信号，然后，再经过后续电路处理并进行实时显示的一种设备。其中的核心元件就是气压传感器，它能获得与气压相对的模拟电压值，并经过电压/频率（V/F）转换模块转换为数字脉冲，通过单片机对此脉冲序列的计数等处理后获得实际的电压值，最终通过数码管显示电路显示气压值。气压传感器在监视压力大、小控制压力变化以及物理参量的测量等方面起着重要作用。运用于气压计的气压传感器基本都是依靠不同高度时的气压变化来获取气压值的。相比于普通的水银气压计，有准确易读、方便携带等优点。目前，数字式气压计广泛应用于科研、气象、军事、体育、航海和航空领域。

3 气体钢瓶和减压器

3.1 气体钢瓶

在实验室中，常会使用各种气体，通常将气体压缩存贮于由无缝碳素钢或合金钢制成的钢瓶中，气体钢瓶是一种高压容器。容积一般为 40—60 L，最高承受压力为 0.6—15 MPa。在钢瓶的肩部用钢印打出下述标记：

制造厂	制造日期
气瓶型号、编号	气瓶重量
气体容积	工作压力
水压试验压力	水压试验日期及下次送检日期

(一) 气体钢瓶的颜色标记

为避免各种钢瓶使用时发生混淆,常将钢瓶漆上不同颜色,写明瓶内气体名称,以便识别,我国部分气体钢瓶标记如表1。

表1　各种气体钢瓶标志

气体类别	外表颜色	字样	字样颜色	腰带颜色
氧气	天蓝	氧	黑	—
氢气	深绿	氢	红	红
氮气	黑	氮	黄	棕
氦气	棕	氦	白	—
压缩空气	黑	压缩空气	白	—
液氨	黄	氨	黑	—
氯气	草绿	氯	白	白
二氧化碳	黑	二氧化碳	黄	—
石油气体	灰	石油气体	红	—
乙炔气	白	乙炔	红	—

(二) 钢瓶使用注意事项

(1) 各种高压气体钢瓶必须定期送有关部门检验。一般气体的钢瓶至少3年、充腐蚀性气体的钢瓶至少2年送检一次,合格者才能充气。

(2) 钢瓶搬运时,要盖好钢瓶帽和橡皮腰圈,轻拿轻放。要避免撞击、摔倒和激烈振动,以防爆炸,放置和使用时,必须用架子或铁丝固定牢靠。

(3) 钢瓶应存放在阴凉、干燥、远离热源的地方,避免明火和阳光暴晒。因为钢瓶受热后,气体膨胀,钢瓶内压力增大,易造成漏气,甚至爆炸。此外氧气瓶和氢气瓶不可存放在同一处。

(4) 使用钢瓶中的气体时,除 CO_2、NH_3外,一般都要装置减压器,可燃气体钢瓶的气门侧面接头(支管)上的连接螺纹为左旋,非可燃气体钢瓶则为右旋,各种减压器不得混用,以防爆炸。各种减压器中,只有 N_2和 O_2可通用。

(5) 开启气门时,操作者必须站在侧面,即站在与钢瓶接口处呈垂直方向位置上,以防万一阀门或气压表冲出伤人。

(6) 氢气瓶最好放在远离实验室的小屋内,用导管引入(千万要防止漏气)。并应加防止回火的装置。

(7) 钢瓶上不得沾染油类及其他有机物,特别在气门出口和气表处,更应保持清洁。不可用棉、麻等物堵漏,以防燃烧引起事故。

(8) 不可将钢瓶中的气体全部用完,一定要保留0.05 Mpa以上的残留压力。可燃烧气体 C_2H_2应剩余0.2—0.3 Mpa,H_2应保留2 Mpa,以便核对气体和防止其他气体进入。

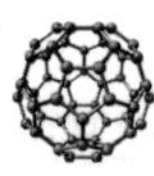

3.2 减压器

贮存在高压钢瓶内的气体，在使用时要通过减压器，使其压力降至实验所需范围且保持稳压。减压器按构造和作用原理分为杠杆式和弹簧式两类，弹簧式又分为反作用和正作用两种，现以反作用弹簧式的氧气减压器(又称氧气表)为例作如下介绍。

(一) 氧气减压器(氧气表)的工作原理

氧气减压器的工作原理可由图 11 说明，进气口与钢瓶连接，出气口通往使用系统，高压表 11(总压表)所示为进口的高压气体的压力，低压表 12(分压表)所示为出口的工作气体的压力，工作时，高压气体经过管接头 2 进入减压器的高压气室 1，再进入装有薄膜 4 的低压气室 3 内，高压气体通过减压阀门 5 的开口时，其能量消耗于克服阀门的阻力，因而压力降低，回动弹簧 6 从上面压到阀门上，而调节弹簧 8 从下面通过支杆 7 压到阀门上，因而弹簧对薄膜和支杆的压力，以及阀门的上升量，都可以用调节螺杆 9 来调节，如果通过减压器的气体消耗量减少，那么气室内的压力就会升高，薄膜向下移动，压缩弹簧，于是阀门接近座孔，使进入室内的气体减少；在气室内的压力没有降低及作用在薄膜与阀门上的压力没有恢复平衡时，这个动作一直在进行着。当放出的气体增多时，气室里的压力降低，在弹簧的作用下使阀门的上升量增加，于是通过阀门放入的气体增加。减压器有安全阀门 10 来保护薄膜。当工作室内的气体压力万一增加到不允许高度时，安全阀门会自动打开排气。

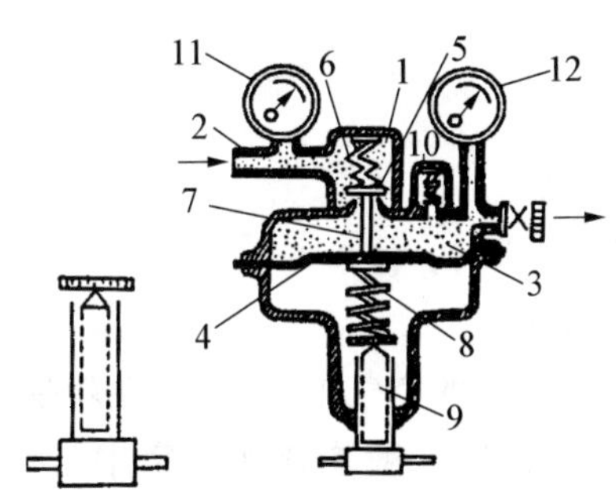

图 11　氧气表

1—高压气室；2—管接头；3—低压气室；4—薄膜；5—减压阀门；6—回动弹簧；7—支杆；8—调节弹簧；9—调节螺杆；10—安全阀门；11—高压表；12—低压表

(二) 氧气减压器(氧气表)的使用

氧气表的外形如图 12 所示，使用前，先将氧气表进口和钢瓶连接，出口通过紫铜管和使用系统连接，连接时应首先检查连接螺纹是否无损，然后用手拧满螺纹，再用扳手上紧。将减压阀门 4 关闭(按逆时针方向旋转)，然后打开钢瓶上的总阀门(按逆时针方向旋转)，用肥皂水检查氧气表和钢瓶接口处是否漏气，如无漏气，即可将减压阀门打开(按顺时针方向慢慢旋紧)往使用系统进气，直到分压表达到所需压力。使用完毕，先将总阀门关闭

（按顺时针方向旋紧），再关闭减压阀门，松开紫铜管与使用系统的接头，放去紫铜管内及低压气室内的余气，分压表指示即下降到零，然后再打开减压阀门，放掉高压气室内的余气，总压表指示即下降到零，最后关闭减压阀门。必须指出，如果最后减压阀门没有关闭（旋到最松位置），就会在下次打开总阀门时，因高压气流的冲击而发生事故。

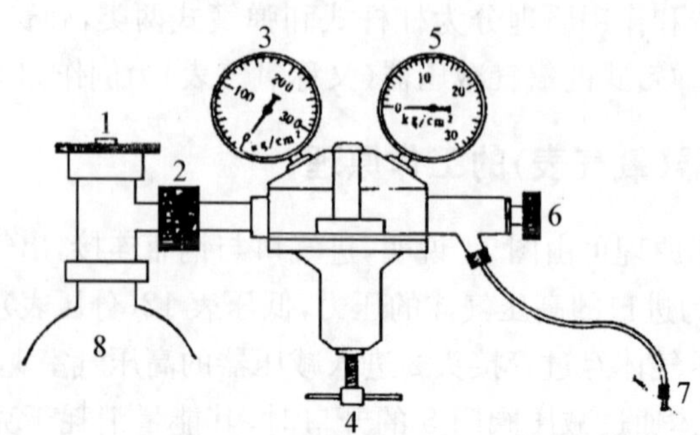

图 12　氧气表外形图

1—总阀门；2—氧气表和钢瓶的连接螺帽；3—总压力表；4—减压阀门手柄；5—分压力表；6—供气阀门；7—接氧弹的进气口螺帽；8—氧气钢瓶

4　真空泵

真空是指压力小于 101325 Pa 的气体空间。真空状态下的气体压力称作真空度。根据真空度压力大小又可分为：

（1）真空——10^5—10^3 Pa。

（2）低真空——10^3—10^{-1} Pa。

（3）高真空——10^{-1}—10^{-6} Pa。

（4）超高真空——$<10^{-6}$ Pa。

为了获得真空，就必须将容器中的空气抽出，真空泵就是能将容器中的空气抽出从而获得真空的装置。真空泵种类很多，一般物化实验室中常用的有旋片式机械泵和扩散泵等。

4.1　旋片式机械泵

（一）构造和原理

旋片式机械泵构造如图所示，它借助于滑片在泵腔中连续运转，使泵腔被滑片分成两个不同区域的容积周期性地扩大与缩小，而将气体吸进与压缩，达到容器被抽空。实验室中常用的直联旋片式真空泵由两个工作室前后串联同向等速旋转，被抽气体由前级泵腔抽入，经过压缩被排入后级泵腔再经过压缩，穿过油封排气阀片排出泵体。

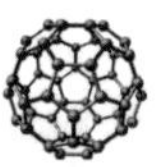

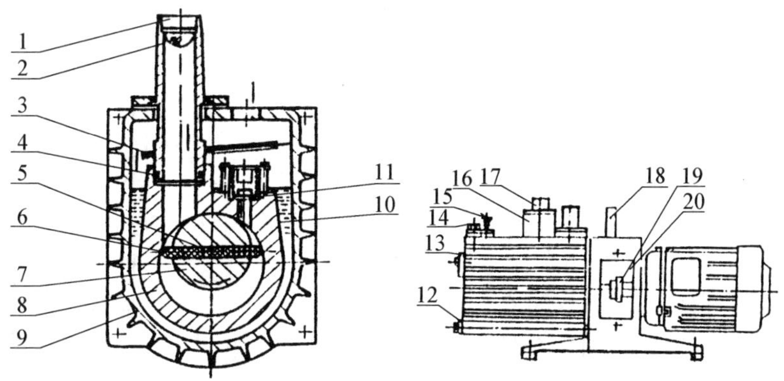

图 13　旋片式真空泵结构示意图

1—进气嘴；2—滤网；3—挡油板；4—气嘴"O"型环；5—旋片弹簧；6—旋片；7—转子；8—定子；9—油箱；10—真空泵油；11—排气阀片；12—放油螺塞；13—油标；14—加油螺塞；15—气镇阀；16—减雾器；17—排气嘴；18—手柄；19—联轴器；20—防护盖

（二）使用方法与注意事项

旋片式真空泵的使用十分方便，只要在其进气管口接一真空橡皮管且与实验系统相通，接通电源，即可开始工作，但在使用时应当注意：

(1) 与泵连接的管道不宜过长，内径不宜小于泵口进气口径，以防影响抽速，同时应当检查连接管道是否漏气。

(2) 装接电线时，应当注意电机铭牌上规定的接线要求，三相电机要注意电机旋转方向应与泵支架上的箭头方向一致。

(3) 泵的工作环境为：温度 5—40 ℃范围内，相对湿度≤85%，进气口压力$<1.3\times10^3$ Pa；如相对湿度过高，可打开气镇阀净化，净化完毕后及时关死。

(4) 泵内油位应在油标可见部位，泵油选用 1 号真空泵油。

(5) 泵的极限压力是在麦氏真空计测得的分压强值。如用热偶真空计、电阻真空计等全压强计测，其真空值要低 1 个多数量级。

(6) 泵抽气口连续敞通大气运转，不得超过 3 分钟。停泵前应先使泵的进气口与大气相通，以防泵油倒吸污染实验系统，故通常在泵的进气口前装置一个三通活塞，以便停泵前先通大气。

(7) 泵必须安装在清洁、通风、干燥的场所。

(8) 保持泵的清洁，防止杂物进入泵内。

(9) 如遇泵的噪声增大或突然咬死，应当迅速切断电源，进行检查。

4.2　扩散泵

当机械泵的真空度不能满足要求时，通常使用扩散泵来获得高真空。扩散泵是一种次级泵，它需要在一定的真空度下才能正常工作，因此它必须与机械泵配合使用。

(一) 工作原理

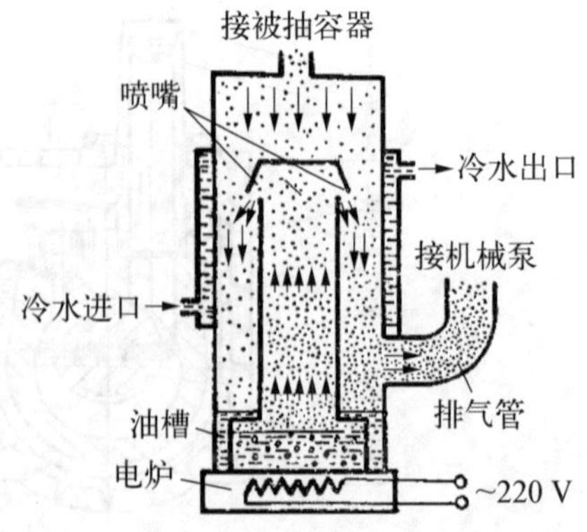

图 14 单级油扩散泵工作原理示意图

实验室中常用的扩散泵是以硅油作工作物质的油扩散泵，其工作原理如图 14 所示。

硅油被电炉加热沸腾汽化后，蒸气上升，通过中心管从顶部喷嘴喷出，在喷嘴处形成低压，将周围空气带向下方，硅油蒸气遇到外壳被水冷却凝结为液体，流入底部，循环使用，而被夹带在硅油蒸气中的气体在底部富集起来，随即被机械泵抽走。

为了提高真空度，可以串联几级喷嘴，这样就构成多级扩散泵，三级油扩散泵的极限真空度可达 10^{-4} Pa。

(二) 使用方法

由于硅油在高温下易于氧化和裂解，故油温不能太高，为此，必须先开机械泵，使扩散泵内真空度达到 1～0.1 Pa 以后，接通冷凝水，再逐步加热硅油。停泵时应先切断电热器电源，停止加热，待油不再沸腾回流时，再去掉冷凝水，关闭扩散泵前后的两个活塞，然后停止机械泵。在机械泵关闭之前必须先使机械泵与空气相通，然后再关掉机械泵的电源。

4.3 真空系统的安全操作

由于真空系统内部压强比外部低，因此，真空容器都受有一定的压力，真空度越高，器壁承受的压力越大。超过 1 L 的大玻璃容器，都存在着破裂的危险。球形容器比平底容器受力要均匀些，但过大也难以承受大气压力。因此，在实验中，除尽量少用平底玻璃容器外，对较大的真空容器，外面最好套有网罩。以免破裂时碎玻璃伤人。

在开启或关闭高真空玻璃系统活塞时，应两手操作，一手握活塞套，一手极缓慢地旋转活塞，以防止玻璃系统各部分产生力矩(甚至断裂)，同时也可避免压力不平衡部分因突然接通而造成局部压力突变，导致系统破裂或压力计内水银冲入真空系统。在使用水银压力计时，应注意汞的安全防护，以防中毒。

[附] 真空的测量和真空系统的检漏

(一) 真空的测量

真空的测量实际上就是测量低压下气体的压力。常用测量仪器有 U 型水银压力计、麦氏真空规、热偶真空规和电离真空规等。下面对麦氏真空规作简要介绍。

麦氏真空规是根据波义耳定律设计的，它能直接测量真空系统的压力，其结构如图 15 所示。麦氏规通过活塞 2 与真空系统相连，玻璃球 5 上端接有内径均匀的封口毛细管 4(称为测量毛细管)。毛细管 3(称为比较毛细管)，其内径和毛细管 4 相同，且和 4 平行，用以消除毛细作用的影响，减少读数误差。7 是三通活塞，用以控制汞面的升降。测量系

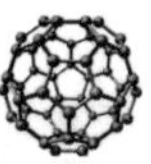

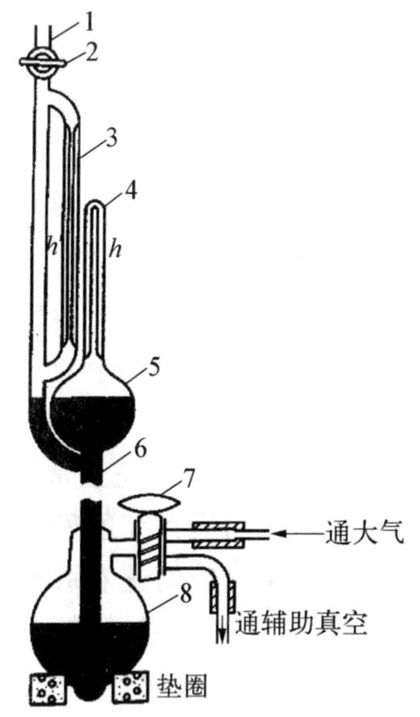

图 15 麦氏真空规

1—接被测真空系统;2—活塞;3—比较毛细管;4—测量毛细管;
5—玻璃球;6—切口处;7—三通活塞;8—汞槽

统真空度时,先将三通活塞 7 开向辅助真空,对 8 抽气,使汞面下降至 6 以下,再缓缓打开活塞 2,使被测真空系统与麦氏规相通。待压力平衡后,再将活塞 7 缓缓地与大气相通,使汞面缓慢上升。当汞面升到 6 时,5 球和毛细管 4 即形成封闭系统,其体积为 V,压力为 p(即为被测系统真空度)。使汞面继续上升,直到毛细管 3 中的汞面与毛细管 4 的顶端相齐,此时 3 中汞面比 4 中汞面高出 h,则 4 中气体压力为 $p+h$,其体积为 V',根据波义耳定律,则有

$$pV=(p+h)V'$$

$$p=\frac{hV'}{V-V'}$$

设毛细管 4 的横截面积为 S,则

$$V'=Sh$$

将 V' 代入上式得

$$p=\frac{Sh^2}{V-Sh}$$

因为 V≫Sh,所以

$$P=\frac{Sh^2}{V}=Kh^2$$

由于 S、V 均可测量,故 K 为常数,因此,测出 h 即可计算出系统真空度 p。市售麦氏规,

在标尺上直接标出真空度值，不需再行计算。麦氏规的测量范围是 $10 \sim 10^{-4}$ Pa。必须指出，麦氏规不能用来测量经压缩发生凝结的气体，因为它不遵守波义耳定律。

(二) 真空系统的检漏

新安装的真空系统在使用前应检查是否漏气。检漏的仪器和方法很多，如火花法、热偶规法、荧光法、质谱仪法等，分别适用于不同漏气情况。

对玻璃真空系统，探测有无漏洞，使用高频火花真空检漏仪较为方便。它不仅能查出系统的漏洞所在，且能粗略估计真空度。使用时接通 220 V 交流电源，按住手揿开关，此时在放电弹簧端应看到紫色火花，并听到蝉鸣声。将放电弹簧移近金属物体，调节仪器使产生不少于三条火花线，长度不短于 20 mm。火花正常后，将放电弹簧对准真空系统的玻璃壁。若系统真空度在 10～1 Pa 范围，可看到红色辉光放电；若系统真空度优于 0.1 Pa 或很差(压力大于 10^3 Pa)则火花线不能穿过玻璃进入系统内产生辉光。若系统上有很小的沙孔漏洞时，由于大气穿过漏洞处的电导率比绝缘玻璃的电导率高得多，这时将产生明亮的光点，这个光点，就指明了漏洞所在。为了迅速找出漏洞，通常用分段检查的办法进行，即关闭某些活塞，把系统分成几个部分，分别检查。确定了某一部分漏气后，再用火花仪检查漏洞所在，若管道段找不到漏洞，则通常为活塞或磨口接头漏气。

对于微小沙孔漏洞，可用真空泥涂封。较大漏洞，则需重新焊接，对于活塞或磨口接头处漏气，须重涂真空脂，或更换新的真空活塞和接头。

5 电位差计

直流电位差计是测量直流电压(或电动势)的仪器。可分为高阻型、低阻型两类。使用时可根据待测系统的不同选用不同类型的电位差计。一般来讲，高电阻系统选用高阻型电位差计，低电阻系统选用低阻型电位差计。不管电位差计的类型如何，其测量原理都是一样的。

1.1 测量原理

电位差计是根据补偿原理而设计的。在测量过程中几乎不消耗被测量电池的能量。其基本原理线路见图 16。

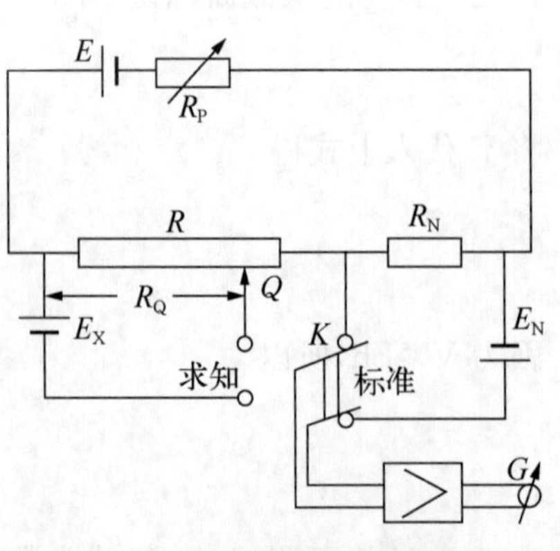

图 16 电位差计基本原理图

先将转换开关 K 扳“标准”位置，再调节电阻 R_p，使检流计 G 示数零，这时有下列关系

$$E_N = IR_N$$

式中：I 是流过 R 和 R_N 上的电流，E_N 是标准电池的电动势。由上式可得

$$I=\frac{E_N}{R_N}$$

工作电流调节好后，将转换开关 K 扳到“未知”位置上，同时滑动触头 Q，触头 Q 在 R 上的读数为 R_Q，则有

$$E_X=\frac{E_N}{R_N}\times R_Q$$

所以当标准电池电动势 E_N 和其补偿电阻 R_N 的数值确定时，只要正确读出 R_Q 的值，就能正确测出未知电动势 E_X。应用补偿法测量电动势有下列优点。

(1) 当被测电动势完全补偿时，被测电池电动势不会因为接入电位差计而发生任何变化。

(2) 不需要测出工作电流的大小，只要测出 R_Q 与 R_N 的比值即可。

1.2 EM－3C 型数字式电子电位差计

(一) 构造与原理

仪器采用内置的可代替标准电池的高精度的参考电压集成块作比较电压，保留了平衡法测量电动势仪器的原貌，线路设计采用全集成器件，被测电动势与参考电压经过高精度的仪表放大器比较输出，达至平衡时即可知被测电动势的大小。仪器的数字显示采用 6 位及 4 位两组高亮度 LED 显示屏。仪器面板如图 17 所示。

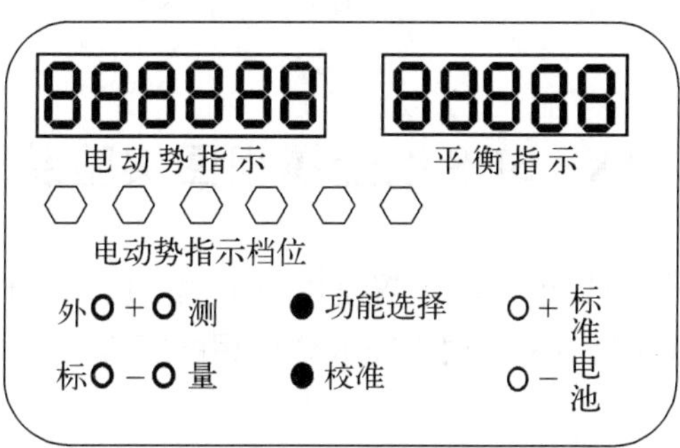

图 17 EM－3C 型数字式电子电位差计面板图

仪器面板左上方为“电动势指示”6 位数码显示窗口，右上方为“平衡指示”4 位数码显示窗口。下面有六个多圈电位器，可进行“平衡调节”和“零位调节”。最下方从左至右依次为标记“＋”“－”的红黑接线的外标电池和被测电池插孔、功能选择按钮和校准按钮、标记“＋”“－”的红黑接线的内部标准模拟电池。

(二) 使用方法

(1) 接通电源：插上电源插头，打开电源开关，两组 LED 显示即亮。预热 5 分钟。

(2) 校准：仪器出厂时均已调节好，为了保证精度，可以由用户校准。打开仪器面板的开关按钮，将红黑线接头插入标记“＋”“－”的“外标”插孔上，另一端短接。将面板下方

的拨位开关全部拨至零，按下红色校正按钮，使LED上右侧的平衡指示显示为“0”。再将红黑线分别连接到仪器的模拟标准电池的“+”“−”极上，调节上方拨位开关，使左上方LED显示的电动势数值和仪器的基准数值相同（以设定内部标准电动势值为1.018 62 V为例，将×1 000 mV档拨位开关拨到1，将×100 mV档拨位开关拨到0，将×10 mV档拨位开关拨到1，将×1mV档拨位开关拨到8，将×0.1 mV档拨位开关拨到6，旋转×0.01 mV档电位器，使电动势指示LED的最后一位显示为2。右LED显示为设定的内部标准电动势值和被测电动势的差值），观察右边平衡指示LED显示值，如果不为零值附近，按红色校正按钮，放开按钮，平衡指示LED显示值应为零，校准完毕。

(3) 测量：将仪器“功能选择”开关置于“测量”档，将红黑线接头插入标记“+”“−”极的“测量”插孔上，再将另一端连接至待测电池的正、负极。调节左边拨位开关并观察右边LED显示值，直到平衡指示值为“00000”附近，此时，左边电动势指示数值即为被测电池的电动势值。需注意的是：“电动势指示”和“平衡指示”数码显示在小范围内摆动属正常，摆动数值在±1之间。

（三）注意事项

(1) 仪器不要放置在有强电磁场干扰的区域内。

(2) 仪器已校准好，不要随意校准。

(3) 如仪器正常通电后无显示，请检查后面板上的保险丝(0.5 A)。

(4) 若拨位开关旋钮松动或旋钮指示错位，可撬开旋钮盖，用备用专用工具对准旋钮内槽口拧紧即可。

6 JX-3D8型金属相图实验装置

JX系列金属相图(步冷曲线)实验装置是由南京大学应用物理研究所研发和监制，南京南大万和科技有限公司制造，主要用于完成金属相图实验数据的采集、步冷曲线和相图曲线的绘制等项任务。

6.1 JX-3D8型金属相图实验装置使用说明

技术参数：最大功率：250W×8
温度分辨率：0.1 ℃
温度精确度：±0.5 ℃
加热温度上限：600 ℃
测量温度上限：1200 ℃
加热最大功率：250 W
保温最大功率：50 W
控制器保险丝：5 A

加热炉保险丝：10 A

实验装置主要配置：

JX－3D8 型（8 通道）金属相图测控装置（含热电偶）

8A 型炉体加热装置

不锈钢样品管（可定制预加样真空封装不锈钢样品管）

（一）简介

整个实验装置由金属相图专用加热装置（8 头加热单元）、计算机、JX－3D8 型金属相图控制器（含热电偶）以及其他附件组成。

金属相图专用加热装置用于对被测金属样品进行加热。

计算机用于对采集到的数据进行分析、处理，绘制曲线。

JX－3D8 型金属相图控制器连接计算机和加热装置，用于控制加热、采集和传送实验数据。其前、后面板及加热炉的简单示意图如图 18—20 所示：

液晶显示器
设置/确定
加热/+1
保温/−1
停止/×10
加热指示灯

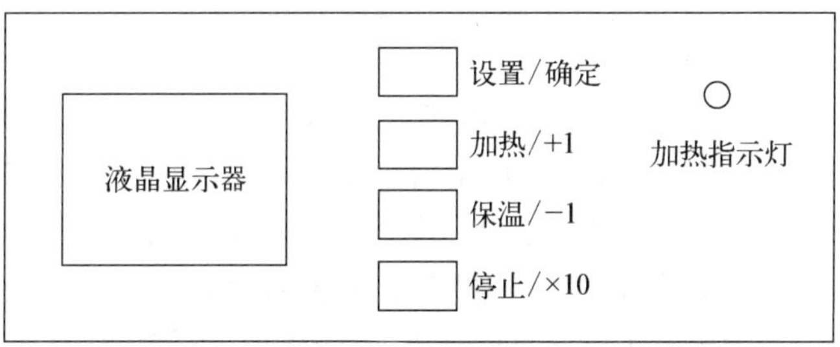

图 18　JX－3D8 型金属相图控制器前面板示意图

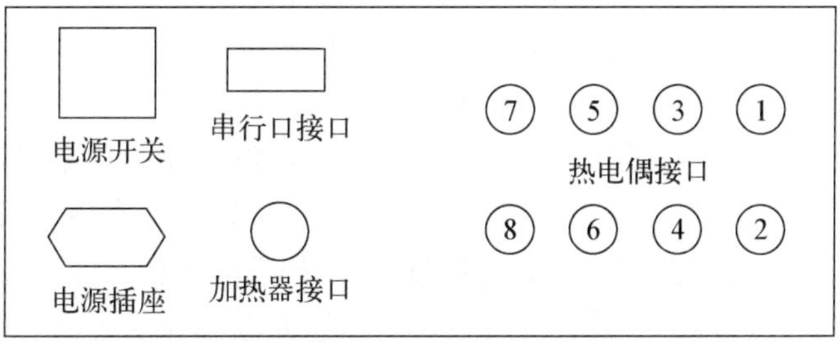

电源开关
串行口接口
7
5
3
1
热电偶接口
8
6
4
2
电源插座
加热器接口

图 19　JX－3D8 型金属相图控制器后面板示意图

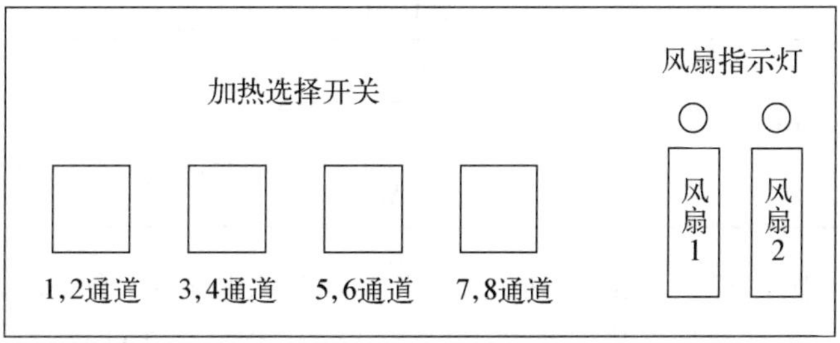

加热选择开关
风扇指示灯
1,2通道
3,4通道
5,6通道
7,8通道
风扇1
风扇2

图 20　JX－3D8 型金属相图控制器加热炉示意图

(二) 仪器说明

(1) 加热炉上左右两侧分别有一个风扇,风扇 1 开关控制左侧风扇,风扇 2 开关控制右侧风扇(当风扇正常运转时,其相对应的开关上方指示灯亮)。同时打开风扇 1、2 炉体散热较快。

(2) 加热炉开关在"0"档位时不能加热,当开关拨到"1"档位时开始加热。开启"1,2 通道"至"1"档位时,1 和 2 号炉口同时加热;开启"3,4 通道"至"1"档位时,3 和 4 号炉口同时加热;依此类推,当"1,2 通道""3,4 通道""5,6 通道""7,8 通道"同时打开至"1"档位时,则 1、2、3、4、5、6、7、8 号炉口同时加热。

(3) 开机后控制器显示屏上有两列温度数值,左侧从上往下分别是 1、2、3、4 号温度传感器对应的温度值,右侧从上至下分别为 5、6、7、8 号温度传感器对应的温度值。

(三) 操作方法

(1) 检查各接口连线连接是否正确,然后接通电源开关;

(2) 设置工作参数步骤:

(ⅰ) 按"设置"按钮,进入数值调节界面,当箭头指向目标温度,为设置目标温度(即加热温度上限,当温度达到此温度时,控制器自动停止加热)。按"+1"增加,按"-1"减少,按"×10"左移一位即扩大十倍;相应显示在加热功率显示器上。(仪器默认的目标温度是 400 ℃,目标温度最高为 600 ℃,若想将目标温度改为 500 ℃,步骤如下:按下设置键进入数值设定界面,当设定箭头指向目标时按下"停止/×10"键,将原来的目标温度清零,然后按 5 次"加热/+1"键,然后再按两次"停止/×10"键,即完成目标温度的设定。)

(ⅱ) 再按"设置"按钮,数字调节箭头指向加热时,设置加热功率,显示在加热功率显示器上。按"+1"增加,按"-1"减少,按"×10"左移一位即扩大十倍;(改变加热功率,可控制升温速度和停止加热后温度上冲的幅度)

(ⅲ) 再按"设置"按钮,数值调节箭头指向保温时,设置保温功率,显示在加热功率显示器上。按"+1"增加,按"-1"减少,按"×10"左移一位即扩大十倍;(根据环境温度等因素改变保温功率,可改善降温速率,以便更好地显现拐点和平台)

(ⅳ) 设置完成后,再按下"设置"按钮,显示屏返回温度显示界面,如不进行设置系统会采用默认值。

参数	默认值	最高值
目标温度　℃	400 ℃	600 ℃
加热功率　P1	250 W	250 W
保温功率　P2	30 W	50 W

(3) 将温度传感器插入样品管细管中,样品管放入加热炉,炉体的档位拨至相应炉号。按下控制器面板加热按钮进行加热,到样品熔化(设定温度)加热自动(或按下控制器面板的停止)停止。

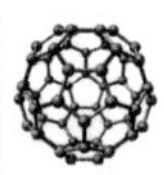

当环境温度较低、散热速度过快的情况下可以根据需要关闭风扇，开启保温功能，并根据需要设定保温功率。

当环境温度较高、样品降温过慢的情况下可以开启一侧或者两侧风扇，加快降温速度。

采集数据完成后，按软件使用说明即可绘制相应的曲线。

（四）注意事项

（1）仪器探头经过精密校准，为保证测量精确探头请勿互换。

（2）请勿将仪器放置在有强电磁场干扰的区域内。

（3）因仪器精度高，测量时应单独放置，不可将仪器叠放，也不要用手触摸仪器外壳。

6.2 JX－3D8 型绘图软件使用说明

（一）软件简介

该软件主要完成金属相图实验数据的采集，步冷曲线的绘制、相图曲线的绘制等功能。

（二）系统连接

用仪器附带的串口线将计算机和仪器连接起来。

（三）软件安装

将光盘插入光驱，点击金属相图（8 通道）SETUP.EXE，按照安装程序的提示进行安装。

点击开始菜单，可在开始菜单中发现“金属相图”软件的快捷方式。

（四）软件功能实现说明

1. 进行实验

进行实验前，将仪器开启两分钟。设置好仪器的各种参数，具体的参数设置方法，请参照仪器的使用说明书。

图形框内温度的最大、最小值（Y 轴）和时间范围（X 轴）可根据实验需求进行设置，输入数值后点击“确定”按钮，（图像显示框中 X 轴表示时间坐标，Y 轴表示温度坐标，单位为度；X 轴程序默认值为 0—60 min；温度为 0—400 ℃。实验开始前可以根据实验实际需求设定坐标范围）。点击“放大”按钮可将图形的某一部分进行放大，方便观察；之后可点击“恢复”按钮将图形恢复到默认大小。

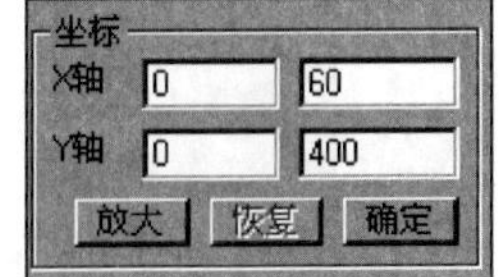

按下“操作”按钮后，点击“开始”，进行记录实验数据。实验数据将以波形的形式显示在程序界面上，其每条曲线前面有其对应颜色。

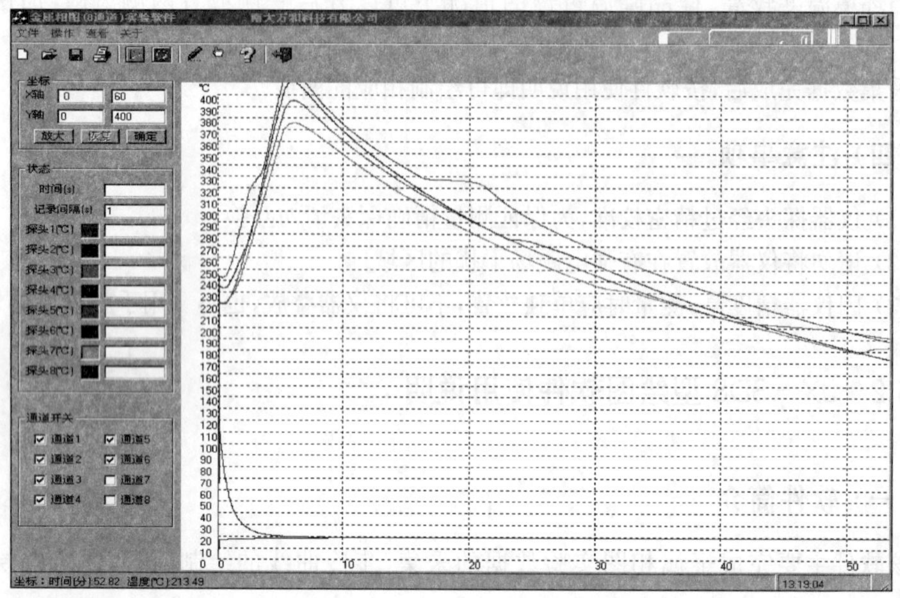

实验结束后，按下“操作”按钮后点击“结束”，保存好本次的实验数据。

本次试验的数据可通过“步冷曲线”按钮再次调入程序进行观看。

2. 步冷曲线的绘制

进行多次实验后，便可以绘制步冷曲线。

绘制曲线前，可设置好步冷曲线的温度范围及时间长度。

按下“查看”按钮后选择“相图曲线绘制”，根据实验要求将实验结果添加至图形上。

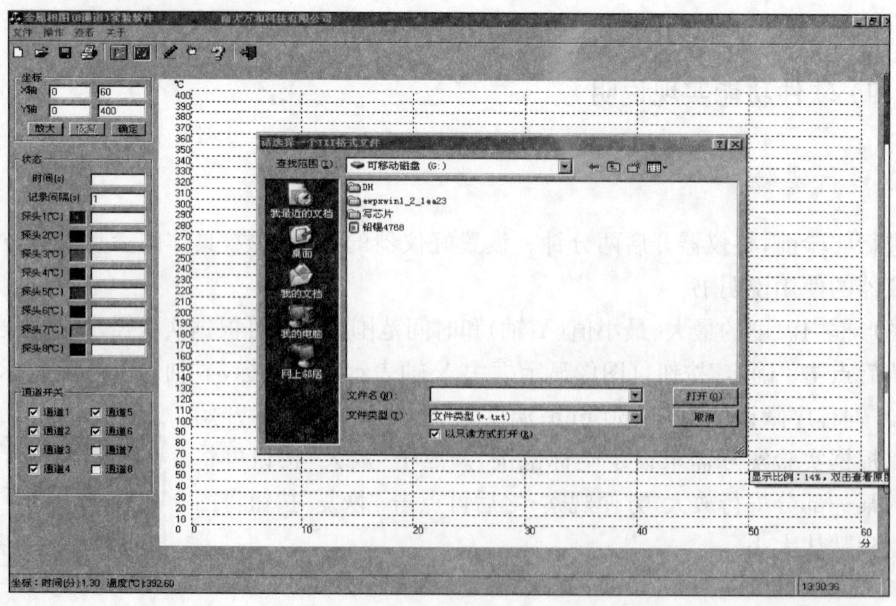

3. 绘制相图曲线

从步冷曲线上读出拐点温度及水平温度。按下“相图绘制”按钮，分别输入“拐点温度”“平台温度”“百分比”，输入顺序请按照其中一种物质的百分比。为了保证相图的正确性，必须保证实验结果覆盖相图曲线的两段直线。

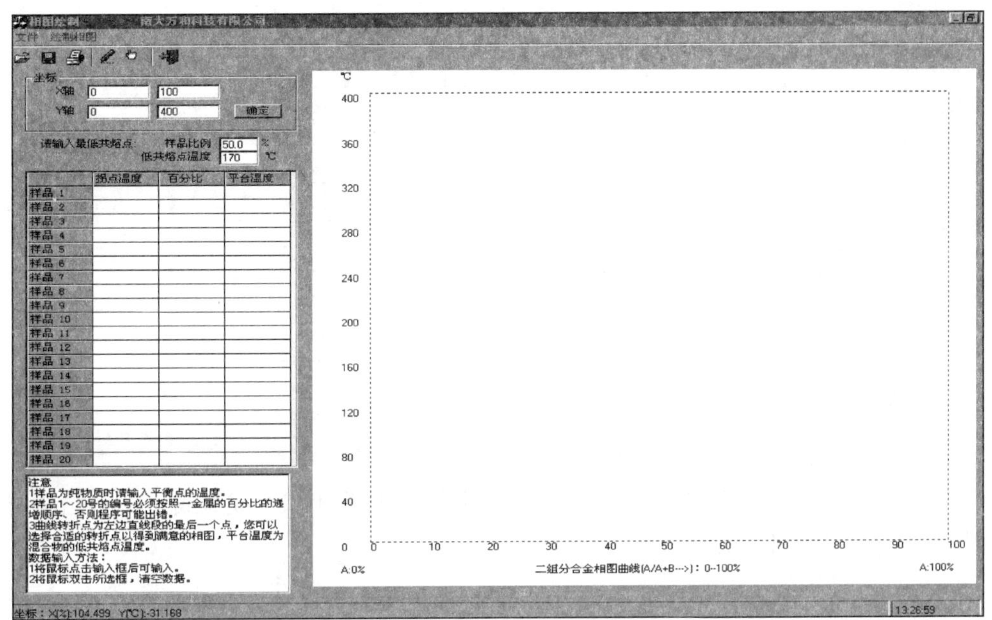

(五) 程序按钮的含义说明

(1) “新建”:将软件图形清除,进行新一次实验。

(2) “开始”:在实验前,初步估计实验所需时间,实验所需最高温度,点击开始按键,做实验时,可将温度及时间坐标范围选择宽一点,以完整记录实验过程,如需具体观察某一段温度曲线,可在实验结束后,用以下方法实现:首先用“坐标设定”按钮设定图形的参数,用“添加数据文件”按钮将实验结果显示出来。

提示:如果实验时温度超过所设定的最高温度,实验数据仍然保存在结果文件中。

(3) “结束”:观察到所需实验现象后,可点击实验结束按键,计算机自动保存实验结果。

(4) “打印”:将打印程序所显示的图形。需要指出的是,虽然图像可以缩放,但打印时仍然在一张纸上打印。

(5) “打开”:将保存的实验数据结果添加的图形上。

(6) “退出”:点击退出实验,退出实验。

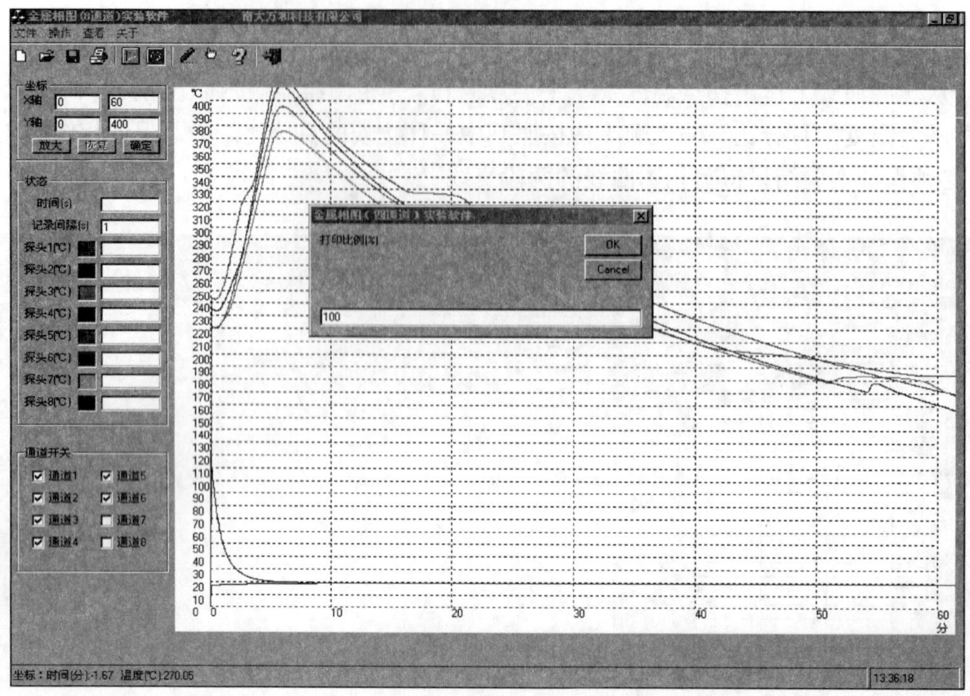

(7)“串口”：根据计算机和仪器连接所用的串口，选择串口 1 或 2 或 3 或 4，当所选无效时，系统将给出如下提示：

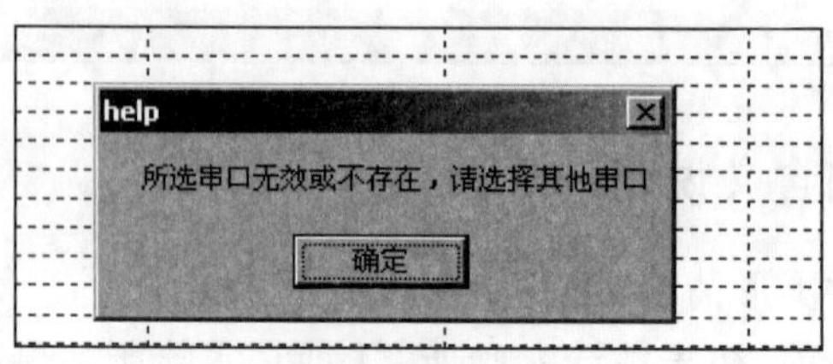

(8) 点击画图区，则在软件左下角可出现鼠标所点击位置处的温度坐标。

注意：

开始实验前及绘制步冷曲线时可进行坐标的设定，进行图形参数设定。

7 DDS－307 型电导率仪

DDS－307 型电导率仪适用于测定一般液体的电导率，是目前实验室中最常用的电导率仪；其优点是：数字显示、测量范围广、测量速度快、可进行温度补偿调节、可靠性好和操作方便。

(一) 测量原理

如图 21 所示，把恒定的电压加到电导池的两个电极上，这时流过溶液的电流 I_x 的大小取决于溶液中所含离子的数量，也取决于溶液的电阻 R_x 和外加电压 U。

$$R_x = U/I_x$$

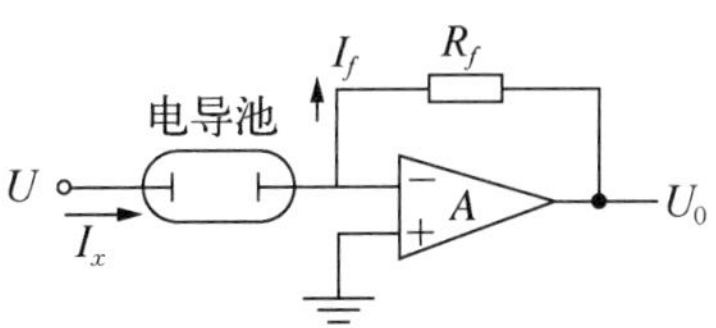

图 21　DDS－307 型电导率仪测量原理图

金属导体通过电子的移动而导电且服从欧姆定律，对溶液则是通过正、负离子的移动而导电的。同样，可用欧姆定律表示。即

$$R_x = U/I_x = \rho \cdot L/A \tag{1}$$

式中：L 是两电极间液柱之长度(cm)；A 为两电极间液柱之截面积(cm^2)。电导池的形状不变时，L/A 是个常数，称为电导池常数，以 K_{cell} 表示。

$$K_{cell} = L/A$$

式(1)变为

$$U/I_x = \rho \cdot K_{cell}$$

电导率　　$\kappa = 1/\rho = K_{cell} \cdot I_x/U = K_{cell} \cdot I_f/U = K_{cell} \cdot U_0/U R_f$　　(2)

可见，在常数 K_{cell} 及输入电压 U 为定值时，被测介质的电导率与运算放大器的输出电压 U_0 成正比。因此，只需测量 U_0 的大小就可显示出被测介质电导率的高低。仪器的电路方框图如图 22 所示。

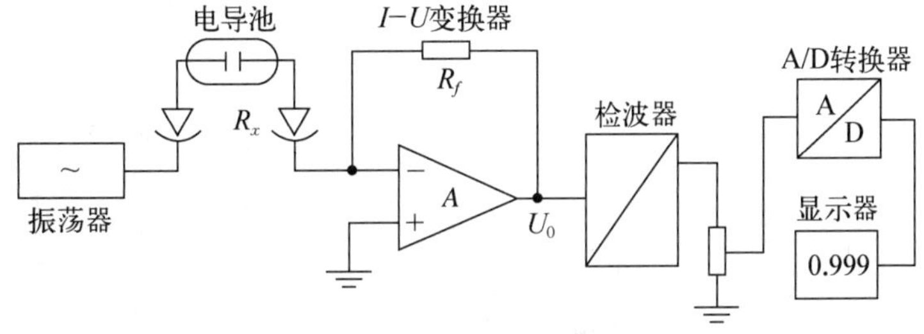

图 22　DDS－307 型电导率仪电路方框图

为降低“极化”作用所造成的附加误差及消除电导池中双电层电容的影响，由振荡器产生幅值稳定的交流测量信号，此信号加于电导池后变换为电流信号输入于运算放大器 A 的反相端，经过比例运算后便把 R_x 的大小变换成为相应的电压信号 U_0，从(2)式可知，这种转换是线性的。U_0 经检波后变为直流电压信号，这样，加到 A/D 转换器的直流电压就与溶液的电导率成正比。

（二）使用方法

1. 仪器面板及后面板如图 23 所示

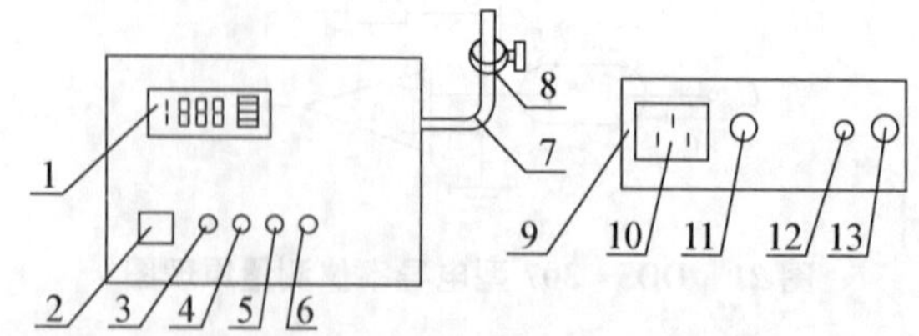

图 23　DDS-307 型电导率仪面板及各调节器功能图

1—显示屏；2—电源开关；3—温度补偿调节器；4—常数选择开关；
5—校正钮；6—量程开关；7—电极支架；8—固定圈；9—后面板；
10—三芯电源插座；11—保险丝管座；12—输出插口；13—电极插座

2. 选择电极

仪器可配用常数为 0.01，0.1，1 及 10 四种不同类型的电导电极，又有四档量程，可根据以下表 2 测量范围表所示的参考测量值与被测介质电导率(电阻率)的高低，选用不同常数的电导电极。提示：如果被测介质电导率小于 1 μS/cm(电阻率大于 1 mΩ · cm)，用常数为 0.01 的钛合金电极测量时应加测量槽作流动测量；如果被测介质电导率大于 100 μS/cm(电阻率小于 10 kΩ · cm)，宜用常数为 1 或 10 的镀铂黑电导电极以增大吸附面，减少电极极化的影响。

表 2　测量范围表

量程	电导率 (μS/cm)	电阻率 (Ω · cm)	配套电极	常数开关位置 (cm^{-1})	量程开关位置	被测介质电导率 (μS/cm)
1	0～0.1	∞～10^7	钛合金电极	0.01	Ⅰ	数码读数×0.1
2	0～1	∞～10^6			Ⅱ	〃 ×1
3	0～10	∞～10^5			Ⅲ	〃 ×10
4	0～10^2	∞～10^4			Ⅳ	〃 ×100
5	0～1	∞～10^6	DJS-0.1C 型光亮电极	0.1	Ⅰ	〃 ×0.1
6	0～10	∞～10^5			Ⅱ	〃 ×1
7	0～10^2	∞～10^4			Ⅲ	〃 ×10
8	0～10^3	∞～10^3			Ⅳ	〃 ×100
9	0～10	∞～10^5	DJS-1C 型铂黑电极	1	Ⅰ	〃 ×0.1
10	0～10^2	∞～10^4			Ⅱ	〃 ×1
11	0～10^3	∞～10^3			Ⅲ	〃 ×10
12	0～10^4	∞～10^2			Ⅳ	〃 ×100
13	0～10^2	∞～10^4	DJS-10C 型铂黑电极	10	Ⅰ	〃 ×0.1
14	0～10^3	∞～10^3			Ⅱ	〃 ×1
15	0～10^4	∞～10^2			Ⅲ	〃 ×10
16	0～10^5	∞～10			Ⅳ	〃 ×100

3. 调节“温度”旋钮

用温度计测出被测介质的温度后，把“温度”旋钮置于相应的介质温度刻度上。注：若把旋钮置于 25 ℃线上，即为基准温度下补偿，也即无补偿方式。

4. 调节“常数”选择开关位置

(1) 若选用 0.01 cm^{-1}±20%常数的电极则置于 0.01 处。
(2) 若选用 0.1 cm^{-1}±20%常数的电极则置于 0.1 处。
(3) 若选用 1 cm^{-1}±20%常数的电极则置于 1 处。
(4) 若选用 10 cm^{-1}±20%常数的电极则置于 10 处。

5. 常数的设定及“校正”调节

量程开关置于“检查”档：

(1) 对 0.01 cm^{-1}常数的钛合金电极，电极选择开关置于 0.01 处；若常数为 0.009 5，则调节“校正”钮使显示值为 0.950。

(2) 对 0.1 cm^{-1}常数的 DJS－0.1 C 型光亮电极，电极选择开关置于 0.1 处；若常数为 0.095，则调节“校正”钮使显示值为 9.50。

(3) 对 1 cm^{-1}常数的 DJS－1C 型铂黑电极，电极选择开关置于 1 处；若常数为 0.95，则调节“校正”钮使显示值为 95.0。

(4) 对 10 cm^{-1}常数的 DJS－10 C 型铂黑电极，电极选择开关置于 10 处；若常数为 9.5，则调节“校正”钮使显示值为 950。

6. 测量

(1) 将电导电极插头插入插座，使插头之凹槽对准插座之凸槽，然后用食指按一下插头顶部，即可插入(拔出时捏住插头之下部，往上一拔即可)。然后把电极浸入介质，进行测量。

(2) 把“量程”开关扳在测量挡，使显示值尽可能在 100 至 1 000 之间。

7. 仪器的模拟标定

仪器电计部分用电阻箱标定。“常数选择”开关置于“1”，“温度”调节置于 25 ℃。“量程”开关置于“检查”，将“校准”旋钮调节至示数为“100”。

(1) 扳量程开关置于Ⅰ。

电阻箱输入 100 kΩ 指示应为 100×0.1。

(2) 扳量程开关置于Ⅱ。

电阻箱输入	100 kΩ	仪器指示应为 100
	50 kΩ	仪器指示应为 20
	25 kΩ	仪器指示应为 40
	40 kΩ	仪器指示应为 25

(3) 扳量程开关置于Ⅲ。

电阻箱输入　　　1 kΩ　　　仪器指示应为 100×10

(4) 扳量程开关置于Ⅳ。

电阻箱输入　　　100 kΩ　　　仪器指示应为 100×100

(5) 式仪器电计部分的误差值±1%。在用电阻箱标定时要注意屏蔽和屏蔽层接地。

(三) 注意事项

(1) 在测量高纯水时应避免污染。

(2) 因温度补偿是采用固定的 2%温度系数补偿的,对高纯水测量应尽量采用不补偿方式进行测量后查表。

(3) 为确保测量精度,电极使用前应用 0.5 μS/cm 的蒸馏水或去离子水冲洗 2 次,再用被测试样冲洗 3 次后方可测量。

(4) 电极插头插座绝对防止受潮,以免造成不必要的测量误差。

(5) 电极常数应定期进行复查和标定。

(四) 电极常数的测定方法

1. 参比溶液法

(1) 清洗电极。

(2) 配制标准溶液,配制的成分比例和电导率值见附表 2。

(3) 把电导池接入电桥或电导仪。

(4) 控制溶液温度为 25 ℃。

(5) 把电极浸入标准溶液中。

(6) 测出电导池电极间电阻 R。

(7) 按照下式计算电极常数 K_{cell}:

$$K_{\text{cell}} = \kappa \times R$$

式中:κ 为溶液已知电导率(查表 4 可得)。

2. 比较法(用一已知常数的电极与未知常数的电极测量同一溶液的电阻)

(1) 选择 1 支合适的标准电极(设常数为 $K_{\text{cell,标}}$)。

(2) 把未知常数的电极(设常数为 $K_{\text{cell,1}}$)与标准电极事先清洗吸干后以同样的深度插入液体中。

(3) 依次把它们接到电阻率仪上,分别测出的电阻设为 R_1 及 $R_{\text{标}}$,则由:

$$\frac{K_{\text{cell,标}}}{K_{\text{cell,1}}} = \frac{R_{\text{标}}}{R_1}$$

可得 $K_{\text{cell,1}} = K_{\text{cell,标}} \times R_1 / R_{\text{标}}$

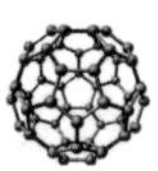

表 3 测定电导池常数的 KCl 标准溶液

电导池常数 K_{cell}/cm^{-1}	0.01	0.1	1	10
KCl 标准溶液	0.001 D	0.01 D	0.1 D	0.1 D 或 1 D

说明：KCl 应该用一级试剂，并须在 110 ℃烘箱中烘干 4 h，取出经干燥器冷却后方可称量。

表 4 KCl 标准溶液及其电导率值

电导率/(S/cm) 浓度 温度/℃	1 D	0.1 D	0.01 D	0.001 D
15	0.092 12	0.010 455	0.0011414	0.000 118 5
18	0.097 80	0.011 168	0.001 220 0	0.000 126 7
20	0.101 70	0.011 644	0.001 273 7	0.000 132 2
25	0.111 31	0.012 852	0.001 408 3	0.000 146 5
35	0.131 10	0.0153 51	0.001 687 6	0.000 176 5

说明：(1) 1 D：20 ℃下每升溶液中 KCl 为 74.246 0 g；(2) 0.1 D：20 ℃下每升溶液中 KCl 为 7.436 5 g；(3) 0.01 D：20 ℃下每升溶液中 KCl 为 0.744 0 g；(4) 0.001 D：20 ℃时将 100 mL 的 0.01 D 溶液稀释至 1 L。

8 酸度计

酸度计又称 pH 计，是精密测量液体介质 pH 的常用仪器，配上相应的离子选择电极也可以测量离子电极电势值。由于使用方便，测量迅速，酸度计被广泛应用于工业、农业和环保等领域，也是食品质量安全认证和危害分析与关键控制点认证中的必备检验设备。随着酸度计应用范围的扩大和测量技术的不断提升，其种类也在不断增加。酸度计按仪器大小可分为笔式(迷你型)、便携式、台式和连续监控测量的在线式。常用的酸度计主要由指示电极、参比电极和测量系统三部分组成。

1.1 测量原理

酸度计是基于原电池电动势测定的原理而工作的，即通过测定由指示电极、参比电极和待测溶液组成的原电池的电动势数值，再根据能斯特方程求出待测溶液的 pH。通常使用的指示电极为玻璃电极，其电极电势随待测溶液的 pH 而变化；而最常用的参比电极为饱和甘汞电极，其电极电势值与待测溶液的 pH 无关，但与温度有关，它与温度 T 的关系为

$$\varphi\{\text{KCl(饱和)}|Hg_2Cl_2(s)|Hg(l)\}=\{0.241\ 2-6.61\times10^{-4}(t/℃-25)-1.75\times10^{-6}(t/℃-25)^2-9.16\times10^{-10}(t/℃-25)^3\}\ V$$

当玻璃电极、饱和甘汞电极和待测溶液组成原电池时，就可以通过测定原电池的电动势 E，求出溶液的 pH。

$$Ag|AgCl(s)|HCl(0.1mol \cdot L^{-1}) \underset{\text{玻璃膜}}{\vdots} \text{待测溶液}(pH=?)|KCl(\text{饱和})|Hg_2Cl_2(s)|Hg$$

在 298K 时，

$$\begin{aligned} E &= \varphi[KCl(\text{饱和})/Hg_2Cl_2(s)/Hg(l)] - \varphi^{\ominus}_{\text{玻}} \\ &= 0.241\ 2\ V - \{\varphi^{\ominus}_{\text{玻}} - 2.303\frac{RT}{F} \times pH\} \\ &= 0.241\ 2\ V - (\varphi^{\ominus}_{\text{玻}} - 0.059\ 16 \times pH)V \end{aligned}$$

经移项整理得：

$$pH = \frac{E - 0.241\ 2V + \varphi^{\ominus}_{\text{玻}}}{0.059\ 16\ V}$$

上式中 $\varphi^{\ominus}_{\text{玻}}$ 对某给定的玻璃电极是常数，但对于不同的玻璃电极来说，它们的 $\varphi^{\ominus}_{\text{玻}}$ 值也不相同。原则上可以通过测定已知 pH 缓冲溶液的电动势(E)值，计算出该电极的 $\varphi^{\ominus}_{\text{玻}}$。但通常在实际使用时，每次先用已知 pH 的缓冲溶液，在酸度计上进行标定，使得电动势(E)值和 pH 满足上式，然后再来测定未知溶液，就可直接从酸度计的显示屏上读出溶液的 pH，而不必计算出 $\varphi^{\ominus}_{\text{玻}}$ 的具体数值。

近年来，随着科学技术制造工业的不断进步，新型的复合电极被研制出来，它将玻璃电极和参比电极合并，以单一接头与酸度计连接，使酸度计更为便携，使用更加方便，有利于酸度计的微型化和智能化。

1.2 使用方法

现以 pHS-3C 型酸度计为例说明其使用方法。pHS-3C 型酸度计可以测量溶液的 pH、毫伏(mV)值和温度。其结构如图 24 所示。

(一) 安装

将复合电极固定在多功能电极架上，并将电极接头接入仪器专用插口。

(二) 标定

酸度计使用前必须要标定。一般情况下仪器在连续使用时，每天标定一次。接通电源，打开仪器开关，预热 30 min。将 pH 复合电极下端的电极保护套拔下，并拉下电极上端的橡皮套使其露出上端小孔，用蒸馏水将复合电极洗净，并用滤纸吸干，固定于多功能电极架上。

按“pH/mV”键，使仪器进入 pH 测量状态；用温度计测出被测溶液温度，按“温度”按钮，使显示为溶液温度值(此时温度指示灯亮)，然后按“确认”键，仪器确定溶液温度后回到 pH 测量状态。

把用蒸馏水清洗过，并用滤纸吸干后的复合电极插入 pH=6.86 标准缓冲溶液中，待读数稳定后按“定位”键进行一点标定(此时 pH 指示灯缓慢闪烁，表明仪器在定位标定状

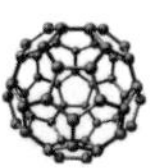

态），仪器自动识别当前标液，并显示该溶液当前温度下的 pH（例如混合磷酸盐 25 ℃ 时，pH＝6.86，而 10 ℃ 时，pH＝6.92），然后按“确认”键，仪器存储当前标定结果，并返回 pH 测量状态，pH 指示灯停止闪烁。若放弃标定，可按“pH/mV”键，仪器退出标定状态，返回当前测量状态。

通常情况下实验室使用二点标定法标定电极斜率。分别准备 pH＝4.00 和 pH＝9.18 的标准缓冲溶液。在测量状态下，把用蒸馏水清洗过，并用滤纸吸干后的电极插入 pH＝4.00 的标准缓冲溶液中，用温度计测量溶液温度，并用温度键设定后，待读数稳定后，按“定位”键使读数为该溶液当前温度下的 pH＝4.00，然后按“确认”键，仪器返回 pH 测量状态。再次把用蒸馏水清洗过并用滤纸吸干后的电极插入 pH＝9.18 的标准缓冲溶液中，用温度计测量溶液温度，并用温度键设定后，待读数稳定后，按“斜率”键使读数为该溶液当前温度下的 pH＝9.18，然后按“确认”键，仪器返回 pH 测量状态，完成标定。

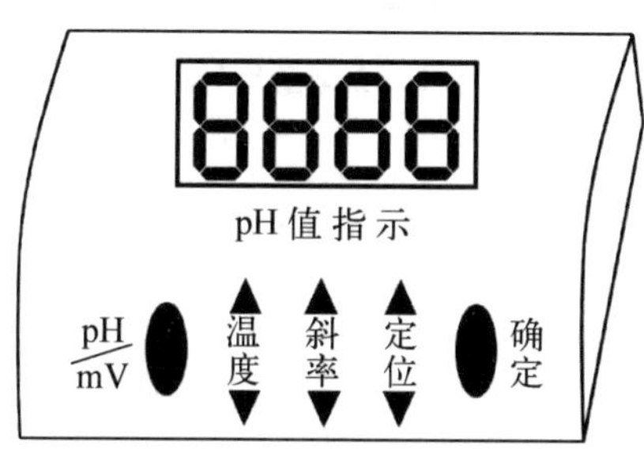

图 24　pHS－3C 型酸度计面板示意图

（三）测量

酸度计经标定后，即可用来测量溶液的 pH。若被测溶液与定位溶液温度相同时，直接将复合电极头分别用蒸馏水和被测溶液清洗一次，然后把电极浸入被测溶液中，用玻璃棒搅拌溶液，使其均匀，待读数稳定，记录 pH。

若被测溶液与定位溶液温度不同时，先用温度计测量被测溶液的温度，按“温度”键使仪器显示为被测溶液的温度值，按“确定”后，将复合电极头分别用蒸馏水和被测溶液清洗一次，然后把电极浸入被测溶液中，用玻璃棒搅拌溶液，使其均匀，待读数稳定，记录 pH。测量完成后，按仪器的开关键关闭仪器，电极放入蒸馏水中，若长期不用电极应放入 3 mol · L 的 KCl 溶液中。

（四）注意事项

（1）缓冲溶液的 pH 要可靠，且 pH 与被测值越接近越好。

（2）测量脱水性强的溶液动作要快，测定后立即用蒸馏水将电极清洗干净。

（3）长期不用的电极和新换电极在使用前应于 3 mol · L 的 KCl 溶液中浸泡 24 h，并重新进行标定。

（4）复合电极应避免长期浸泡在蒸馏水中，并防止与有机硅油接触。

（5）电极玻璃球不能与任何硬物接触，任何破损和擦毛都会使电极失效。

(6) 玻璃球被污染或老化,可将电极用 0.1 mol·L 的稀 HCl 溶液浸泡,然后在 KCl 溶液中浸泡处理。

1.3 pHS-2 型酸度计使用方法

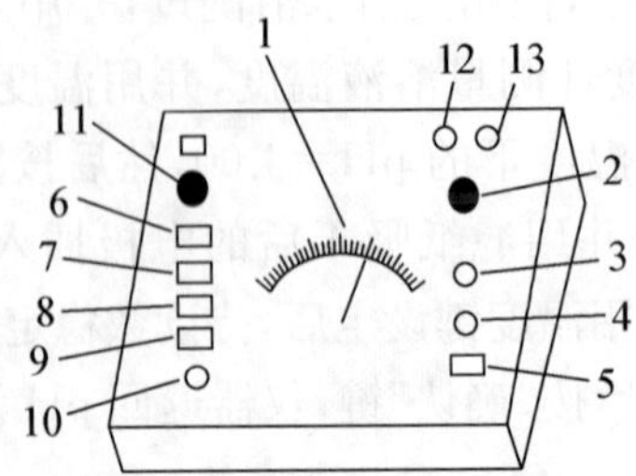

图 25 pHs-2 型酸度计示意图

1—指示表;2—pH—mV 分档开关;3—校正调节器;4—定位调节器;5—读数开关;
6—电源按键;7—pH 按键;8—+mV 按键;9—-mV 按键;10—零点调节器;
11—温度补偿器;12—甘汞电极接线柱;13—玻璃电极插口

(一) 仪器校正

由于每支玻璃电极的零电位、转换系数与理论值有差别,而且各不相同。因此,如要进行 pH 测量,必须要对电极进行 pH 校正,其操作过程如下:

(1) 仪器零点 pHS-2 型酸度计以表头正中作为零点,满刻度为 2 个 pH 单位。接通电源前检查指针是否指在读数 1.0 处。若偏离,应先调节指针零调螺丝校准。

(2) 温度补偿 先将温度补偿旋钮调到待测溶液的温度值上。

(3) 调零 开启仪器电源开关,按下"pH"按键,预热 30 min。将分档开关拨至"6"档,转动零点调节旋钮,使指针指示于 1.00,即 pH=7.00。

(4) 校正 将分档开关拨至"校正",调节"校正"旋钮,使指针指于满刻度 2.00 处。

(5) 重复(3)、(4)两步骤,使指针在正确的位置上。校正旋钮位置不可再调动。

(二) 定位

(1) 用蒸馏水将电极洗净以后,用滤纸吸干。将电极放入盛有已知 pH 的标准缓冲溶液的烧杯内,按下"读数"开关,调节"定位"旋钮,使仪器指示值为此溶液温度下的标准 pH (仪器上的"范围"读数加上表头指示值即为 pH 指示值),在标定结束后,放开"读数"开关。此后勿再触动"校正"和"定位"旋钮。例如,根据待测 pH 的样品溶液是酸性或碱性来选择 pH=4 或 pH=9 的标准缓冲溶液,把电极放入标准缓冲溶液中,把仪器的"范围"置"4"档(此时为 pH=4 的标准缓冲溶液时)或放置"8"档(此时为 pH=9 的标准缓冲溶液时),按下"读数"开关,调节"斜率定位"旋钮,使仪器指示值为该标准缓冲溶液在此温度下的 pH,然后放开"读数"开关。一般经过上述过程,仪器已能进行 pH 的精确测量。在一般情况下,两种标准缓冲溶液的温度必须相同,以获得最佳 pH 校正效果。

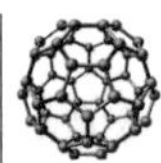

(三) 样品溶液 pH 的测量

(1) 在进行样品溶液的 pH 测量时,必须先清洗电极,并用滤纸吸干。在仪器已进行 pH 校正后,绝对不能再旋动定位斜率旋钮,否则必须重新进行校正。一般情况下,一天进行一次 pH 校正已能满足常规 pH 测量的精度要求。

(2) 将仪器温度旋钮旋至被测样品溶液的温度值。将电极放入被测溶液中。仪器的范围开关置于此样品溶液的 pH 档上,按下读数开关。如表针打出左面刻度线,则应减少范围开关值。如表针打出右面刻度线,则应增加范围开关值。直至表针在刻度上,此时表针所指示的值加上范围开关值,即为此样品溶液的 pH。

9 阿贝折射仪

折射率是物质的重要物理常数之一,测定物质的折射率可以定量地求出该物质的浓度和纯度。许多纯的有机物具有一定的折射率,当含有杂质时其折射率发生变化,杂质越多,偏离越大。纯物质溶解在溶剂中时折射率也发生变化,异丙醇溶解在环已烷中,浓度愈大其折射率愈小。通过测定物质的折射率,还可以算出某些物质的摩尔折射度,反映极性分子的偶极矩,从而有助于研究物质的分子结构。实验室常用的阿贝(Abbe)折射仪,既可以测定液体的折射率,也可以测定固体物质的折射率,同时可以测定蔗糖溶液的浓度。由于阿贝折射仪所需的试样量小,操作简单方便,读数准确。所以它是物理化学实验室常用的光学仪器。

(一) 原理和构造

1. 光学原理

当一束单色光从各向同性的介质 1 进入各向同性的介质 2(两种介质的密度不同)时,如果光线传播方向不垂直于二介质的界面,则会发生折射现象(见图 26(a))。在温度、压力和光的波长一定的条件下,若入射角和折射角分别为 θ_1、θ_2,光在介质 1 和介质 2 中的传播速度分别为 ν_1 和 ν_2,根据斯内尔(Snell)折射定律,可有下列关系式:

$$\sin\theta_1/\sin\theta_2=\nu_1/\nu_2=n_2/n_1=n_{1,2} \tag{1}$$

式中:n_1、n_2 分别为介质 1 和介质 2 的绝对折射率,$n_{1,2}$ 称为介质 2 对介质 1 的相对折射率。若介质 1 为真空,因规定 $n_{真空}=1.000\ 00$,故 $n_{1,2}=n_2$。但介质 1 通常为空气,空气的绝对折射率为 1.000 29,这样得到的各物质的折射率称为常用折射率。

由(1)式可知,当 $n_2>n_1$ 时,折射角 θ_2,恒小于入射角 θ_1,当 θ_1 增大时,θ_2 亦相应增大,当 $\theta_1=90°$ 时,对应的折射角 θ_c 之内成为亮区,而 θ_c 称为临界折射角(见图 26(b))。显然,对于入射角为 0—90°的入射光线,折射后都相应落在临界折射角 θ_c 之外则成为暗区,这时若在 M 处置一目镜,则镜上将出现半明半暗的图像,临界面 θ_c 决定了半明半暗分界线的位置。

根据(1)式,则有

$$n_1 = n_2 \sin\theta_c \qquad (2)$$

若介质1为试样,介质2为玻璃棱镜,棱镜的折射率为已知,且大于待测液体的折射率,由式(2)可见,只要测得θ_c即可求出试样折射率。阿贝折射仪就是根据这个原理而设计的。

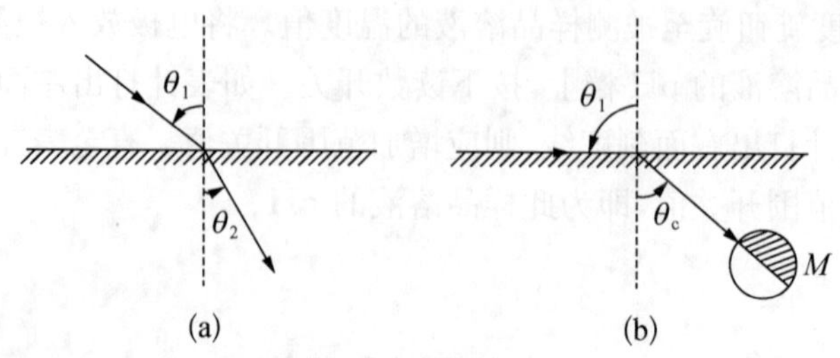

图 26 光的折射

2. 仪器构造

图27是阿贝折射仪的外形图,图28是光的行程图。它的核心部分是由两块折射率为1.75的玻璃直角棱镜组成的棱镜组。下面一块是辅助棱镜8(P_1),其斜面是磨砂的。上面一块是测量棱镜10(P_2),其斜面是高度抛光的。两块棱镜之间留有微小缝隙(约0.1—0.15 mm),其中可以铺展一层待测液体试样。入射光线经反射镜6反射至辅助棱镜8后,在其磨砂斜面上发生漫射,以各种角度通过试样液层,在试样与测量棱镜的界面发生折射,所有折射光线的折射角都落在临界折射角θ_c之内。具有临界折射角θ_c的光线射出棱镜P_2经阿密西(Amici)棱镜(A_1,A_2)(见图28)消除色散,再经聚焦之后射于目镜上,此时若目镜的位置适当,则在目镜中可看到半明半暗的图像,仪器中刻度盘与棱镜组是同轴的。实验时,转动读数手柄,调节棱镜组的角度,使明暗分界线正好落在目镜十字线的交叉点上,这时从读数标尺上就可读出试样的折射率。阿贝斯折射仪的标尺上除标有1.300—1.700折射率的数值外,在标尺旁边还标有20 ℃糖溶液的百分浓度的读数,可以直接测定糖溶液的浓度。

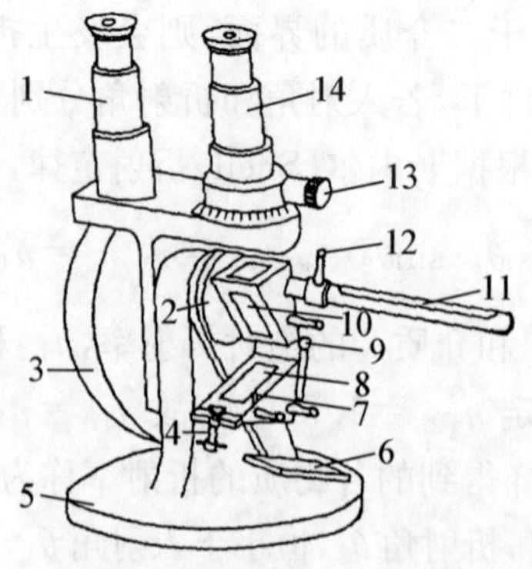

图 27 阿贝折射仪外形图

1—读数望远镜;2—转轴;3—刻度盘罩;4—锁钮;5—底座;6—反射镜;7—加液槽;8—辅助棱镜(开启状态);9—铰链;10—测量棱镜;11—温度计;12—恒温水入口;13—消色散手柄;14—测量望远镜

在指定的条件下，液体的折射率因所用单色光的波长不同而不同。若用普通白光作光源(波长 400—700 nm)，由于发生色散而使明暗分界线处呈现彩色光带，使明暗交界不清楚。为此，在仪器的目镜下方设计一套消色散装置，它由两块相同的可以反向转动的阿密西棱镜组成，调节两棱镜的相对位置就可使色散消失，这时所测得的折射率和用钠光 D 线(589 nm)所测得的折射率相同。

因为折射率与温度有关，故在仪器棱镜组外面装有恒温夹套，通以恒温水，以便测定物质在指定温度下的折射率，记作 n_D^t。压力对折射率的影响甚微，常不予考虑。

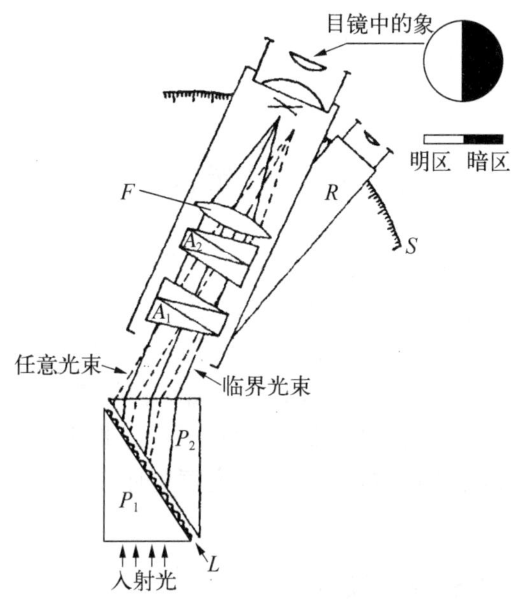

图 28　光的行程图

(二) 使用方法

1. 将阿贝折射仪置于光亮处(但应避免阳光直接照射)。调节超级恒温槽至所需温度，将阿贝折射仪接通恒温水，水温读数以阿贝折射仪上的温度计为准。

2. 松开棱镜组的锁钮 4，开启辅助棱镜，使磨砂斜面呈水平，用少量丙酮清洗镜面，再用擦镜纸轻轻揩干(切勿用滤纸)。滴加数滴试样于镜面上，闭合棱镜组，旋紧锁钮。若试样易挥发，则可从加液小槽直接加入。

3. 调节反射镜，让光线射入棱镜组。同时调节目镜的焦距，使目镜中十字线清晰明亮。

4. 转动读数手柄，使明暗界线正好落在十字线的交叉点上。在调节过程中，当观察视场中出现彩带时，应即时调节消色散手柄，使彩带消失。

5. 打开刻度标尺罩壳上方的小窗，让光线射入。转动小窗盖，使刻度标尺有足够亮度。然后从读数望远镜中读出标尺上相应示值。由于眼睛在判断明暗分界线是否处于十字线的交叉点上时，易于疲劳，为了减少偶然误差，应转动读数手柄，重复测定三次(三个读数相差不能大于 0.000 2)，然后取其平均值。

6. 仪器校正

阿贝折射仪的刻度盘上标尺的零点，有时会发生移动，须加以校正。校正方法是用已知折射率的标准玻璃块(仪器附件)，将玻块的光面用一滴 α -溴代萘附着在测量棱镜上，不需合上辅助棱镜，但要打开测量棱镜背面小窗，使光线从小窗射入，就可测定，旋转读数手柄，使标尺读数等于玻璃块上注明的折射率，然后用一小钟表起子旋动目镜前凹槽中的调整螺丝，使明暗界线正好与十字线的交点相合，即校正完毕。

亦可用已知折射率的标准液体，如蒸馏水来校正。水在各种温度下的折射率见本书后附录：常用数据表 11。

7. 对有腐蚀性的液体，如强酸、强碱以及氰化物，不能使用阿贝折射仪来测定折射率。

10　旋光仪

某些物质在平面偏振光线通过它们时能将偏振光的振动面旋转过一个角度，物质的这种性质称为旋光性，转过的角度称为旋光度，记作 α。使偏振光的振动面向左旋的物质称为左旋物质，向右旋的称为右旋物质。因此通过测定物质旋光度的方向和大小，可以鉴定物质。许多物质具有旋光性，如石英晶体、酒石酸晶体、蔗糖、葡萄糖、果糖的溶液等。旋光物质的旋光度与旋光物质的本性、测定温度、光经过物质的厚度、光源的波长等因素有关，若被测物质是溶液，当光源波长、温度、厚度恒定时，其旋光度与溶液的浓度成正比。测定旋光度通常用旋光仪。

(一) 旋光仪的构造和测试原理

普通光源发出的光称为自然光，其光源在垂直于传播方向的一切方向上振动，如果我们借助某种方法，而获得只在一个方向上振动的光，这种光线称为偏振光。旋光仪的主体尼科尔(Nicol)棱镜就能起到这样的作用。

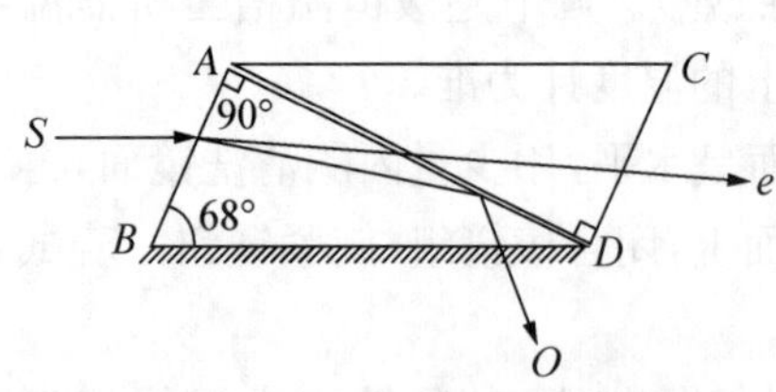

图 29　尼科尔棱镜的起偏原理图

尼科尔棱镜是由两块方解石直角棱镜组成。棱镜两个锐角为 68° 和 22°，两棱镜的直角边用加拿大树胶粘合起来，见图 29。当一束自然光 S 沿平行于 AC 的方向入射到端面 AB 后，由于方解石晶体的双折射特性，这束自然光就被折射成两束互相垂直的偏振光。其中一束偏振光 O 遵守折射定律，称为寻常光线。另一束偏振光 e 不遵守折射定律，称为非寻常光线。由于寻常光线 O 在直角棱镜中的折射率(1.658)大于在加拿大树胶中的折射率(1.550)，因此寻常光线 O 在第一块直角棱镜与加拿大树胶交界面上发生全反射，为棱镜的涂黑的表面所吸收。非寻常光线 e 在直角棱镜中的折射率 1.516 小于在加拿大树胶中的折射率，不产生全反射现象，故能透过树胶和第二块棱镜，从端面 CD 射出，而获得一束单一的平面偏振光。在旋光仪中，用于产生偏振光的棱镜称为起偏镜。

在旋光仪中还设计了第二个尼科尔棱镜，其作用是检查偏振光经旋光物质后，其振动

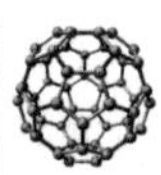

方向偏转的角度大小，称为检偏镜。它和旋光仪的刻度盘装在同一轴上，能随之一起转动。若一束光线经过起偏镜后，所得到的偏振光沿 OA 方向振动（见图 30）。由于检偏镜只允许沿某一方向振动的偏振光通过，设图 30 中的 OB 为检偏镜所允许通过的偏振光的振动方向。OA 和 OB 间的夹角为 θ，振幅为 E 的沿 OA 方向振动的偏振光可分解为相互垂直的两束平面偏振光，振幅分别为 $E\cos\theta$ 和 $E\sin\theta$，其中只有与 OB 相重合的分量 $E\cos\theta$ 可以通过检偏镜，而与 OB 垂直的分量 $E\sin\theta$ 则不能通过。由于光的强度 I 正比于光的振幅的平方，显然，当 $\theta=0°$ 时，$E\cos\theta=E$，透过检偏镜的光最强，当 $\theta=90°$ 时，$E\cos\theta=0$，此时就没有偏振光通过检偏镜。旋光仪就是利用透过光的强弱来测定旋光物质的旋光度的。

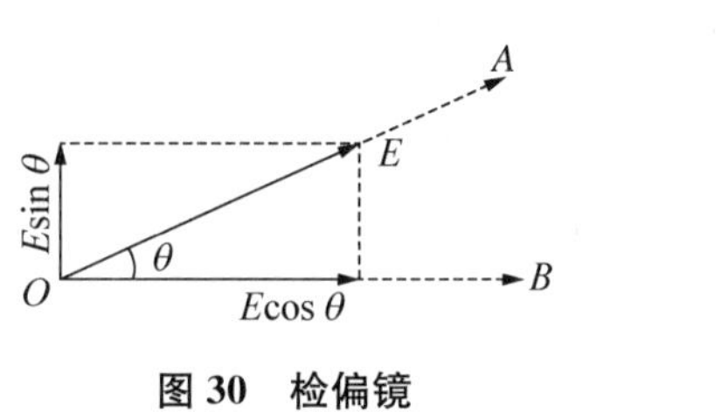

图 30　检偏镜

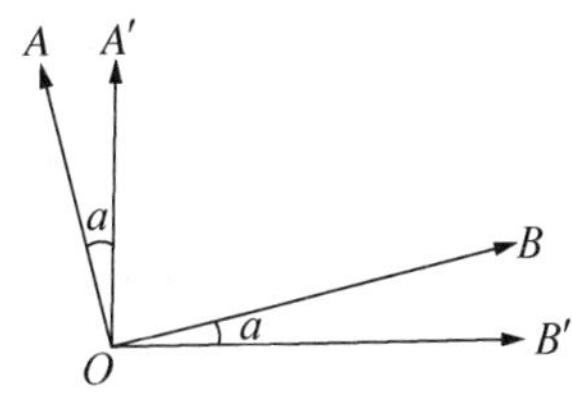

图 31　物质的旋光作用

在旋光仪中，起偏镜是固定的，如果调节检偏镜使得 $\theta=90°$，则检偏镜前观察到的视场呈黑暗。如果在起偏镜和检偏镜之间放一盛有旋光性物质的样品管，由于物质的旋光作用，使 OA 偏转一个角度 α（见图 31），这样在 OB 方向上就有一个分量，所以视场不呈黑暗，必须将检偏镜也相应地旋转一个 α 角，这样视场才能重又恢复黑暗。当旋转检偏镜时，刻度盘随同转动，其旋转的角度可从刻度盘上读出。

由于人们的视力对鉴别二次全黑相同的误差较大（可差 4°—6°），因此设计了一种三分视野（也有二分视野）来提高测量的精密度。三分视野的装置和原理如下：在起偏镜后的中部装一狭长的石英片，其宽度约为视野 1/3。由于石英片具有旋光性，从石英片中透过的那一部分偏振光被旋转了一个角度 φ，φ 为“半暗角”，如果 OA 和 OB 开始是重合的，此时从望远镜视野中将看到透过石英的那部分光稍暗，两旁的光很强。见图 32(a)，图中 OA' 是透过石英片后偏振光的振动方向。旋转检偏镜使 OB 与 OA' 垂直，则 OA' 方向上振动的偏振光不能透过检偏镜，因此，视野中间是黑暗的，而石英片两边的偏振光 OA 由于在 OB 方向上有一个分量 ON，因而视野两边稍亮，见图 32(b)。同理，调节 OB 与 OA 垂直，则视野两边黑暗，中间稍亮，见图 32(c)。如果调节 OB 与半暗角的分角线 PP' 垂直或重合，则 OA 与 OA' 在 OB 上的分量 ON 和 ON' 相等，因此，视野中三个区内明暗程度相同，此时三分视野消失。见图 32(d)、(e)。根据三分视野的概念，可用如下方法来测定物质的旋光度：在样品管中充满无旋光性的蒸馏水，调节检偏镜的角度（OB 与 PP' 垂直）使三分视野消失，将此时的角度读数作为零点，再在样品管中换以被测试样，由于 OA 与 OA' 方向的偏振光都被转过了一个角度 α，必须使检偏镜也相应地旋转一个角度 α，才能使 OB 与 PP' 重新垂直，三分视野再次消失，这个 α 角度即为被测物质的旋光度。

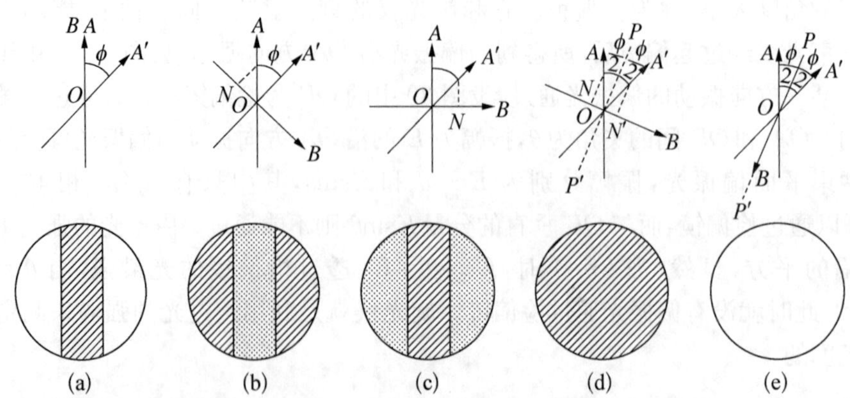

图 32　旋光仪的测量原理图

应当指出，如将 OB 再顺时针转过 90°，使 OB 与 PP' 重合，此时三分视野虽然也消失，但因整个视野太亮，不利于判断三分视野是否消失，所以总是选取 OB 与 PP' 垂直的情况作为旋光度的标准。

旋光度与温度有关，若在旋光仪的样品管外，装置一恒温夹套，通以恒温水，则可测量指定温度下的旋光度。

光源的波长通常采用钠灯 D 线(589 nm)。

旋光仪的纵断面图如图 33 所示。

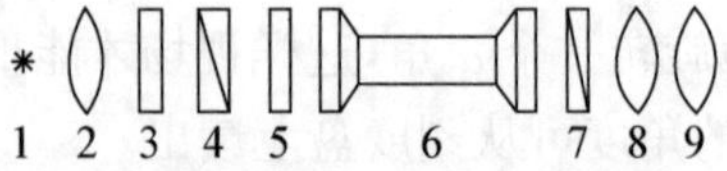

图 33　旋光仪的纵断面图

1—钠光灯；2—透镜；3—滤光片；4—起偏镜；5—石英片；6—样品管；7—检偏镜；8、9—望远镜

(二) 使用方法

1. 接通电源(220 V)，打开钠光灯，待 2—3 分钟光源稳定后，调节目镜焦距，使三分视野清晰。

2. 校正仪器零点，在样品管中充满蒸馏水(无气泡)，旋转检偏镜，使三视野消失，记下角度值，即为仪器零点，用以校正系统误差。

3. 在样品管中装入试样，旋转检偏镜，使三分视野消失，读取角度值，将其减去仪器零点值，即为被测物质的旋光度。

4. 测定完毕后，关闭电源，将样品管洗净擦干，放入盒内。

11　721 型分光光度计

721 型分光光度计是专供在可见光区进行定量比色分析用的仪器，适用的波长范围

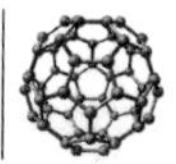

是 360—800 mm。

(一) 原理和构造

溶液中的物质在光的照射下，产生了对光吸收的效应，物质对光的吸收是有选择性的。各种不同的物质都具有各自的吸收光谱，因此当某单色光通过溶液时，其能量就会被吸收而减弱，光能量减弱的程度和物质的浓度有一定的比例关系，即符合比尔-朗伯定律。

$$A=\lg I_0/I=k\cdot c\cdot l;T=I/I_0$$

式中：A 为吸光度；I_0为入射光强度；I 为透射光强度；k 为吸收系数；c 为溶液的浓度；l 为溶液的光径长度；T 为透光率。

从以上公式可以看出，当入射光、吸收系数和溶液厚度不变时，透射光是根据溶液浓度的变化而变化的，721 型分光光度计是根据以上原理设计的。

仪器主要由光源、单色光器、测光机构三部分组成(图 34 是 721 型分光光度计的结构示意图)，721 型分光光度计采用 12 V、25 W 的白炽钨丝灯作光源，玻璃棱镜为单色光器，单色光经比色皿中溶液透射到光电管上，产生光电流，经高阻值电阻形成电位降，通过放大器放大后，可直接在微安表上读出吸光度或透光率。在比色皿暗箱盖的右侧装有一套光门部件，暗盒盖打开后，在右下角有一个装有顶杆的小孔，靠比色皿暗箱盖的关与开，使光门可以相应开启与关闭。

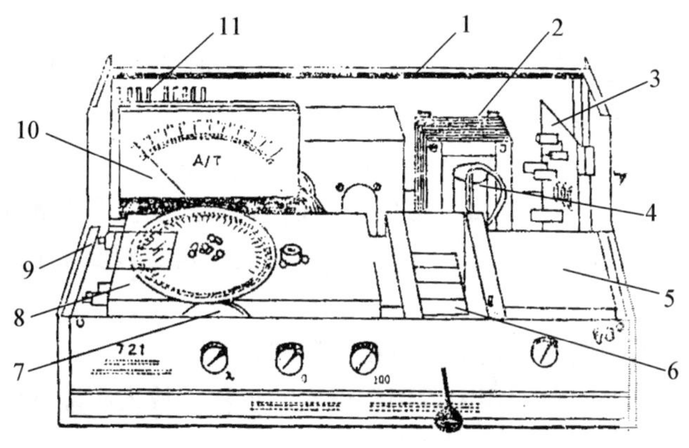

图 34　721 型分光光度计内部结构示意图

1—光源灯室；2—电源变压器；3—稳压电路控制板；4—滤波电解电容；5—光电管盒；6—比色部分；7—波长选择摩擦轮机构；8—单色光器组件；9—“0”粗调节电位器；10—读数电表；11—稳压电源功率表

(二) 使用方法

1. 未接电源之前，应先检查“0”和“100”调节旋钮是否处在起始位置，如不是应分别按逆时针方向轻轻旋至不能再动，再检查电表指针是否指“0”，如不指“0”，应调节电表上的调整螺丝使指针指“0”，灵敏度选择旋钮处于“1”档(最低档)然后旋转波长调节旋钮，调至所需波长。

2. 开启电源开关，打开比色皿暗箱盖，此时光门关闭，调节调零旋钮，使电表指针指在透光率“0”刻度，盖上比色皿暗箱盖，此时光门打开，调节 “100”钮，使指针在透光率“100”刻度处，然后打开比色皿暗箱盖，仪器预热 20 min。

3. 将盛有空白溶液的比色皿放入暗箱中比色皿架的第一格内，将盛待测溶液的比色皿放入其他格内。

4. 盖上暗箱盖，光门打开，空白溶液正好在光路上，旋转“100”旋钮，使指针指在透光率“100”处，如指针达不到“100”处，应旋转灵敏度旋钮，使灵敏度提高 一档。重新校正“0”和“100”，待指针稳定后，即可测定。

5. 拉出比色皿架，使待测溶液进入光路，即可从电表上读出待测溶液的吸光度值，再拉出比色皿架，依次测定待测溶液的吸光度值。

6. 打开暗箱盖，空白溶液不可倒掉，换另外待测溶液重新校正“0”“100”，直到测定完毕才可倒掉空白溶液。

7. 如果大幅度改变测试波长时，在校正“0”和“100”后稍等片刻(钨灯改变亮度后要一段平衡时间)，指会稳定后重新校正“0”和“100”，即可工作。

8. 测量完毕，关闭电源，将各调节旋钮恢复初始位置，取出比色皿洗净，晾干，存于专用盒内。

(三) 使用注意事项

1. 旋转仪器旋钮时，一定要轻轻转动，转到不能动时切不可再用力，应报告指导老师帮助调节。

2. 比色皿每次使用完毕后，应洗净、晾干、放入比色皿盒中，擦拭比色皿应用细软吸水布或擦镜纸，取用时用手捏住比色皿毛玻璃的两面。

3. 每台仪器配套的比色皿不能互换使用。

4. 灵敏度档分五档，“1”档灵敏度最低。选档原则是：当空白溶液调“100”时，在保证调到“100”的前提下，应选择灵敏度较低的档，以保证仪器有较高的稳定性，灵敏度改变，需重新校正“0”和“100”。

5. 每改变一次波长，需用空白溶液校正“0”和“100”。

6. 安放仪器的四周应干燥，用完后用套子套好仪器并放入防潮硅胶，单色光器内的防潮硅胶应及时更换。

7. 仪器搬动或移动时，小心轻放。

12 差热分析仪(DTA)

热分析技术是在程序控制温度下，测量物质的物理性质随温度(或时间)变化函数关系的一类技术，根据所测物理性质的不同，热分析技术的分类如表 5 所示。

表 5　热分析技术分类

物理性质	技术名称	简称	物理性质	技术名称	简 称
质　量	热重法 导数热重法 逸出气检测法 逸出气分析法	TG DTG EGD EGA	机械物性	机械热分析 动态热 机械热	TMA
			声学特性	热发声法 热传声法	
温　度	差热分析	DTA	光学特性	热光学法	
焓	差示扫描量热法①	DSC	电学特性	热电学法	
尺　度	热膨胀法	TD	磁学特性	热磁学法	

①DSC 分类：功率补偿 DSC 和热流 DSC。

热分析的内容目前已相当广泛，它是多种学科共同使用的一种技术。下面结合物理化学基础实验简单介绍 DTA 基本原理和技术。

（一）DTA 的基本原理

物质在物理变化和化学变化过程中往往伴随着热效应，放热或吸热现象反映了物质热焓发生了变化。而差热分析法就是利用这一特点测量试样和参比物之间温度差对温度或时间的函数关系。差热分析可以获得两条曲线，一条是温度曲线，另一条为温差曲线。差热分析的原理如图 35 所示。将试样和参比物分别放入两个坩埚，置于同一坩埚炉中程序升温，升温过程中，若参比物和试样的热容相同，试样又无热效应发生时，则二者的温差近似为 0，此时得到一条平滑的基线。若试样产生了热效应，则二者之间将产生温差，在 DTA 曲线中表现为峰，温差越大，峰也越大，温差变化次数多，峰的数目也多。峰顶向上的峰称放热峰，峰顶向下的峰称吸热峰。

图 36 是典型的 DTA 曲线，图中表示出四种类型的转变：Ⅰ为二级转变，这是水平基线的改变；Ⅱ为吸热峰，由试样发生熔融或熔化等转变引起的；Ⅲ为吸热峰，是由试样的分解或裂解等反应引起的；Ⅳ为放热峰，这是试样结晶相变、水化、氧化和化合的结果。

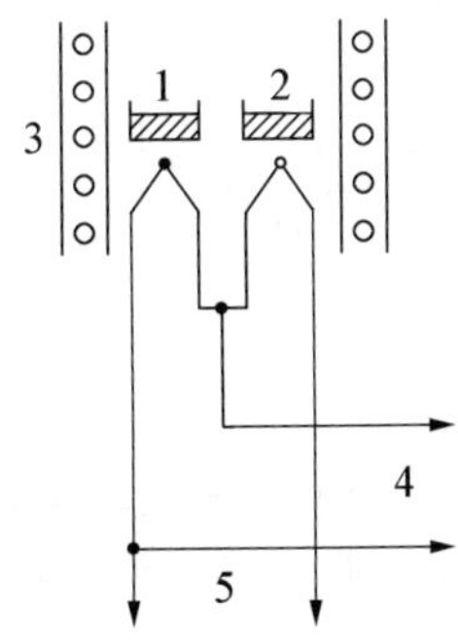

图 35　差热分析的原理

1—试样；2—参比物；3—炉丝；4—温度 T_s；5—温差 ΔT

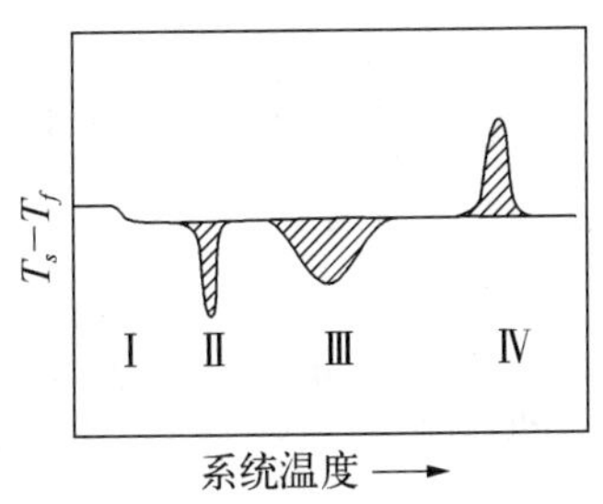

图 36　典型的 DTA 曲线

(二) DTA 的仪器结构

DTA 分析仪种类繁多,但一般由下面五个部分组成:温度程序控制单元,可控硅加热单元、差热放大单元、记录仪和电炉等。图 37 是典型的 DTA 装置的方框图。

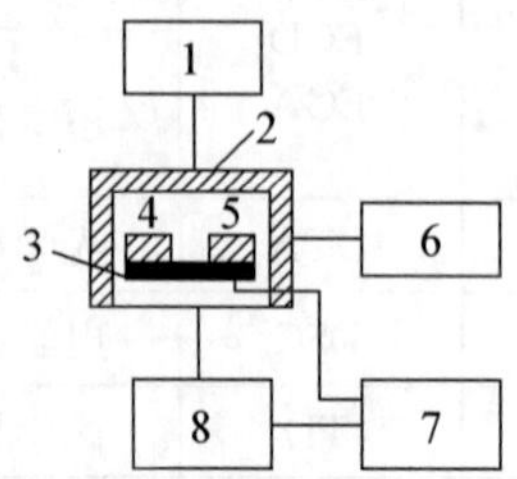

图 37　典型 DTA 装置的框块图

1—气氛控制;2—炉子;3—温度感敏器;4—样品;5—参比物;
6—炉腔程序控温;7—记录仪;8—微伏放大器

仪器结构原理如下:

1. 电炉

电炉是用来均匀地加热样品和参比物的,它由炉芯部和样品杆、样品座组成,炉芯部由加热丝、温控热电偶和保温圈组成,样品杆由平板热电偶组成。样品座由不锈钢制成,样品座设计有冷却水道。

2. 温度程序控制单元和可控硅加热单元

温度控制系统由程序信号发生器,微伏放大器、PID 调节器、可控硅触发器和可控硅执行元件五部分组成,如图 38 所示。

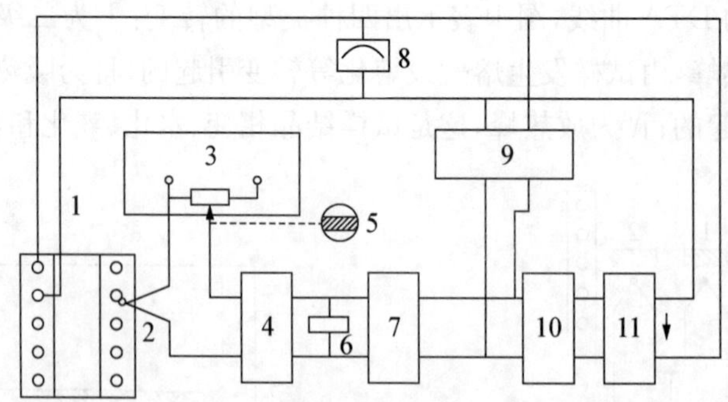

图 38　温度程序系统方框图

1—电炉;2— 温控热电偶;3—程序信号发生器;4—微伏放大器;5—TD—I 电机;6—偏差指示;
7—PID 调节;8—电炉指示;9—炉压反馈电路;10—可控硅触发器;11—可控硅执行元件

程序信号发生器按给定的程序方式(升温、恒温、降温、循环),给出毫伏信号。如温控热电偶的热电势与程序信号发生器给出的毫伏值有偏差时,说明炉温偏离给定值。偏差

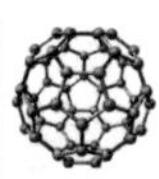

值经微伏放大器放大，送入 PID 调节器。再经可控硅触发器导通可控硅执行元件，调整电炉的加热电流，从而使偏差消除，达到使炉温按一定速度上升、下降或恒定的目的。

3. 差热放大单元

差热信号放大器用以放大温差电势。样品杆的坩埚托架下装有热电偶。试样温度(T_s)信号直接送双笔记录仪，由红笔记录。而差热分析中温差信号很小，一般只有几微伏到几十微伏；由于记录仪量程为毫伏级，因此温差信号在输入记录仪前必须经放大，其原理如图 39 所示。

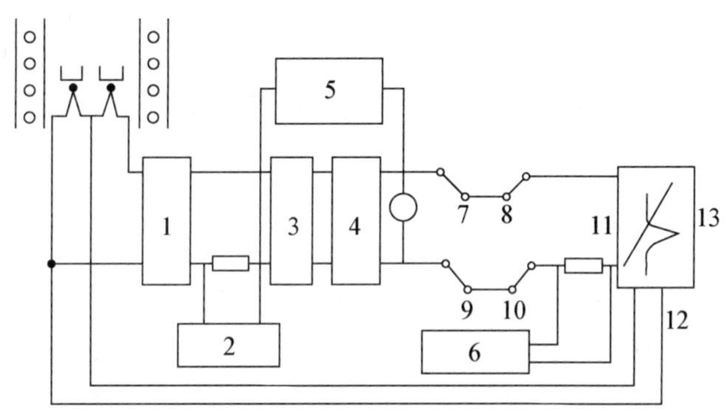

图 39　差热放大器方框图

1—斜率调整电路；2—调零电路；3—微伏放大器；4—5G23 集成电路；5—量程转换电路；6—基线位移电路；7.8.9.10—DTA；11—蓝笔；12—红笔；13—记录仪

将温差信号(ΔT)通过斜率调整电路送入由微伏放大器和 5G23 集成电路组成的高增益放大电路，然后经过转换开关送至双笔记录仪，由蓝笔记录差热曲线。

在进行差热分析的过程中，如果升温时试样没有热效应，则温差热电势始终为零，差热曲线为一直线，称为基线。然而由于两个热电偶的热电势和热容量以及坩埚形状、位置等不可能完全对称，在体系升温或降温时有不对称电势产生。此电势随温度升高而变化，造成基线不直。可以用斜率调整线路，选择适当的抽头加以调整，消除不对称电势。斜率调整的方法是将差热放大量程选择开关置于 100 μV，程序升温选择“升温”。升温速率采用 10 ℃/min，用移位旋钮使蓝笔处于记录纸中线附近，走纸速度选择 300 mm/h，这时篮笔所画出的应该是一条直线(坩埚中未放样品和参比物)。在升温过程中如果基线偏离原来的位置，则主要是由于热电偶不对称电势引起基线漂移。待炉温升到 750 ℃时，(视仪器使用的极限温度而定，如国产的 CRY－1 型差热分析仪的极限温度为 800 ℃)，通过斜率调整旋钮校正到原来位置，基线向右倾斜，旋钮向左调；基线向左倾斜，旋钮向右调，调到基线位置。此外，基线漂移还和样品杆的位置、坩埚位置、坩埚的几何尺寸等因素有关。

由于电路元件的特性不可能完全一致，当放大器没有输入信号电压时，输出电压应为零。事实上仍有相当数量的输入电压，这称为初始偏差。此偏差可用调零电路加以消除，其方法是，将差热放大器单元量程选择开关置于“短路”位置，转动调零旋钮，使差热指示电表在零位置。如果仪器连续使用，一般不需要每次都调零。

4. 记录仪

记录仪一般用双笔自动记录仪。其中红笔记录的是样品的温度，蓝笔记录的是样品和参比物之间的温度差。由于两支笔起步记录时存在一定的笔距。因此，当从温度曲线上查找差热峰的温度时，必须考虑此段距离。

（三）实验操作条件选择

差热分析操作简单，但在实际工作中往往发现同一试样在不同仪器上测量，或不同的人在同一仪器上测量，所得到的差热曲线结果有差异。峰的最高温度、形状、面积和峰值大小都会发生一定变化。其主要原因是因为热量与许多因素有关，传热情况比较复杂所造成的。一般说来，一是仪器，二是样品。虽然影响因素很多，但只要严格控制某种条件，仍可获得较好的重现性。

1. 气氛和压力的选择

气氛和压力可以影响样品化学反应和物理变化的平衡温度、峰形。因此根据样品的性质选择适当的气氛和压力，有的样品易氧化，可以通入 N_2、Ne 等惰性气体。

2. 升温速率的影响和选择

升温速率不仅影响峰温位置，而且影响峰面积的大小，一般来说，在较快的升温速率下峰面积变大，峰变尖锐。但是快的升温速率使试样分解偏离平衡条件程度也大，因而易使基线漂移，更主要的可能导致相邻两个峰重叠，分辨力下降。较慢的升温速率，基线漂移小，使体系接近平衡条件，得到宽而浅的峰，也能使相邻两峰更好地分离，因而分辨力高。但测定时间长，需要仪器的灵敏度高。一般情况下选择 8 ℃/min—12 ℃/min 为宜。

3. 试样的处理及用量

试样用量大，易使相邻两峰重叠，降低了分辨力。一般尽可能减少用量，最多大至毫克。样品的颗粒度在 100—200 目左右，颗粒小可以改善导热条件，但太细可能会破坏样品的结晶度。

参比物的颗粒及装填情况，紧密程度应与试样一致，以减少基线的漂移。

4. 参比物的选择

要获得平衡的基线，参比物的选择很重要。要求参比物在加热或冷却过程中不发生任何变化，在整个升温过程中选择比热、导热系数，粒度尽可能与试样一致或相近。

常用 α-三氧化二铝（Al_2O_3）或煅烧过的氧化镁（MgO）或石英砂。如分析试样为金属，也可以用金属镍粉作参比物。如果试样与参比物的热性质相差很远，则可用稀释试样的方法解决，主要是为了减少反应猛烈程度；如果试样加热过程中有气体产生时，还可以减少气体大量出现，以免使试样冲出。选择的稀释剂不应与试样有任何化学反应或催化试样的反应，常用的稀释剂有 SiC、铁粉、Fe_2O_3、玻璃珠、Al_2O_3等。

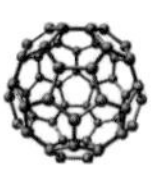

5. 纸速的选择

在相同的实验条件下，同一试样如走纸速度快，峰的面积大，但峰的形状平坦，误差小。走纸速度慢，峰面积小。因此，要根据不同样品选择适当的走纸速度。

不同条件的选择都会影响差热曲线，除上述外还有许多其他因素，如样品管的材料、大小和形状；热电偶的材质，以及热电偶插在试样和参比物中的位置等。市售的差热仪，以上因素都已固定，但自己装配的差热仪就要考虑这些因素。

（四）DTA 曲线转折点温度和面积的测量

1. DTA 曲线转折点温度的确定

如图 40 所示，可以有下列几种方法：① 曲线偏离基线点 T_a；② 曲线的峰值温度 T_p；③ 曲线陡峭部分的切线与基线的交点 $T_{e.o}$，(外推始点 extrapolatedonset)，其中 $T_{e.o}$，最为接近热力学的平衡温度。

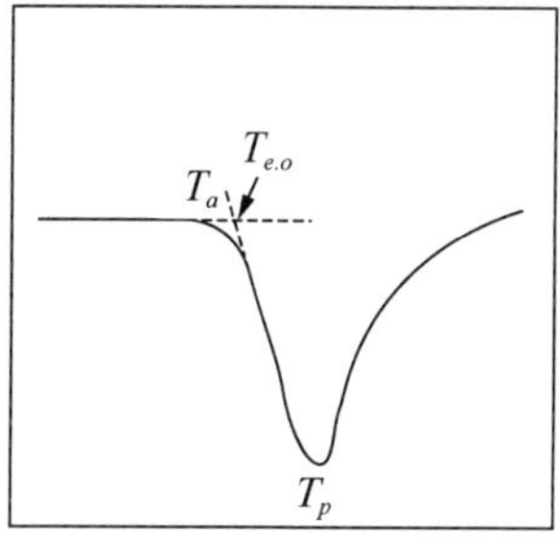

图 40　DTA 转变温度

2. DTA 峰面积的确定

一般有三种测量方法：① 若市售差热分析仪附有积分仪，则可以直接读数或自动记录下差热峰的面积。② 如果试样差热峰的对称性好，可作等腰三角形处理，用峰高与半峰宽（峰高 1/2 处的宽度）乘积之 1.065 倍的方法求面积。③ 剪纸称量法，若记录纸质量较高，厚薄均匀，可将差热峰剪下来，在分析天平上称其质量，其数值可以代表峰面积。

Ⅲ 附 录

物理化学实验常用数据表

附表 1 国际单位制的基本单位

量的名称	单位名称	单位符号
长度	米	m
质量	千克(公斤)	kg
时间	秒	s
电流	安[培]	A
热力学温度	开[尔文]	K
物质的量	摩[尔]	mol
发光强度	坎[德拉]	cd

附表 2 国际单位制中具有专门名称的导出单位

量的名称	单位名称	单位符号	其他表示示例
频率	赫[兹]	Hz	s^{-1}
力;重力	牛[顿]	N	$kg \cdot m \cdot s^{-2}$
压力,压强;应力	帕[斯卡]	Pa	$N \cdot m^{-2}$
能量;功;热	焦[耳]	J	$N \cdot m$
功率;辐射通量	瓦[特]	W	$J \cdot s^{-1}$
电荷量	库[仑]	C	$A \cdot s$
电位;电压;电动势	伏[特]	V	$W \cdot A^{-1}$
电容	法[拉]	F	$C \cdot V^{-1}$
电阻	欧[姆]	Ω	$V \cdot A^{-1}$
电导	西[门子]	S	$A \cdot V^{-1}$
磁通量	韦[伯]	Wb	$V \cdot s$
磁通量密度,磁感应	特[斯拉]	T	$Wb \cdot m^{-2}$
电感	亨[利]	H	$Wb \cdot A^{-1}$
摄氏温度	摄氏度	℃	

附表 3 用于构成十进倍数和分数单位的词头

所表示的因数	词头名称	词头符号
10^{18}	艾[可萨]	E
10^{15}	拍[它]	P
10^{12}	太[拉]	T
10^{9}	吉[咖]	G
10^{6}	兆	M
10^{3}	千	k
10^{2}	百	h
10^{1}	十	da
10^{-1}	分	d
10^{-2}	厘	c
10^{-3}	毫	m
10^{-6}	微	μ
10^{-9}	纳[诺]	n
10^{-12}	皮[可]	p
10^{-15}	飞[母托]	f
10^{-18}	阿[托]	a

附表 4 国家选定的非国际单位制单位(摘录)

量的名称	单位名称	单位符号	换算关系和说明
时间	分 [小]时 天(日)	min h d	1 min=60 s 1 h=60 min=3 600 s 1 d=24 h=86 400 s
质量	吨 原子质量单位	t u	1 t=10^3 kg 1 u≈1.660 565 5×10^{-27} kg
能 体积	电子伏特 升	eV L(l)	1 eV≈1.602 189 2×1 0^{-19} J 1 L=1 dm^3=10^{-3} m^3

注:1. 周、月、年为一般常用时间单位。
2. [ ]内的字,是在不致混淆的情况下,可以省略的字。
3. ( )内的字为前者的同义语。
…(下略)

附表 5 压力单位换算

帕斯卡(Pa)	毫米水柱(mmH_2O)	标准大气压(atm)	毫米汞柱(mmHg)
1	0.102	0.99×10^5	0.007 5
980 67	10^4	0.967 8	735.6
9.807	1	0.967 8×10^{-4}	0.073 6
101 325	103 32	1	760
133.32	13.6	0.001 32	1

1 Pa=1N·m^{-2}　　1 mmHg=1 Torr　　1 bar=10^5 N·m^{-2}

附表 6 常用物理常数

量的名称	符号	量值
摩尔气体常数	R	$8.314\ 41\ J \cdot mol^{-1} \cdot K^{-1}$
阿伏伽德罗常数	N_A	$6.022\ 045 \times 10^{23}\ mol^{-1}$
玻尔兹曼常数	k	$1.380\ 662 \times 10^{-28}\ J \cdot K^{-1}$
理想气体的摩尔体积	V_m	$0.022\ 413\ 83 \times m^3 \cdot mol^{-1}$
元电荷	e	$1.602\ 189\ 2 \times 10^{-10} C$
法拉第常数	F	$9.648\ 456 \times 10^4 C \cdot mol^{-1}$
真空介电常数	ε_0	$9.854\ 2 \times 10^{-12} F \cdot m^{-1}$
电磁波在真空中的传播速度	c	$2.997\ 924\ 58 \times 10^8\ m \cdot s^{-1}$
普朗克常数	h	$6.626\ 76 \times 10^{-34} J \cdot s$
[统一的]原子质量常数	m_u	$1.660\ 565\ 5 \times 10^{-27}\ kg$
玻尔磁子	μ_B	$9.274\ 078 \times 10^{-24}\ A \cdot m^2$
质子[静止]质量	m_p	$1.672\ 648 \times 10^{-27}\ kg$
电子[静止]质量	m_e	$0.910\ 953\ 4 \times 10^{-30}\ kg$
重力加速度(45°海平面)	g	$9.806\ 2\ m \cdot s^{-2}$

附表 7 水的蒸气压

t/℃	p/mmHg	p/Pa	t/℃	p/mmHg	p/Pa
0	4.579	610.5	28	28.349	3 779.5
1	4.926	656.7	29	30.043	4 005.3
2	5.294	705.8	30	31.824	4 242.8
3	5.685	757.9	31	33.695	4 492.3
4	6.101	813.4	32	35.663	4 754.7
5	6.543	872.3	33	37.729	5 030.1
6	7.013	935.0	34	39.898	5 319.3
7	7.513	1 001.6	35	42.175	5 622.9
8	8.045	1 072.6	36	44.563	5 941.2
9	8.609	1 147.8	37	47.067	6 275.1
10	9.209	1 227.8	38	49.692	6 625.0
11	9.844	1 312.4	39	52.442	6 991.7
12	10.518	1 402.3	40	55.324	7 375.9
13	11.231	1 497.3	41	58.34	7 778.0
14	11.987	1 598.1	42	61.50	8 199.3
15	12.788	1 704.9	43	64.80	8 639.3
16	13.634	1 817.7	44	68.26	9 100.6
17	14.530	1 937.2	45	71.88	9 583.2
18	15.477	2 063.4	46	75.65	10 086
19	16.477	2 198.7	47	79.60	10 612
20	17.535	2 337.8	48	83.71	11 160
21	18.650	2 486.5	49	88.02	11 735
22	19.827	2 643.4	50	92.51	12 334
23	21.068	2 808.8	51	97.20	12 959
24	22.377	2 983.3	52	102.09	13 611
25	23.756	3 167.2	53	107.20	14 292
26	25.209	3 360.9	54	112.51	15 000
27	26.739	3 564.9	55	118.04	15 737

续 表

t/℃	p/mmHg	p/Pa	t/℃	p/mmHg	p/Pa
56	123.80	16 505	79	341.0	45 463
57	129.82	17 308	80	355.1	47 343
58	136.08	18 143	81	369.7	49 289
59	142.60	19 012	82	384.9	51 316
60	149.38	19 916	83	400.6	53 409
61	156.43	20 856	84	416.8	55 569
62	163.77	21 834	85	433.6	57 808
63	171.38	22 849	86	450.9	60 115
64	179.31	23 906	87	468.7	62 488
65	187.54	25 003	88	487.1	64 941
66	196.09	26 043	89	506.1	67 474
67	204.96	27 326	90	525.76	70 095
68	214.17	28 554	91	546.05	72 801
69	223.73	29 828	92	566.99	75 592
70	233.7	31 157	93	588.60	78 473
71	243.9	32 517	94	610.90	81 446
72	254.6	33 944	95	633.90	84 513
73	265.7	35 424	96	657.62	87 675
74	277.2	36 957	97	682.07	90 935
75	289.1	38 543	98	707.07	94 268
76	301.4	40 183	99	733.24	97 757
77	314.1	41 876	100	760.00	101 325
78	327.3	43 636			

附表 8 气压计读数的温度校正值

t/℃	p(观察值)/mmHg				
	740	750	760	770	780
15	1.81	1.83	1.86	1.88	1.91
16	1.93	1.96	1.98	2.01	2.03
17	2.05	2.08	2.10	2.13	2.16
18	2.17	2.20	2.23	2.26	2.29
19	2.29	2.32	2.35	2.38	2.41
20	2.41	2.44	2.47	2.51	2.54
21	2.53	2.56	2.60	2.63	2.67
22	2.65	2.69	2.72	2.76	2.79
23	2.77	2.81	2.84	2.88	2.92
24	2.89	2.93	2.97	3.01	3.05
25	3.01	3.05	3.09	3.13	3.17
26	3.13	3.17	3.21	3.26	3.30
27	3.25	3.29	3.34	3.38	3.42
28	3.37	3.41	3.46	3.51	3.56
29	3.49	3.54	3.58	3.63	3.68
30	3.61	3.66	3.71	3.75	3.80

附表 9　一些物质的蒸气压

物质的蒸气压按下式计算：$\lg(p/\text{mmHg})=A-[B/(C+t/℃)]$

式中，A、B、C 为常数。

名称	分子式	温度范围/℃	A	B	C
四氯化碳	CCl_4	—	6.879 26	1 212.021	226.41
氯仿	$CHCl_3$	−35～61	6.493 4	929.44	196.03
甲醇	CH_4O	−14～65	7.897 50	1 474.08	229.13
二氯乙烷	$C_2H_4Cl_2$	−31～99	7.025 3	1271.3	222.9
乙酸	$C_2H_4O_2$	0～36	7.803 07	1 651.2	225
乙酸	$C_2H_4O_2$	36～170	7.188 07	1 416.7	211
乙醇	C_2H_6O	−2～100	8.321 09	1 718.10	237.52
丙酮	C_3H_6O	−30～150	7.024 47	1 161.0	200.224
异丙醇	C_3H_8O	0～101	8.117 78	1 580.92	219.61
乙酸乙酯	$C_4H_8O_2$	15～76	7.101 79	1 244.95	217.88
正丁醇	$C_4H_{10}O$	15～131	7.476 80	1 362.39	178.77
苯	C_6H_6	8～103	6.905 65	1 211.033	220.790
环己烷	C_6H_{12}	20～81	6.841 30	1 201.53	222.65
甲苯	C_7H_8	6～137	6.954 64	1 344.800	219.48
乙苯	C_8H_{10}	26～164	6.957 19	1 424.255	213.21
水	H_2O	0～60	8.107 65	1 750.286	235.0
水	H_2O	60～150	7.966 81	1 668.21	228.0
汞	Hg	100～200	7.469 05	2 771.898	244.831
汞	Hg	200～300	7.732 4	3 003.68	262.482

附表 10　某些有机物在水中的表面张力

%　=溶质的质量%；　σ=表面张力/$N\cdot m^{-1}$

溶质	t/℃	%σ	%σ	%σ	%σ	%σ	%σ	%σ
醋酸	30	% 1.00 σ 0.068 00	2.475 0.064 40	5.001 0.060 10	10.01 0.054 60	30.09 0.043 60	49.96 0.038 40	69.91 0.034 30
丙酮	25	% 5.00 σ 0.055 50	10.00 0.048 90	20.00 0.041 10	50.00 0.030 40	75.00 0.026 80	95.00 0.024 20	100.00 0.023 00

续 表

溶质	t/℃	%σ	%σ	%σ	%σ	%σ	%σ	%σ
正丁醇	30	% 0.04 σ 0.069 33	0.14 0.060 38	9.53 0.026 97	80.44 0.023 69	86.05 0.023 47	94.20 0.023 29	97.40 0.022 25
正丁酸	25	% 0.14 σ 0.069 00	0.31 0.065 00	1.05 0.056 00	8.60 0.033 00	25.00 0.028 00	79.00 0.027 00	100.00 0.026 00
甲 酸	30	% 1.00 σ 0.070 07	5.00 0.066 20	10.00 0.062 78	25.00 0.056 29	50.00 0.049 50	75.00 0.043 40	100.00 0.036 51
甘 油	18	% 5.00 σ 0.072 90	10.00 0.072 90	20.00 0.072 40	30.00 0.072 00	50.00 0.070 00	85.00 0.066 00	100.00 0.063 00
正丙醇	25	% 0.1 σ 0.067 10	0.5 0.056 18	1.0 0.049 30	50.00 0.024 34	60.0 0.024 15	80.0 0.023 66	90.0 0.023 41
丙 酸	25	% 1.91 σ 0.060 00	5.84 0.049 00	9.80 0.044 00	21.70 0.036 00	49.80 0.032 00	73.90 0.030 00	100.00 0.026 00

摘自:Robert C.Weast, CRC Handbook of Chem. and Phys., 63th, F—34(1982—1983)

附表 11 不同温度下水的折射率

钠光 $\lambda=589.3$ nm

t/℃	n_D	t/℃	n_D	t/℃	n_D	t/℃	n_D
10	1.333 70	16	1.333 31	22	1.332 81	28	1.332 19
11	1.333 65	17	1.333 24	23	1.332 72	29	1.332 08
12	1.333 59	18	1.333 16	24	1.332 63	30	1.331 96
13	1.333 52	19	1.333 07	25	1.332 52		
14	1.333 46	20	1.332 99	26	1.332 42		
15	1.333 39	21	1.332 90	27	1.332 31		

附表 12 液体的折射率($t=25$ ℃)

钠光 $\lambda=589.3$ nm

名 称	n_D	名 称	n_D
甲 醇	1.336	氯 仿	1.444
水	1.332 52	四氯化碳	1.459
乙 醚	1.352	乙 苯	1.493
丙 酮	1.357	甲 苯	1.494
乙 醇	1.359	苯	1.498
醋 酸	1.370	苯乙烯	1.545
乙酸乙酯	1.370	溴 苯	1.557
正己烷	1.372	苯 胺	1.583
丁醇－1	1.397	溴 仿	1.587
异丙醇	1.375 2	环己烷($t=20$ ℃)	1.426 62

附表 13　水和空气界面上的表面张力

t/℃	$10^3\gamma$/(N·m^{-1})	t/℃	$10^3\gamma$/(N·m^{-1})
−8	77.0	25	71.97
−5	76.42	30	71.18
0	75.64	40	69.56
5	74.92	50	67.91
10	74.22	60	66.18
15	73.49	70	64.42
18	73.05	80	62.61
20	72.75	100	58.85

附表 14　水的密度

t/℃	p/(kg·dm^{-3})	t/℃	p/(kg·dm^{-3})
0	0.999 87	45	0.990 25
3.98	1.000 0	50	0.988 07
5	0.999 99	55	0.985 73
10	0.999 73	60	0.983 24
15	0.999 13	65	0.980 59
18	0.998 62	70	0.977 81
20	0.998 23	75	0.974 89
25	0.997 07	80	0.971 83
30	0.995 67	85	0.968 65
35	0.994 06	90	0.965 34
38	0.992 99	95	0.961 92
40	0.992 24	100	0.958 38

附表 15　一些有机化合物的密度

下列几种有机化合物之密度可用方程式

$$\rho_t/(\mathrm{kg\cdot L^{-1}})=[\rho_s/(\mathrm{kg\cdot L^{-1}})+10^{-3}\,\alpha(t/℃-t_s/℃)$$
$$+10^{6}\beta(t/℃-t_s/℃)^2+10^{-9}\gamma(t/℃-t_s/℃)]$$
$$\pm10^{-4}\Delta/\mathrm{kg\cdot L^{-1}}$$

来计算之。式中 ρ_s 为 t_s = ℃时之密度

名称	分子式	ρ_s kg·L^{-1}	α	β	γ	误差范围 kg·L^{-1}	温度范围 ℃
四氯化碳	CCl_4	0.632 55	−1.911 0	−0.690		0.000 2	0—40
氯　仿	$CHCl_3$	0.526 43	−1.856 3	−0.530 9	−8.81	0.000 1	−53—55
丙　酮	C_3H_6O	0.812 48	−1.100	−0.858		0.001	0—50
乙酸甲酯	$C_3H_6O_2$	0.939 32	−1.271 0	−0.405	−6.09	0.001	0—100
乙酸乙酯	$C_4H_8O_2$	0.924 54	−1.168	−1.95	+20	0.000 05	0—40
乙　醚	$C_4H_{10}O$	0.736 29	−1.113 8	−1.237		0.000 1	0—70
苯	C_6H_6	0.900 05	−1.063 8	−0.037 6	−2.21	0.000 2	11—72
苯　酚	C_6H_6O	1.038 93 (t_s=25 ℃)	−0.818 8	−0.670	3	0.001	40—150
乙　醇	C_2H_6O	0.785 06	−0.859 1	−0.56	−5		

附表 16 水的粘度

t/℃	$10^3\eta$/Pa·s	t/℃	$10^3\eta$/Pa·s	t/℃	$10^3\eta$/Pa·s	t/℃	$10^3\eta$/Pa·s
0	1.787	26	0.870 5	52	0.529 0	78	0.363 8
1	1.728	27	0.851 3	53	0.520 4	79	0.359 2
2	1.671	28	0.832 7	54	0.515 2	80	0.354 7
3	1.618	29	0.814 8	55	0.504 0	81	0.350 3
4	1.567	30	0.797 5	56	0.496 1	82	0.346 0
5	1.519	31	0.780 8	57	0.488 4	83	0.341 8
6	1.472	32	0.764 7	58	0.480 9	84	0.337 7
7	1.428	33	0.749 1	59	0.473 6	85	0.333 7
8	1.386	34	0.734 0	60	0.466 5	86	0.329 7
9	1.346	35	0.719 4	61	0.459 6	87	0.325 9
10	1.307	36	0.705 2	62	0.452 8	88	0.322 1
11	1.271	37	0.691 5	63	0.446 2	89	0.318 4
12	1.235	38	0.678 3	64	0.439 8	90	0.314 7
13	1.202	39	0.665 4	65	0.433 5	91	0.311 1
14	1.169	40	0.652 9	66	0.427 3	92	0.307 6
15	1.139	41	0.640 8	67	0.421 3	93	0.304 2
16	1.109	42	0.629 1	68	0.415 5	94	0.300 8
17	1.081	43	0.617 8	69	0.409 8	95	0.297 5
18	1.053	44	0.606 7	70	0.404 2	96	0.294 2
19	1.027	45	0.596 0	71	0.398 7	97	0.291 1
20	1.002	46	0.585 6	72	0.393 4	98	0.287 9
21	0.977 9	47	0.575 5	73	0.388 2	99	0.284 8
22	0.954 8	48	0.565 6	74	0.383 1	100	0.281 8
23	0.932 5	49	0.5561	75	0.378 1		
24	0.911 1	50	0.546 8	76	0.373 2		
25	0.890 4	51	0.537 8	77	0.368 4		

附表 17 常压下某些共沸物的沸点和组成

共沸物		各组分的沸点/℃		共沸物的性质	
甲组分	乙组分	甲组分	乙组分	沸点/℃	组分/%(甲组分的质量分数)
苯	乙醇	80.1	78.3	67.9	68.3
环己烷	乙醇	80.8	78.3	64.8	70.8
正己烷	乙醇	68.9	78.3	58.7	79.0
乙酸乙酯	乙醇	77.1	78.3	71.8	69.0
乙酸乙酯	环己烷	77.1	80.7	71.6	56.0
异丙醇	环己烷	82.4	80.7	69.4	32.0

附表 18　不同温度下 KCl 在水中的溶解焓

t/℃	$\Delta_{sol}H_m$/kJ·mol^{-1}	t/℃	$\Delta_{sol}H_m$/kJ·mol^{-1}
10	19.895	20	18.297
11	19.795	21	18.146
12	19.623	22	17.995
13	19.598	23	17.682
14	19.276	24	17.703
15	19.100	25	17.556
16	18.933	26	17.414
17	18.765	27	17.272
18	18.602	28	17.138
19	18.443	29	17.004

附表 19　电极反应的标准电势

电　极	电极反应	φ^θ/V	$(d\varphi^\theta/dT)$/ $(10^{-3}$V·K$^{-1})$
Li^+(aq)| Li(s)	Li^+(aq)+e^-══Li(s)	−3.045	−0.534
K^+(aq)| K(s)	K^+(aq)+e^-══K(s)	−2.925	−1.080
Mg^{2+}(aq)| Mg(s)	Mg^{2+}(aq)+2e^-══Mg(s)	−2.363	+0.103
Zn^{2+}(aq)| Zn(s)	Zn^{2+}(aq)+2e^-══Zn(s)	−0.762 8	+0.091
Fe^{2+}(aq)| Fe(s)	Fe^{2+}(aq)+2e^-══Fe(s)	−0.440 2	+0.052
Cd^{2+}(aq)| Cd(s)	Cd^{2+}(aq)+2e^-══Cd(s)	−0.402 9	−0.093
Ni^{2+}(aq)| Ni(s)	Ni^{2+}(aq)+2e^-══Ni(s)	−0.250	+0.06
I^-(aq)| AgI(s)| Ag(s)	AgI(s)+e^-══Ag(s)+I^-(aq)	−0.152	—
Pb^{2+}(aq)| Pb(s)	Pb^{2+}(aq)+2e^-══Pb(s)	−0.126	−0.451
H^+(aq)| H_2(g)| Pt	2H^+(aq)+2e^-══H_2(g)	0.000	0.000
Sn^{4+}(aq)| Sn^{2+}(aq)| Pt	Sn^{4+}(aq)+2e^-══Sn^{2+}(aq)	+0.15	—
Cl^-(aq)| AgCl(s)|Ag(s)	AgCl(s)+e^-══Ag(s)+Cl^-(aq)	+0.222 2	—
Cu^{2+}(aq)| Cu(s)	Cu^{2+}(aq)+2e^-══Cu(s)	+0.337	+0.008
OH^-(aq)| O_2(g),Pt	1/2O_2(g)+H_2O(l)+2e^-══2OH^-(aq)	+0.401	−0.44
Cu^+(aq)| Cu(s)	Cu^+(aq)+e^-══Cu(s)	+0.521	−0.058
Fe^{3+}(aq),Fe^{2+}(aq)| Pt	Fe^{3+}(aq)+e^-══Fe^{2+}(aq)	+0.771	+1.188
Ag^+(aq)| Ag(s)	Ag^+(aq)+e^-══Ag(s)	+0.799 1	+1.000
Cl^-(aq)| Cl_2(g)| Pt	Cl_2(g)+2e^-══2Cl^-(aq)	+1.359 5	−1.260
MnO_4^-(aq),H^+(aq)|MnO_2| Pt	MnO_4^-(aq)+4H^+(aq)+3e^-══MnO_2(s)+2H_2O(l)	+1.695	−0.666
SO_4^{2-}(aq),H^+(aq)| $PbSO_4$(s)| PbO_2(s)	PbO_2(s)+SO_4^{2-}(aq)+4H^+(aq)+2e^-══$PbSO_4$(s)+2H_2O(l)	+1.682	+0.326

附表 20 某些参比电极电势与温度关系公式

甘汞电极的电势：

当 $c=0.1\ \mathrm{mol\cdot L^{-1}}$ 时

$$E=[0.336\ 5-6\times10^{-5}(t/℃-25)]\mathrm{V}$$

当 $c=1.0\ \mathrm{mol\cdot L^{-1}}$ 时

$$E=[0.282\ 8-2.4\times10^{-4}(t/℃-25)]\mathrm{V}$$

当 $c_{饱和}$ 时

$$E=[0.243\ 8-6.5\times10^{-4}(t/℃-25)]\mathrm{V}$$

氢醌电极的电势：

$$E=[0.699\ 0-7.4\times10^{-4}(t/℃-25)+[0.059\ 1+2\times10^{-4}(t/℃-25)]\lg\alpha_{\mathrm{H}^+}]\mathrm{V}$$

银一氯化银电极的电势：

$$E=[0.222\ 4-6.4\times10^{-4}(t/℃-25)-3.2\times10^{-6}(t/℃-25)^2-[0.591+2\times10^{-4}(t/℃-25)]\lg\alpha_{\mathrm{Cl}^-}]\mathrm{V}$$

汞一硫酸亚汞电极的电势：

$$E=[0.614\ 1-8.02\times10^{-4}(t/℃-25)-4\times10^{-7}(t/℃-25)^2]\mathrm{V}$$

附表 21 KCl 溶液的电导率

t/℃	κ[KCl(1mol·L^{-1})]/S·m^{-1}	κ[KCl(0.1mol·L^{-1})]/S·m^{-1}	κ[KCl(0.01mol·L^{-1})]/S·m^{-1}	κ[KCl(0.02mol·L^{-1})]/S·m^{-1}
0	6.541	0.715	0.077 6	0.152 1
5	7.414	0.822	0.089 6	0.175 2
10	8.319	0.933	0.102 0	0.199 4
15	9.252	1.048	0.114 7	0.224 3
16	9.441	1.072	0.117 3	0.229 4
17	9.631	1.095	0.119 9	0.234 5
18	9.822	1.119	0.122 5	0.239 7
19	10.014	1.143	0.125 1	0.244 9
20	10.207	1.167	0.127 8	0.250 1
21	10.400	1.191	0.130 5	0.255 3
22	10.594	1.215	0.133 2	0.260 6
23	10.789	1.239	0.135 9	0.265 9
24	10.984	1.264	0.138 6	0.271 2
25	11.180	1.288	0.141 3	0.276 5
26	11.377	1.313	0.144 1	0.281 9
27	11.574	1.337	0.146 8	0.287 3
28		1.362	0.149 6	0.2927
29		1.387	0.152 4	0.2981
30		1.412	0.155 2	0.303 6
35		1.539		0.331 2
36		1.564		0.336 8

附表 22 无限稀释时常见离子的摩尔电导率(25 ℃)

各离子的温度系数除 H^+(0.0139)和 OH^-(0.018)外均为 0.02 K^{-1}

离子	$\lambda_{m,B}^{\infty}$ /(10^{-4} S · m^2 · mol^{-1})	离子	$\lambda_{m,B}^{\infty}$ /(10^{-4} S · m^2 · mol^{-1})
Ag^+	61.92	Cl^-	76.34
$1/2Ba^{2+}$	63.64	F^-	54.4
$1/2Be^{2+}$	54	ClO_3^-	64.4
$1/2Ca^{2+}$	59.5	ClO_4^-	67.9
$1/2Cd^{2+}$	54	CN^-	78
$1/3Ce^{3+}$	70	$1/2CO_3^{2-}$	72
$1/2Co^{2+}$	53	$1/2CrO_4^{2-}$	85
$1/3Cr^{3+}$	67	$1/4Fe(CN)_6^{4-}$	111
$1/2Cu^{2+}$	55	$1/3Fe(CN)_6^{3-}$	101
$1/2Fe^{2+}$	54	HCO_3^-	44.5
$1/3Fe^{3+}$	68	HS^-	65
H^+	349.82	HSO_3^-	50
$1/2Hg^{2+}$	53.06	HSO_4^-	50
K^+	73.5	I^-	76.8
$1/3La^{3+}$	69.6	IO_3^-	40.5
Li^+	38.69	IO_4^-	54.5
$1/2Mg^{2+}$	53.06	NO_2^-	71.8
NH_4^+	73.4	NO_3^-	71.44
Na^+	50.11	OH^-	198.0
$1/2Ni^{2+}$	50	$1/3PO_4^{3-}$	69.0
$1/2Pb^{2+}$	71	SCN^-	66
$1/2Sr^{2+}$	59.46	$1/2SO_3^{2-}$	79.9
Tl^+	76	$1/2SO_4^{2-}$	80.0
$1/2Zn^{2+}$	52.8	$C_2H_3O_2^-$	40.9
Br^-	78.4	$1/2C_2O_4^{2-}$	74.2

附表 23 某些有机溶剂的介电常数及偶极矩

物质	t/℃	介电常数(ε)	偶极矩(μ)/D
丙酮	20	20.70^{25*}	2.88
苯	25	2.275	0
氯苯	20	5.62^{25}	1.69
氯仿	15	4.806^{20}	1.01
环己烷	20	2.02	0
四氯化碳	20	2.238	0

*上注脚表示温度(℃),下同。

摘自:John A. Dean, Lange's Handbook of Chem., 12th Edition, 10—103(1979)

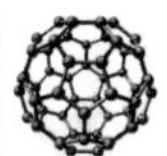

附表 24 几种溶剂的凝固点下降常数

溶剂	纯溶剂的凝固点/℃	K_f/K·kg·mol^{-1}
水	0	1.853
乙酸	16.66	3.90
苯	5.53	5.12
对二氧六环	11.70	4.71
环己烷	6.54	20.0
苯酚	40.90	7.40
萘	80.29	6.94
溴仿	8.05	14.4

注：K_f是指 1 mol 溶质，溶解在 1 000 g 溶剂中的凝固点下降常数。

附录 25 25 ℃下醋酸在水溶液中的电离度和解离常数

c/mol·m^{-3}	α	K_c/10^{-2}mol·m^{-3}
0.111 3	0.327 7	1.754
0.218 4	0.247 7	1.751
1.028	0.123 8	1.751
2.414	0.082 9	1.750
5.912	0.054 01	1.749
9.842	0.042 23	1.747
12.83	0.037 10	1.743
20.00	0.029 87	1.738
50.00	0.019 05	1.721
100.00	0.135 0	1.695
200.00	0.009 49	1.645

附录 26 某些有机化合物的标准摩尔燃烧焓

名称	化学式	t/℃	$-\Delta_c H_m^\ominus$/kJ·mol^{-1}
甲醇	$CH_3OH(l)$	25	726.51
乙醇	$C_2H_5OH(l)$	25	1366.8
草酸	$(CO_2H)_2(s)$	25	245.6
甘油	$(CH_2OH)_2CHOH(l)$	20	1661.0
苯	$C_6H_6(l)$	20	3267.5
己烷	$C_6H_{14}(l)$	25	4 163.1
苯甲酸	$C_6H_5COOH(s)$	20	3 226.9

续 表

名称	化学式	t/℃	$-\Delta_c H_m^\ominus$/kJ · mol^{-1}
樟脑	$C_{10}H_{16}O(s)$	20	5 903.6
萘	$C_{10}H_8(s)$	25	5 153.8
尿素	$NH_2CONH_2(s)$	25	631.7

附录 27 高聚物溶剂体系的[η]—M 关系式

高聚物	溶剂	t/℃	K/10^{-3} L · kg^{-1}	α	分子量范围 M/10^4
聚丙烯酰胺	水	30	6.31	0.80	2～50
	水	30	68	0.66	1～20
	1 mol · L^{-1} $NaNO_3$	30	37.5	0.66	
聚丙烯腈	二甲基甲胺	25	16.6	0.81	5～27
聚甲基丙烯酸甲酯	苯	25	3.8	0.79	24～450
	丙酮	25	7.5	0.70	3～93
聚乙烯醇	水	25	20	0.76	0.6～2.1
	水	30	66.6	0.64	0.6～16
聚苯乙烯	甲苯	25	17	0.69	1～160
聚己内酰胺	40% H_2SO_4	25	59.2	0.69	0.3～1.3
聚乙酸乙烯酯	丙酮	25	10.8	0.72	0.9～2.5

附录 28 几种化合物的磁化率

无机物	T/K	质量磁化率		摩尔磁化率	
		①	②	③	④
$CuBr_2$	292.7	3.07	38.6	685.5	8.614
$CuCl_2$	289	8.03	100.9	1 080.0	13.57
CuF_2	293	10.3	129	1 050.0	13.19
$Cu(NO_3)_2 \cdot 3H_2O$	293	6.50	81.7	1 570.0	19.73
$CuSO_4 \cdot 5H_2O$	293	5.85	73.5(74.4)	1460.0	18.35
$FeCl_2 \cdot 4H_2O$	293	64.9	816	12 900.0	162.1
$FeSO_4 \cdot 7H_2O$	293.5	40.28	506.2	11 200.0	140.7
H_2O	293	−0.720	−9.50	−12.97	−0.163
$HgCo(CNS)_4$	293		206.6		
$K_3Fe(CN)_6$	297	6.96	87.5	2 290.0	28.78
$K_4Fe(CN)_6$	室温	−0.373 9	4.699	−130.0	−1.634

续 表

无机物	T/K	质量磁化率		摩尔磁化率	
		①	②	③	④
$K_4Fe(CN)_6 \cdot 3H_2O$	室温	−0.3739		−12.3	−2.165
$NH_4Fe(SO_4)_2 \cdot 12H_2O$	293	30.1	378	14 500	182.2
$(NH_4)_2Fe(SO_4)_2 \cdot 6H_2O$	293	31.6	397(406)	12 400	155.8

① χ_g单位(CGSM 制):10^{-6} $cm^3 \cdot g^{-1}$

② 1 $cm^3 \cdot kg^{-1}$(SI 质量磁化率)$=10^{-3}cm^3 \cdot g^{-1}$(CGSM 制质量磁化率),本栏数据由①按此式换算而得,χ_g的 SI 单位为 $10^{-9}m^3 \cdot kg^{-1}$。

③ χ_m单位(CGSM 制):$10^{-6}cm^3 \cdot mol^{-1}$。

④ 本栏数据参照②和③ 换算而得,χ_m的 SI 单位为 $10^{-9}m^3 \cdot mol^{-1}$。

主要参考资料

1. 淮阴师范学院化学系.物理化学实验(第二版)[M].北京:高等教育出版社,2003.
2. 傅献彩,沈文霞,姚天扬,侯文华.物理化学(第五版)[M].北京:高等教育出版社,2005.
3. 印永嘉,奚正楷,张树永等.物理化学简明教程(第四版)[M].北京:高等教育出版社,2011.
4. 孙尔康,徐继清,邱金恒.物理化学实验[M].南京:南京大学出版社,1998.
5. 孙尔康,张剑荣,刘勇键,白同春等.物理化学实验[M].南京:南京大学出版社,2009.
6. 邱金恒,孙尔康,吴强.物理化学实验[M].北京:高等教育出版社,2010.
7. 赵军,李国祥.物理化学实验[M].北京:化学工业出版社,2019.
8. 吴子生,严忠.物理化学实验指导书[M].长春:东北师范大学出版社,1995.
9. 复旦大学等.物理化学实验(第三版)[M].北京:高等教育出版社,2004.
10. 罗澄源.物理化学实验(第二版)[M].北京:高等教育出版社,1984.
11. 刘天和.物理化学和分子物理学的量和单位[M].北京:中国计量出版社,1984.
12. 沈鹤柏,李波,吴拥军.大学化学[J].1992(2):43.
13. 徐维清,孙尔康,徐健健.大学化学[J].1999(5):33.
14. 李森兰,杜巧云,王保玉.大学化学[J].2001(1):51.
15. 阚锦晴,薛树忠,耿文英.大学化学[J].1994(1):35.
16. 东北师范大学等.物理化学实验(第二版)[M].北京:高等教育出版社,1989.
17. 田宜灵.物理化学实验[M].北京:化学工业出版社,2001.
18. 沈阳化工大学物理化学教研室.物理化学实验(第二版)[M].北京:化学工业出版社,2019.
19. 金谷.表面活性剂化学(第二版)[M].合肥:中国科学技术大学出版社,2013.
20. 顾锡人等.表面化学[M].北京:科学出版社,1999.